半小时电子制作

樊 攀
樊胜民 编著

化学工业出版社
·北京·

内容简介

本书是一本针对电子制作初学者的入门指南，读者可以通过逐步深入的章节内容，从认识、了解电子元器件到独立完成电子制作项目，并为后续深入学习电子知识打下基础。本书不仅适合青少年学习，也可供零基础电子爱好者学习参考。无论是用于校本课程、兴趣制作还是科技制作培训，本书都能提供全面而实用的指导。

为帮助读者理解，本书配有视频讲解。

图书在版编目（CIP）数据

半小时电子制作 / 樊攀，樊胜民编著. -- 北京 ：化学工业出版社，2025. 2. -- ISBN 978-7-122-47138-3

Ⅰ. TN

中国国家版本馆CIP数据核字第2025E4R554号

责任编辑：王清颢　宋　辉　　　　文字编辑：温潇潇
责任校对：王　静　　　　　　　　装帧设计：王晓宇

出版发行：化学工业出版社
（北京市东城区青年湖南街13号　邮政编码100011）
印　　装：天津裕同印刷有限公司
710mm×1000mm　1/16　印张13　字数234千字
2025年5月北京第1版第1次印刷

购书咨询：010-64518888
售后服务：010-64518899
网　　址：http://www.cip.com.cn
凡购买本书，如有缺损质量问题，本社销售中心负责调换。

定　　价：68.00元

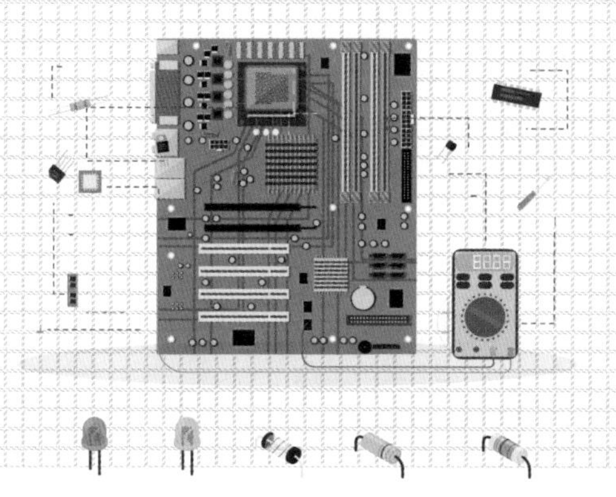

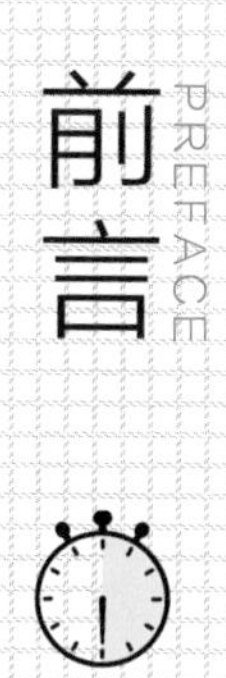

前言 PREFACE

如今电子产品与人们的工作、生活息息相关，各种用电器也层出不穷，并且越来越智能化。给青少年和科技爱好者普及电学知识，培养他们的电子制作技能，对他们今后的学习、生活会有很大帮助。本书实验均采用电池供电，确保在安全的环境下进行电子制作。

本书共分为四章。

第一章　电路知识启蒙：认识电子元器件

电子制作离不开电子元器件，熟悉与掌握元器件是学习电子制作的基础。通过本章学习，读者可以认识穿着五颜六色衣服的电阻、能说会道的喇叭等与电子制作相关的基础电子元器件。

第二章　电子制作入门：完成经典电子制作小工程

讲解电子制作中经典的电路，介绍更多的电子器材。通过本章学习，读者可以在面包板上完成有趣的实验，明白电路工作原理与制作布局，掌握元器件的有序搭建，能独立设计完成小工程。内容图文并茂，循序渐进。书中装配图并不是唯一的，读者在实际电子制作中先了解面包板结构与电子元器件基础知识，然后再考虑设计美观的装配图。

第三章　电子制作提高：电子制作的举一反三

本章以第二章中的两个小制作为起点，设计了一系列功能相似，但各具特色的实验，旨在通过多样化的形式帮助大家学习电子基础知识。

第四章　数字电路制作：设计完成电子制作小项目

本章读者更深入学习电子知识，包括 NE555、CD4017、CD4026、CD4011、CD4013 等最常见的元器件，并围绕这些元器件设计制作一系列比较实用的有趣电子制作项目。

书中的每个小制作包含电路原理浅析、电路图、所需器材、手把手装配制作（面包板装配图、实物布局图）等。因章节标题进行多次优化，随书附赠的讲解视频标题可能与此有所不同（视频仅供参考）。

读者在看书或制作中有不清楚的地方，可以发邮件咨询作者（邮箱：fsm0359@126.com），也可以加技术指导微信（186 3636 9649）。书中涉及的元器件以及套件，可在樊胜民工作室淘宝旗舰店购买。

本书由樊攀、樊胜民编著，樊茵、李帅等为本书的编写提供了帮助，在此表示感谢。本书部分图片由樊光雨绘制。由于编写时间仓促，编著者水平有限，书中不足之处在所难免，恳请电子爱好者以及专业人士批评指正。

樊胜民

2025 年 1 月

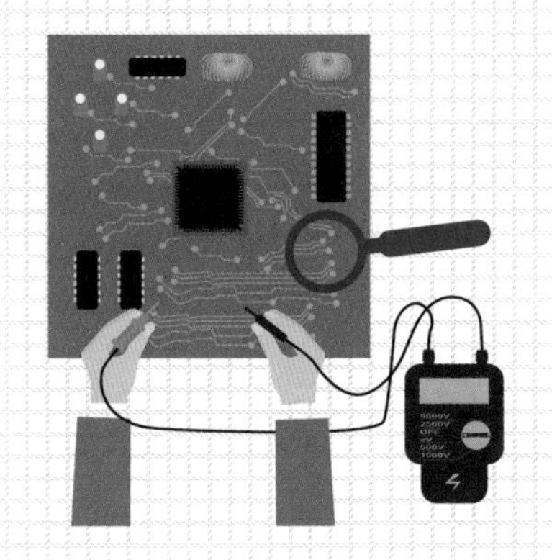

目录

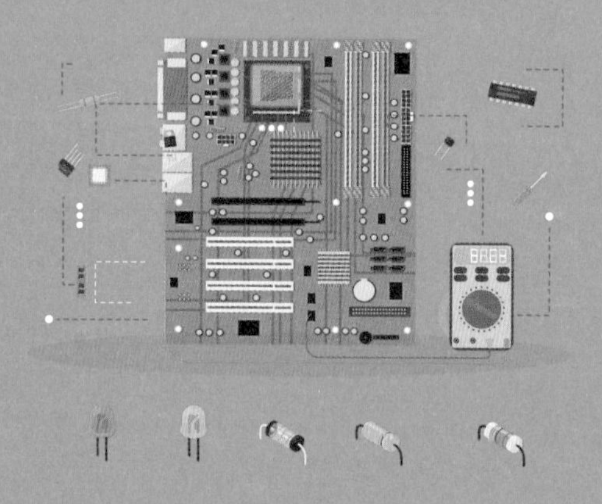

第一章

电路知识启蒙：认识电子元器件

盖楼房离不开砖瓦、水泥等建筑材料，同样电子制作也离不开各种电子元器件，本章主要介绍这些神奇的电子元器件，它们外形各异，有身披五颜六色外衣的电阻，也有闪亮发光的LED，还有能说会道的喇叭……

第一节 基础元器件拾零

一、面包板

电子制作的初学者（爱好者、电子迷），建议用面包板搭建电子制作平台。按照设计的电路图在面包板上插接电子元器件，如果某个元器件安装错了，可以很方便地拔下来重新插接，元器件可以重复利用，最重要的是如果电路实验搭建错误可重新搭建，电路实验搭建成功可继续下一个电子制作。常见的面包板有三种，分别是 800 孔面包板、400 孔面包板、170 孔面包板等，见图 1-1。本书制作采用 800 孔面包板。

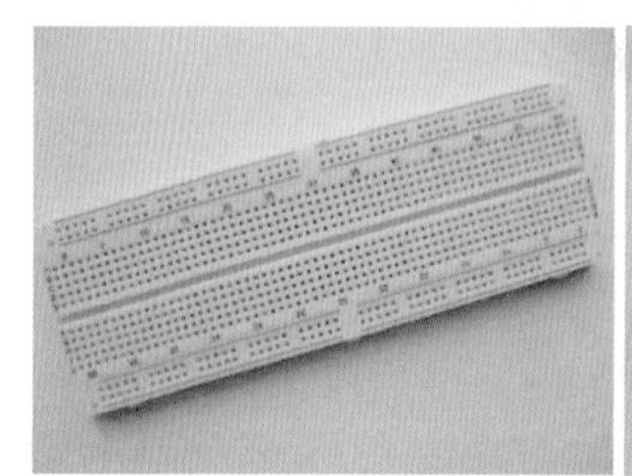
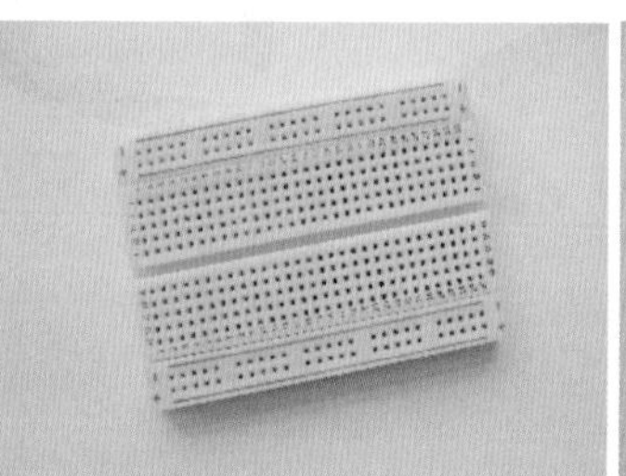

图1-1 **面包板**

大面包板与小面包板放在一起，是不是有点像大哥与小弟合影，见图 1-2。

面包板内部究竟是什么样的呢？面包板小孔内含有金属弹片（图 1-3），金属弹片质量好坏直接决定整块面包板的优劣。切勿因为贪图便宜而选择劣质的面包板，容易导致电子制作失败。电子元器件按照一定的规则（电路图）直接插在小孔内，借助面包线完成设计，演示制作效果。

在面包板上搭建电路，不需要电烙铁，不用担心烧烫伤，可以方便安全地进行电子制作。

面包板顶部与底部有红蓝两条线，红色线一般接电源的正极（V_{CC}），蓝色线接电源的负极（GND）。800 孔面包板内部连线关系见图 1-4。

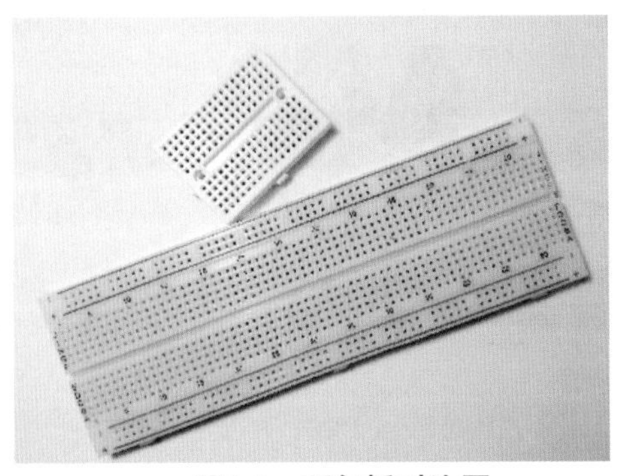

图1-2　**面包板对比图**

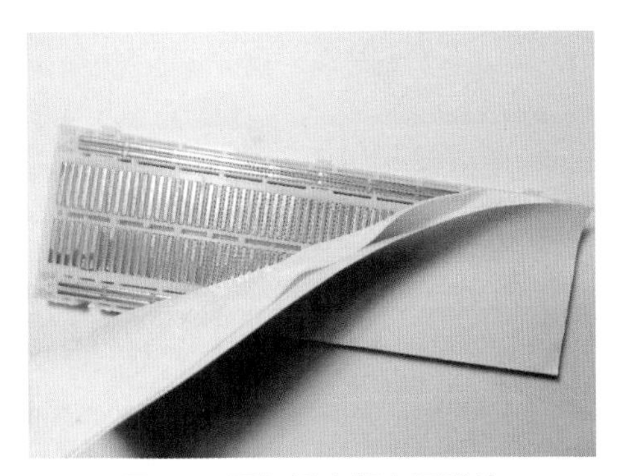

图1-3　**面包板内部金属弹片**

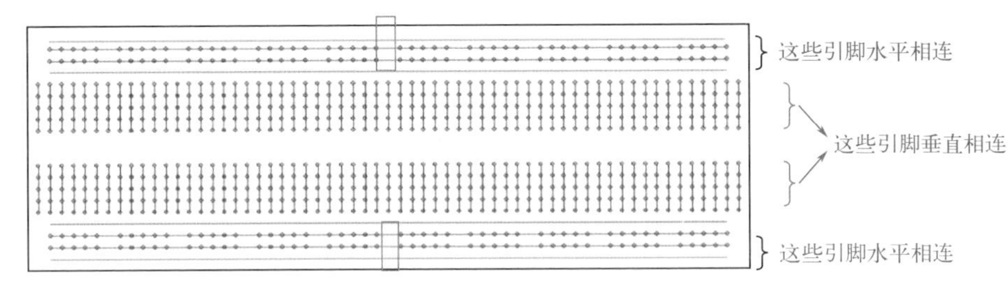

图1-4　**面包板内部连接示意图**

个别型号的面包板在图 1-4 中矩形框部分电路是断开的。

面包板

二、发光二极管（LED）

如今采用 LED（也叫发光二极管）的产品越来越多，例如 LED 手电筒、汽车大灯、装饰照明等，见图 1-5。

从图 1-6 中可以看出 LED 有两个引脚，并且长短不一（注：本书制作采用 5mm LED）。

LED 属于半导体器件，在使用中需要区分正负极（也可以称为阳极与阴极）。一般情况新购的 LED 长的引脚是正极，短的是负极，见图 1-7。

发光二极管的图形符号，见图 1-8，用字母 LED 表示（在电路图中用图形符号代替实物）。

图1-5　装饰照明

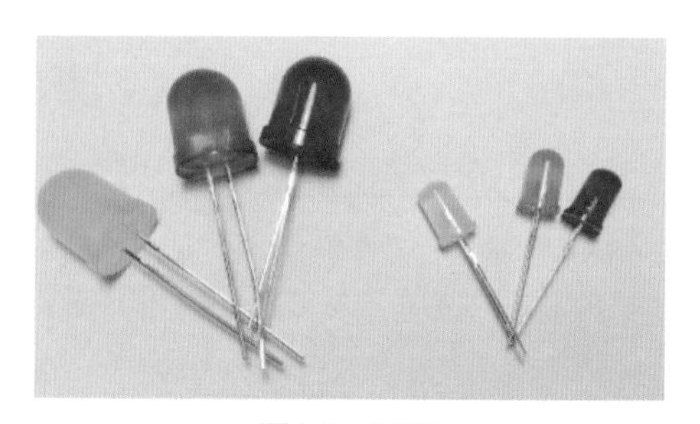

图1-6　LED

左边为10mm LED；右边为5mm LED

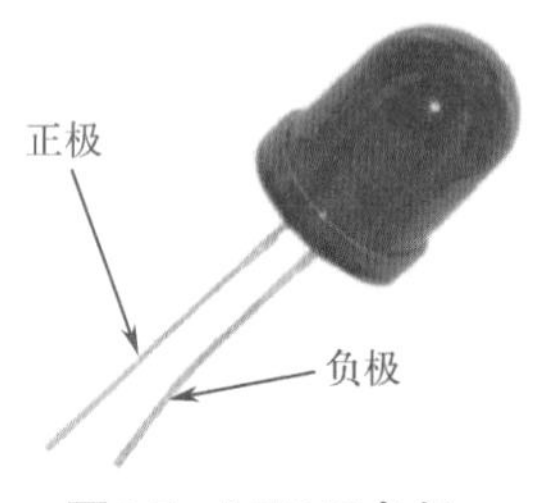

图1-7　LED正负极

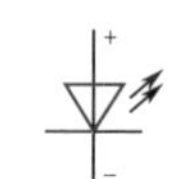

图1-8　LED图形符号

发光二极管导通发光的条件：发光二极管的正极需要接到较高的电压，负极需要接到较低的电压，并且加到发光二极管两端的电压以及电流要符合它的参数要求。5mm LED：一般情况下红、黄颜色的要求电压为 1.8～2.1V，绿的要求电压为 2.0～2.2V，白的一般要求电压为 3.0～3.6V，电流一般都不高于 20mA。

LED 在本书装配图中的示意图见图 1-9（有红色、绿色、黄色、蓝色等）。

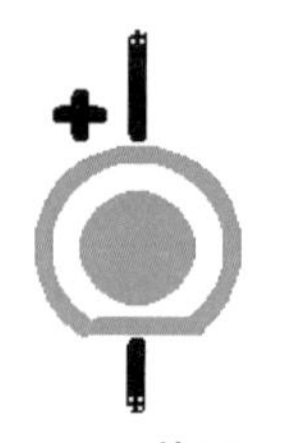

图1-9　LED装配示意图

LED

三、面包线

面包线的两端有大约 1cm 长的金属针，见图 1-10，可以插到面包板的小孔内，与面包板内部的金属弹片相连。见图 1-11，面包线与面包板连接，当面包线插入面包板时，面包线就被面包板内部的金属小弹片夹紧，达到电路连接的目的。

面包线

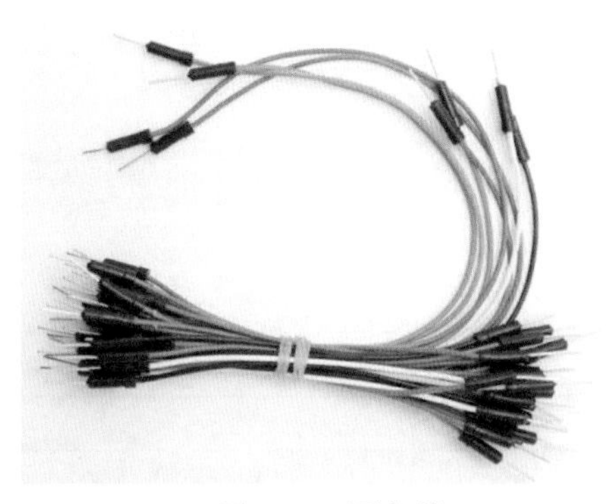

图1-10　**面包线**

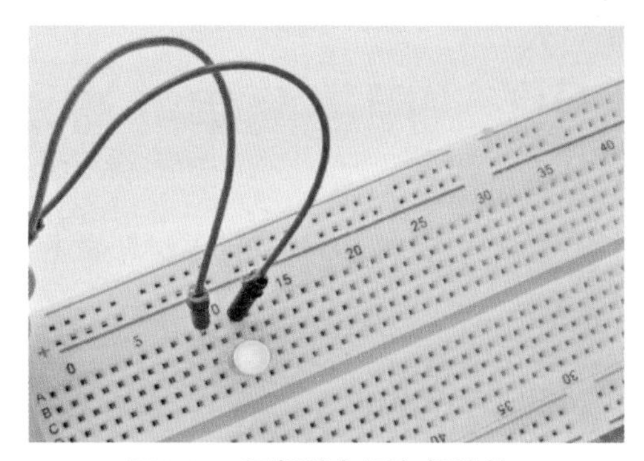

图1-11　**面板线与面包板连接**

四、电池

2032 纽扣电池每节电压是 3V（伏）。2032 电池由二氧化锰（正极）、金属锂（负极）、电解液构成，**通过化学反应而产生电**。其外形如纽扣，所以又称为纽扣电池。

由于 2032 电池电压低电流小，所以不用担心其伤害到使用者。2032 电池正负极见图 1-12 和图 1-13。电池的图形符号如图 1-14 所示，用字母 BT 表示。

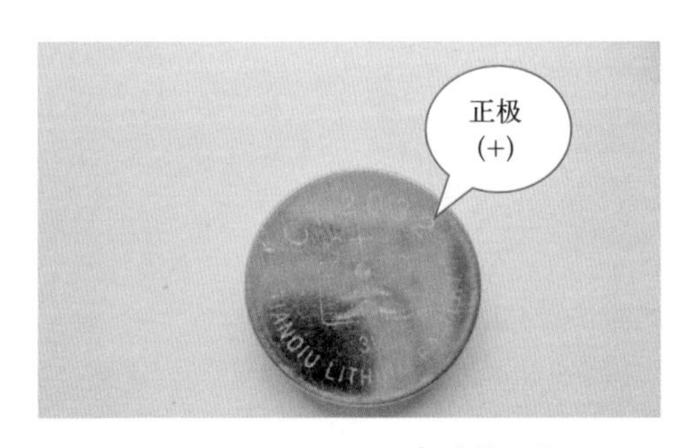

图1-12　**2032电池的正极**

图1-13　**2032电池的负极**

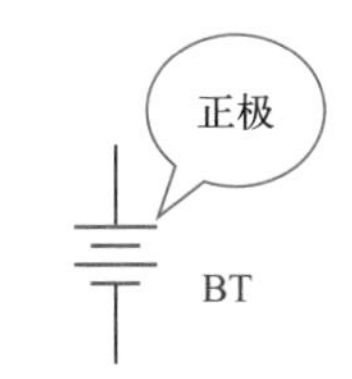

图1-14　**电池图形符号**

用最简单的方法点亮LED

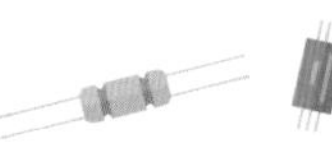

器材：点亮 LED 所用的器材见表 1-1。

表 1-1　点亮LED所用的器材[1]

名称	规格	数量	图例
电池	2032	1	
LED	5mm（红色）	3	

制作步骤：将 LED 正极与 2032 电池的正极相连，LED 负极与 2032 电池的负极相连，如图 1-15 所示。

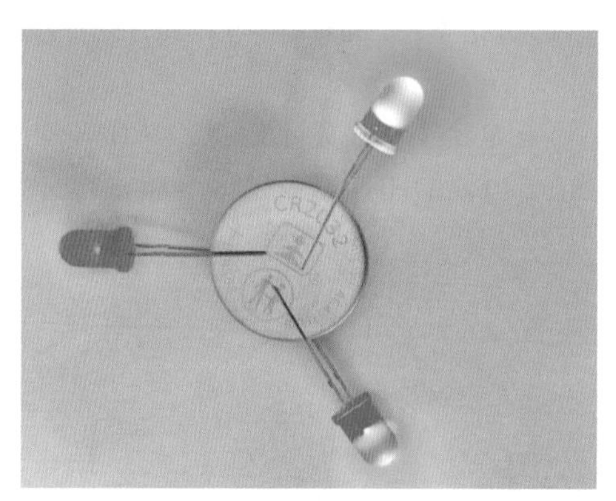

图1-15　用最简单的方法点亮LED

简易“验钞机”

如何识别假钞？可以通过紫外线照射钞票荧光油墨的方法来鉴别钞票真伪。当钞票放到简易“验钞机”的荧光灯下时，如果钞票为真，钞票上方就会显示出荧光数字，原理是紫外线能使荧光物质发出荧光。

[1] 器材表中元器件的图例仅供参考，实际制作时可根据个人喜好或实际情况进行选择，只要确保参数正确即可。

器材：制作“验钞机”所用的器材见表 1-2。

表 1-2　制作“验钞机”所用的器材

名称	规格	数量	图例
电池	2032	1	
LED	5mm（草帽紫外线）	2	

制作步骤：参考 DIY-1，演示效果见图 1-16。

图1-16　简易“验钞机”

2032 电池

五、电池盒（2032）

为了便于实验，需要给电池找个“家”，它的名字叫电池盒。2032 电池盒如图 1-17 所示。

2032 电池正极朝上安装在电池盒中，见图 1-18。

安装在电池盒中的电池，在本书装配图中示意见图 1-19。

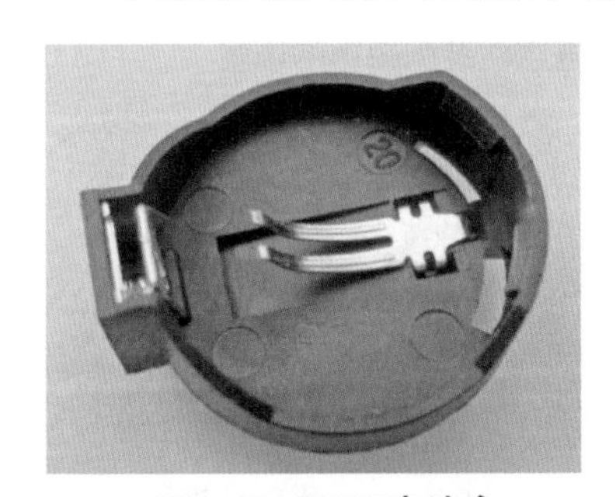

图1-17　2032电池盒

图1-18　2032电池安装在电池盒中

图1-19　安装在电池盒中的2032电池示意

2032 电池盒

第二节　身披彩色条纹的电阻

电阻器简称电阻，在电路中的主要作用是控制电流的大小，也就是降低电压限制电流，选择合适的电阻就可以将电流限制在要求的范围内。电阻在使用中不需要区分正负极，见图 1-20。

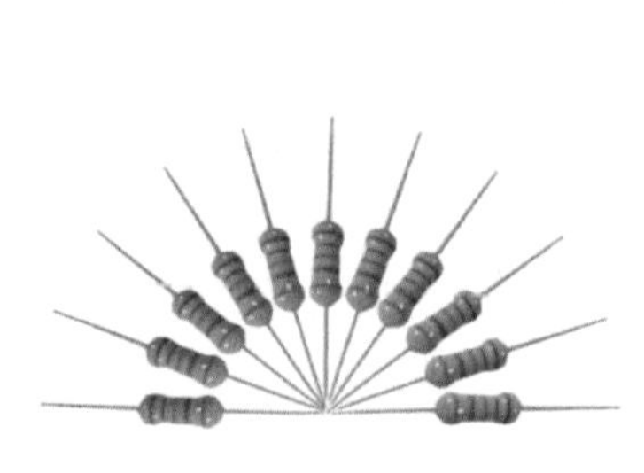

(a) 直插电阻 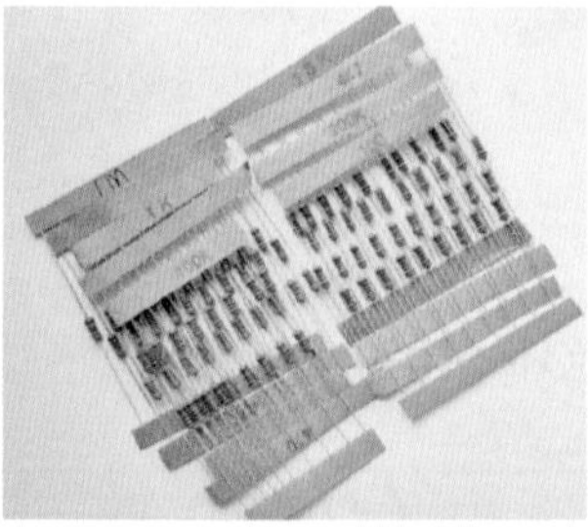　　(b) 标记阻值的电阻包

图1-20　电阻

固定电阻图形符号见图 1-21，用字母 R 表示。电阻在本书装配图中的示意见图 1-22。

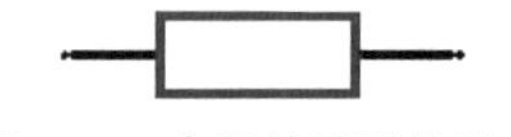

图1-21　电阻的图形符号

100

图1-22　电阻在装配图中的示意

电阻单位是欧姆，简称欧（Ω），常用的单位还有千欧（kΩ）、兆欧（MΩ）。它们之间的换算关系如下：

$$1\text{M}\Omega=1000\text{k}\Omega$$

$$1\text{k}\Omega=1000\Omega$$

小功率的电阻一般在外壳上印制有色环，色环代表阻值以及误差。以五色环电阻为例进行讲解，见图 1-23。

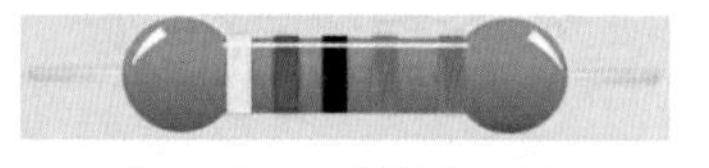

图1-23　五色环电阻

五色环电阻表示方法，见表 1-3。

表 1-3　五色环电阻表示方法

色环颜色	第一道色环	第二道色环	第三道色环	第四道色环	第五道色环
黑	0	0	0	10^0	—
棕	1	1	1	10^1	±1%
红	2	2	2	10^2	±2%
橙	3	3	3	10^3	—
黄	4	4	4	10^4	—
绿	5	5	5	10^5	±0.5%
蓝	6	6	6	10^6	±0.25%
紫	7	7	7	10^7	±0.1%
灰	8	8	8	10^8	—
白	9	9	9	10^9	—
金	—	—	—	10^{-1}	—
银	—	—	—	10^{-2}	—

对于五色环电阻，前三道色环表示有效数字，第四道色环表示添零的个数（也就是需要乘以 10 的几次方），第五道色环表示误差。计算出的阻值的单位是欧姆。

比如一个电阻的色环分别是黄色、紫色、黑色、棕色、棕色。对应的电阻是 470×10，也就是 4.7kΩ，误差是 ±1%。

对于五色环电阻，大多数用棕色表示误差。棕色色环是有效色环，还是误差色环，就要认真区分了，一般情况下，第四道色环与第五道色环之间的间距稍大。实在不能区分，只能借助万用表测量电阻的阻值。

在电子制作中常用电阻的阻值与色环的对应关系见表 1-4。

表 1-4　常用电阻的阻值与色环对应关系

阻值	第一道色环	第二道色环	第三道色环	第四道色环	第五道色环
100Ω	棕	黑	黑	黑	棕
470Ω	黄	紫	黑	黑	棕
1kΩ	棕	黑	黑	棕	棕
4.7kΩ	黄	紫	黑	棕	棕
10kΩ	棕	黑	黑	红	棕
47kΩ	黄	紫	黑	红	棕
100kΩ	棕	黑	黑	橙	棕
200kΩ	红	黑	黑	橙	棕
470kΩ	黄	紫	黑	橙	棕
1MΩ	棕	黑	黑	黄	棕

LED亮度我做主

器材：亮度我做主所需的器材见表 1-5。

表 1-5　亮度我做主所需器材

名称	规格	图例
电池	2032	
LED	5mm	
电阻	10kΩ、1kΩ、470Ω、100Ω	—

注：实验中所需电池盒与导线不在表中列出，按需使用，余同。

制作步骤：在点亮 LED 的基础上，在面包板上使电池的正极与 LED 的正极之间跨接不同电阻，观察 LED 的亮度。见图 1-24～图 1-27，分别跨接 10kΩ、1kΩ、470Ω、100Ω 电阻观察 LED 的亮度。

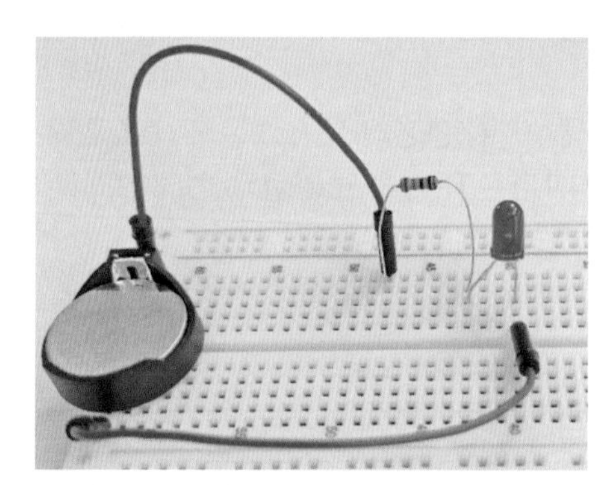

图1-24　跨接10kΩ电阻时LED的亮度

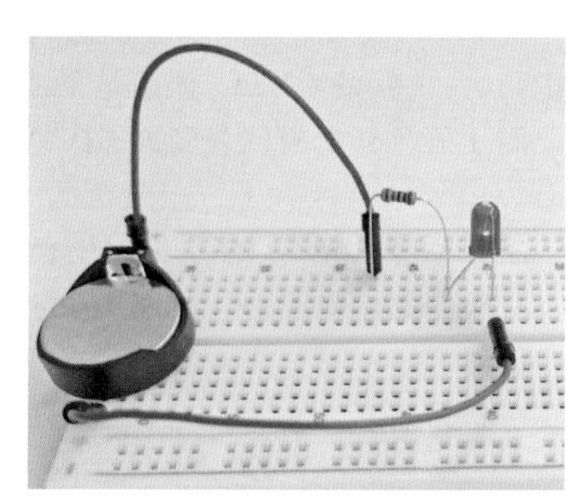

图1-25　跨接1kΩ电阻时LED的亮度

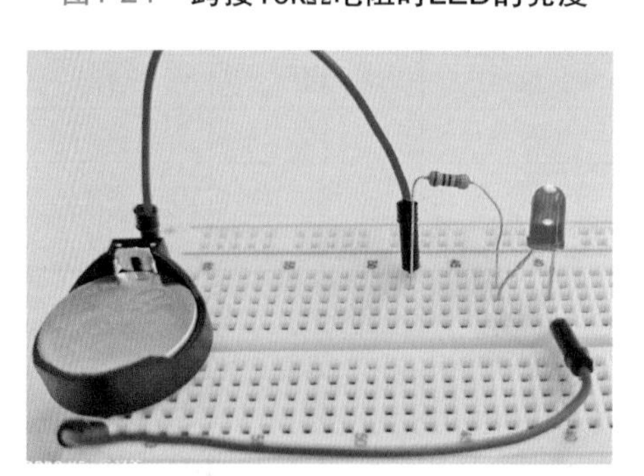

图1-26　跨接470Ω电阻时LED的亮度

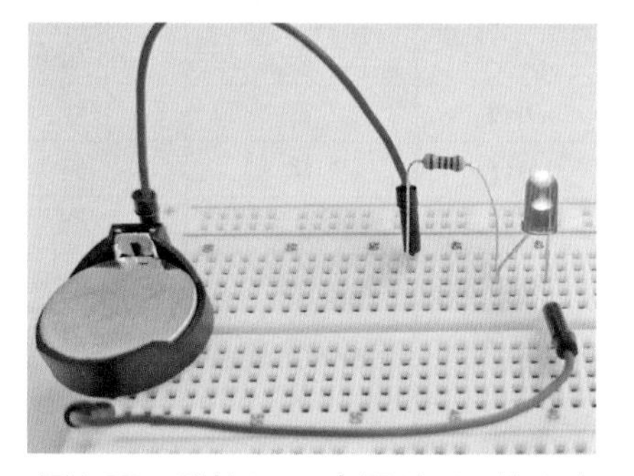

图1-27　跨接100Ω电阻时LED的亮度

电阻

仔细观察 LED 的亮度变化，是变亮呢？还是变暗呢？

结论：电阻越小，LED 越亮，电阻越大，LED 越暗。通过上面的实验我们明白了，串联一个合适的电阻就可以控制 LED 的亮度。

电阻串联

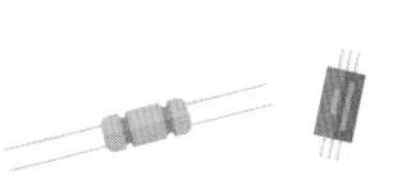

器材：电阻串联所需器材见表 1-6。

表 1-6　**电阻串联所需器材**

名称	规格	数量	图例
电池	2032	1	
LED	5mm	1	
电阻	470Ω	2	

制作步骤：以两个电阻为例讲解，在面包板上串联两个同样的电阻（比如 470Ω），再与 LED 串联，观察 LED 的亮度，见图 1-28。

图1-28　**电阻串联，首尾相连**

电阻并联

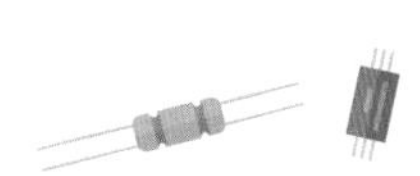

器材：参照 DIY-2。

制作步骤：在面包板上并联两个同样的电阻（470Ω），再与LED串联，观察LED的亮度，见图1-29。

观察实验结果，电阻串联LED变暗，而电阻并联LED变亮，为什么？因为两个电阻串联，电流需要克服两个电阻的阻力，总电阻增加一倍（相当于940Ω）；而两个电阻并联，流过LED的电流有两条路，总电阻减半（相当于235Ω）。

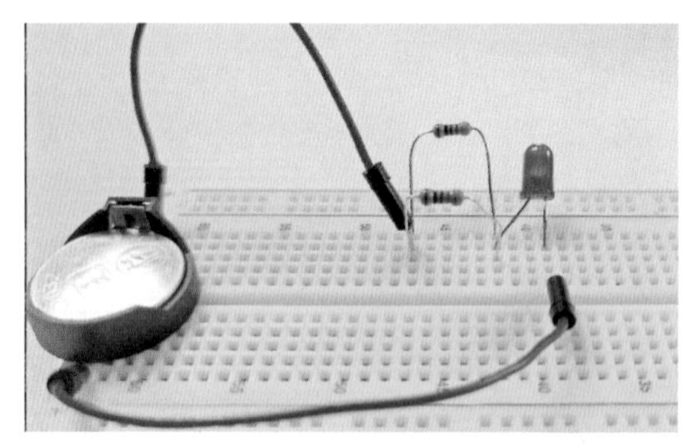

图1-29 **电阻并联，肩并肩排列**

电阻串联与并联

第三节 什么是电子及电子制作

记得前几年，参加化学工业出版社在新华书店进行的科普活动，本书作者分享学习电子制作的小经验后，主持人问："今天我们学习电子制作，那什么是电子呢？"话音没落，一位小朋友高声回答："我知道，电子就是电的儿子！"

一、什么是电子？

所有的物质都是由原子核（包含质子和中子）与电子构成的原子组成。电子围绕原子核做旋转运动，见图1-30。

电子按照一定的规律分布在原子核周围，距离原子核最近的层为K层（容纳2个电子），然后为L层（容纳8个电子）、M层（容纳18个电子）、N层（容纳32个电子）……

铝的电子层结构见图1-31，最外层只有3个电子，这3个电子可以自由移动，铝易导电。

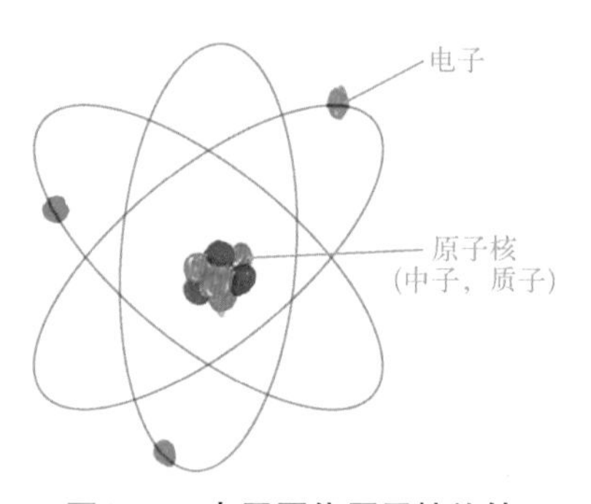

图1-30 **电子围绕原子核旋转**

能导电的物质称为导体，例如铝、铜等，而塑料、玻璃、橡胶等属于绝缘体。半导体是在常温下导电性能介于导体与绝缘体之间的材料。晶体管、集成电路都是由半导体制成的。将一个电路中所需的晶体管（二极管、三极管等）、电阻、电容和电感等元件布置在一小块导体晶片上，这就是集成电路（integrated circuit，IC）。

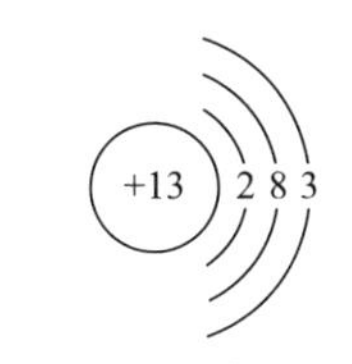

图1-31　**铝电子层分布**

硅原子最外层有 4 个电子，图 1-32 是硅原子电子层分布，M 层（最外层）只有 4 个电子。相邻的硅原子最外层的电子互相利用，硅原子就变得非常稳定。硅原子结构示意图见图 1-33。

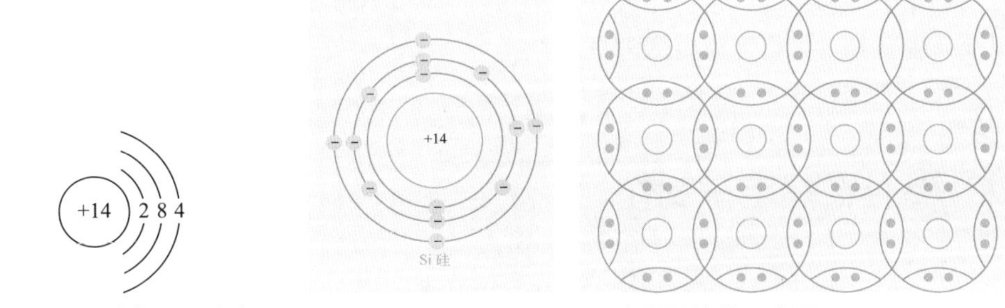

图1-32　**硅电子层分布**　　图1-33　**硅原子结构示意图**

硅材料中添加磷（P，最外层 5 个电子），磷与硅的最外层电子结合后将多余一个电子，使用较小的能量电子就可以移动，将添加磷的半导体称为 N 型半导体。同理，将硼原子（B，最外层 3 个电子）与硅原子组合，最外层将缺少一个电子，通过施加能量可以将电子移动到空穴（缺少电子的位置）中，将添加硼的半导体称为 P 型半导体。这样，N 型半导体有多余的电子，P 型半导体有多余的空穴，通过一定的工艺将 N 型半导体与 P 型半导体结合在一起，在结合处就形成一个 PN 结（图 1-34），N 型半导体中的电子向电子浓度较低的 P 型半导体扩散，N 型半导体呈现正电，P 型半导体空穴被电子填充后，呈现负电，发生扩散的位置形成一个电场，电场的方向是由 N 到 P，同时 P 型半导体中的电子也会向 N 型半导体中漂移，最终达到平衡，形成一个稳定的电场。PN 结是各种半导体器件的基本组成要素。

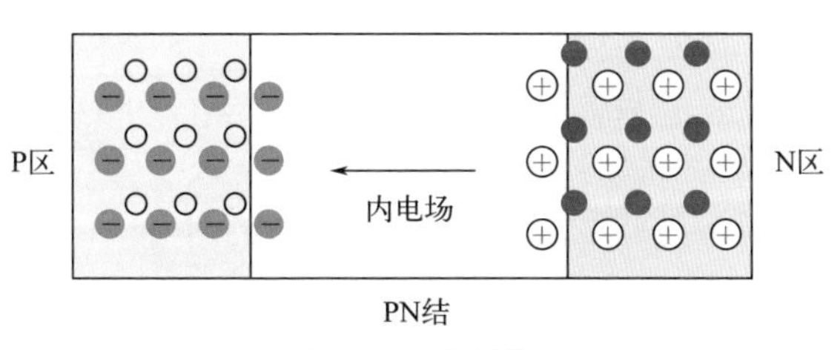

图1-34　**PN结**

PN 结有一个很明显的特性就是单向导电性。正向导通的电压一般不低于 0.7V，见图 1-35、图 1-36。

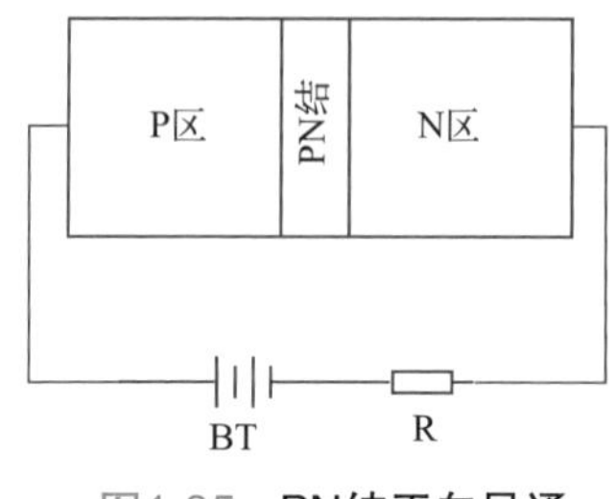

图1-35　PN结正向导通

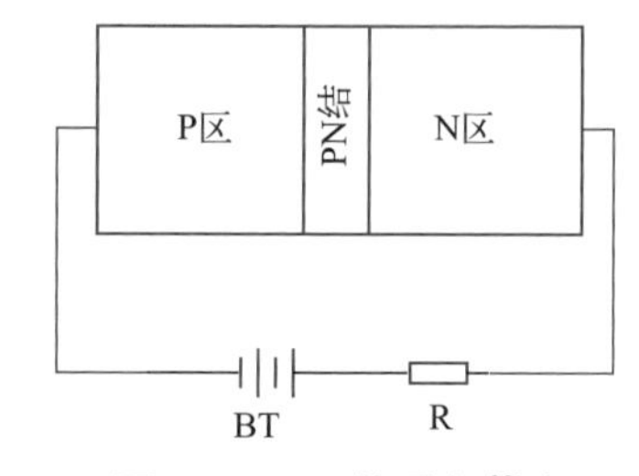

图1-36　PN结反向截止

利用 PN 结单向导电特性可以制作二极管等电子元器件。二极管典型应用是整流，也就是可以将交流电变为直流电。

二、什么是电子制作

电子制作，简而言之，利用各种电子元器件，通过设计电路，手动制作电子产品。电子制作的对象涵盖简单的电路实验和复杂的电子设备。本书就是采用常见电子元器件，比如 LED、电容、蜂鸣器等，通过实验项目，使读者可以掌握元器件使用方法、电路基本原理，搭建趣味十足的创意制作。

第四节　二极管、三极管及晶闸管

一、二极管

二极管由一个 PN 结、两条电极引线以及外壳构成，二极管在使用中需要区分正负极，在正常使用时电流只能从它的正极流入。

本书实验中采用 1N4148 二极管，见图 1-37。二极管在电路中主要起整流、续流、保护、隔离等作用。

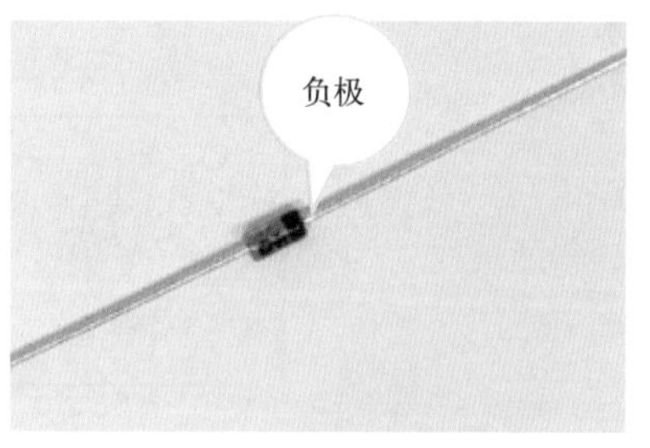

图1-37　1N4148 二极管

二极管的图形符号见图 1-38，用 VD（或 D）表示。

1N4148 二极管在本书中的装配示意见图 1-39。

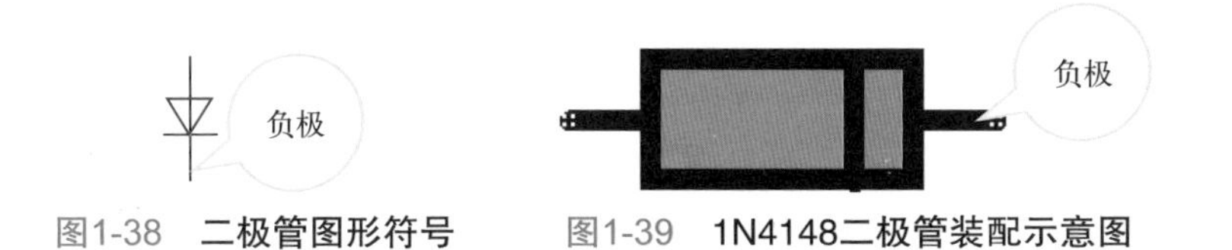

图1-38　二极管图形符号　　图1-39　1N4148二极管装配示意图

二极管

验证二极管单向导电性

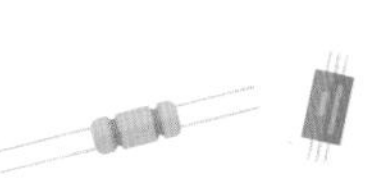

器材：验证二极管单向导电性的器材见表 1-7。

表 1-7　验证二极管单向导电性的器材

名称	规格	图例
电池	2032	
LED	5mm	
二极管	1N4148	

步骤：二极管正向导通，二极管一侧有黑圈标记的引脚与 LED 的正极连接，LED 能点亮，见图 1-40。

二极管反向截止，二极管反过来接在电路中 LED 就不亮了，见图 1-41。

二极管单向导电性

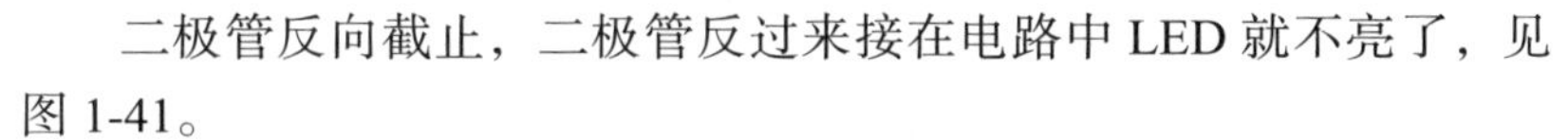

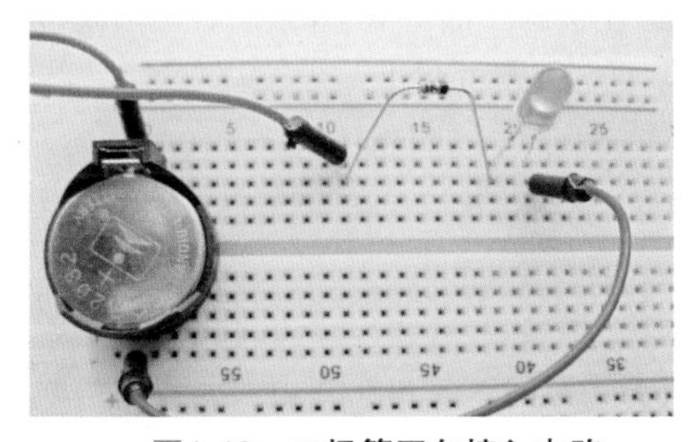

图1-40　二极管正向接入电路

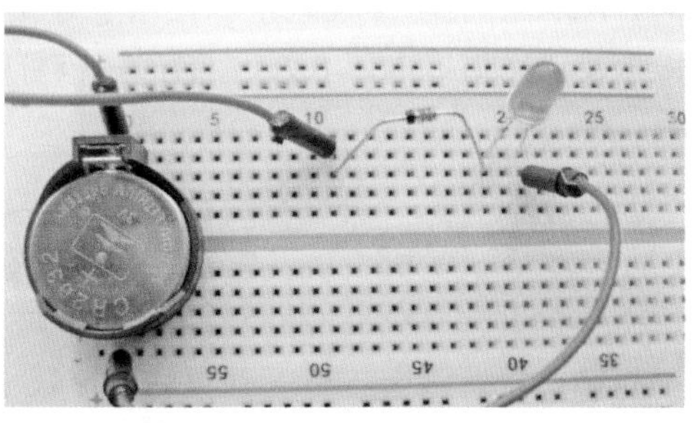

图1-41　二极管反向接入电路

二、三极管

三极管，见图 1-42，由两个 PN 结构成，从结构上可以分为 NPN 与 PNP 两种，常见的三极管 9014、8050 等属于 NPN 三极管，8550、9012 等属于 PNP 三极管。本书采用 8050、8550 两种三极管。三极管一共有三个引脚，分别是基极（用字母 B 或者 b 表示）、集电极（用字母 C 或者 c 表示）、发射极（用字母 E 或者 e 表示）。

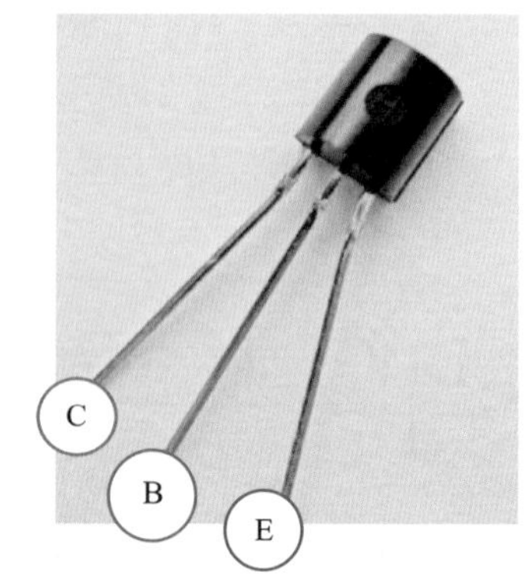

图1-42　常见三极管引脚排列

三极管在电路中主要起信号放大、开关、振荡等作用。三极管用字母 VT（或 Q）表示。NPN 三极管的图形符号见图 1-43。PNP 三极管的图形符号见图 1-44。

三极管在装配图中的示意见图 1-45。

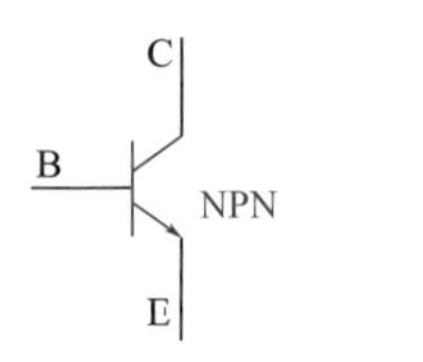

图1-43　NPN三极管图形符号

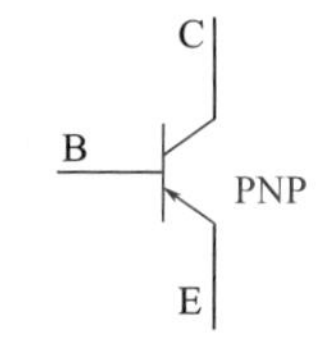

图1-44　PNP三极管图形符号

图1-45　三极管在装配图中的示意图

NPN 型三极管与 PNP 型三极管的主要区别就是工作时电流方向不一样，NPN 型三极管电流是从集电极流向发射极，而 PNP 型则是从发射极流向集电极。NPN 型三极管发射极箭头朝外，而 PNP 型三极管发射极箭头朝内，一定要分清。

不管是 NPN 还是 PNP 三极管，能否工作取决于基极电压（电流）。对于 NPN 型三极管，当基极电压大于发射极 0.7V 左右时，三极管就导通，电流就能从集电极流向发射极，此时相当于开关的闭合状态，当基极的电压很低或者为 0 时，NPN 型三极管就截止，相当于开关的断开状态。而 PNP 型三极管，当基极电压小于发射极电压 0.7V 左右时三极管就导通，否则就截止。

三、三极管的三种状态

截止状态：当三极管基极的电流很小或者为零时，三极管集电极与发射极之间的电阻非常大，相当于开关的关闭状态。

放大状态：当三极管基极的电流逐渐增大，基极电流控制集电极与发射极之间的电阻变化，放大倍数不变。

三极管

饱和状态：当基极电流进一步增加，基极电流没有办法控制集电极与发射极之间的电阻，电阻变得很小，相当于开关的闭合状态。

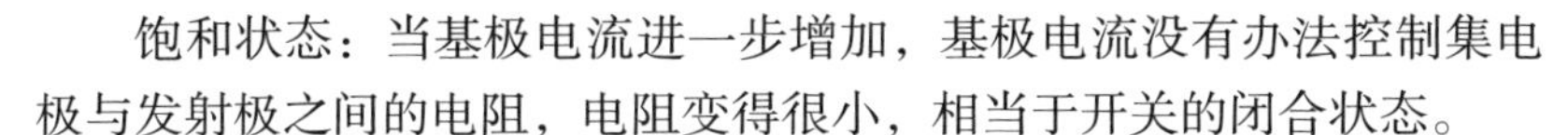

四、晶闸管

晶闸管（也称单向可控硅）有阳极（A）、阴极（K）、控制极（G）。

本书在制作中采用的晶闸管型号是 MCR100-6，它的外观见图 1-46。与前面介绍的三极管非常相似，在制作中应注意区别。

晶闸管的图形符号见图 1-47，用 VT（或 Q）表示。

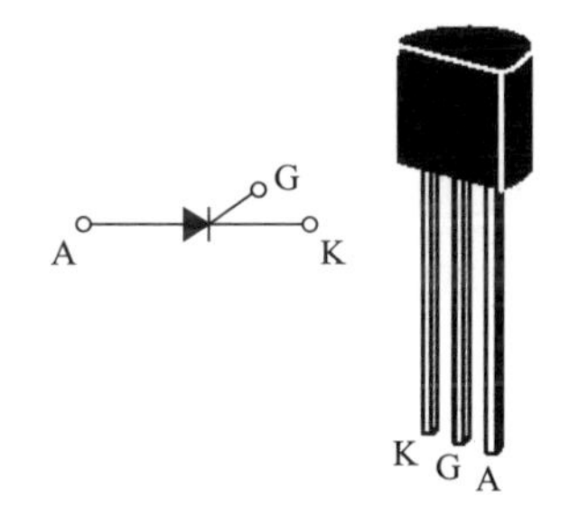

图1-46　MCR100–6

图1-47　晶闸管图形符号

晶闸管可以看成是由两个 PNP 型与 NPN 型三极管组合而成，见图 1-48。

见图 1-48，当三极管 VT2 基极与发射极之间加入正向偏压时，VT2 导通，由于 VT2 的集电极电流相当于三极管 VT1 的基极电流，VT1 集电极电流又相当于 VT2 基极电流，VT2 导通后导致 VT1 导通，两个三极管之间形成强烈的正反馈，最终 VT1 与 VT2 饱和导通，这时候即使 VT2 基极与发射极之间无偏压，也仍然处于导通状态。

晶闸管 MCR100-6 在本书中的示意见图 1-49。

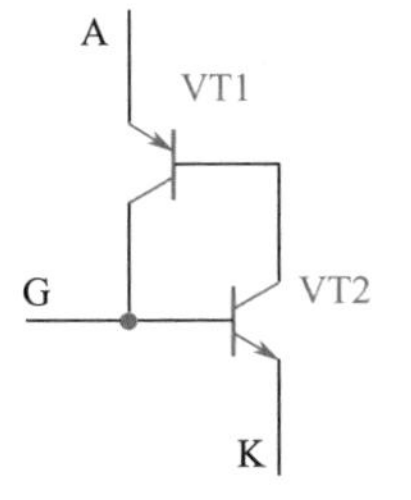

图1-48　晶闸管等效图

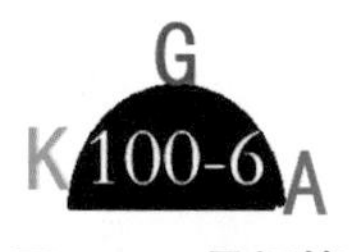

图1-49　晶闸管示意图

可控硅

DIY 2 一触即发

器材:“一触即发”所需器材见表 1-8。

“一触即发”电路原理图见图 1-50。当按压下微动开关(即按键开关)S,LED 点亮;当释放 S 时,LED 依旧点亮。怎样熄灭 LED 呢?可以断开电源阳极或使阳极电流小于晶闸管维持导通的最小值,还有一种方法是晶闸管控制极对地短路。如果阳极和阴极之间外加的是交流电压或脉动直流电压,那么在电压过零时,晶闸管会自行关断(仅做了解)。面包板制作图见图 1-51。

可控硅实验

表 1-8 “一触即发”所需器材

名称	规格	图例
电池	2032	
LED	5mm	
电阻	10kΩ	
按键开关	两个引脚	
晶闸管	MCR100-6	

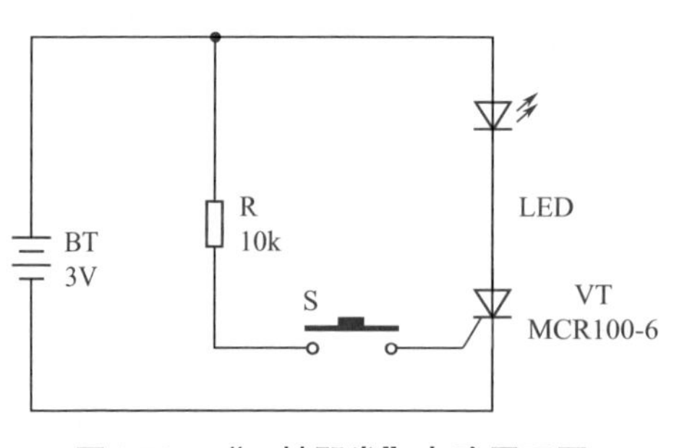

图1-50 “一触即发”电路原理图

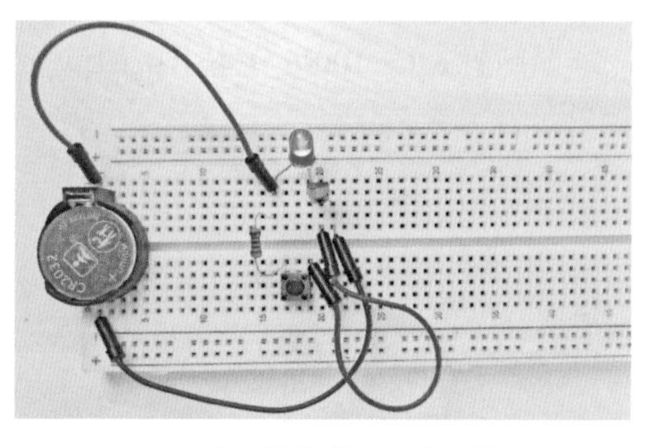

图1-51 “一触即发”面包板制作图

第五节　开关器材

开关是控制电流的器材，可以控制电流的通断。本书中采用按键开关以及拨码开关两种开关器材。

一、按键开关

鼠标的左右键，就是两个微动开关，按压时电路导通，不按压时电路断开。按键开关分两个引脚按键开关两种与四个引脚按键开关两种（本书采用两个引脚的按键开关），见图 1-52。

按键开关的图形符号见图 1-53，用字母 S 表示。按键开关[1]在装配图中的示意见图 1-54。

图1-52　按键开关（两脚）

图1-53　按键开关图形符号（两脚）

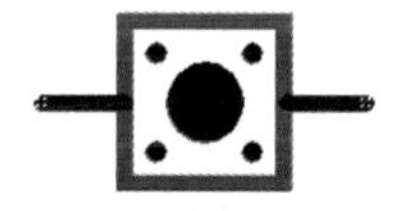

图1-54　按键开关在本书装配图中的示意图（两脚按键开关）

按键控制LED

器材：按键控制 LED 所需器材见表 1-9。

表 1-9　按键控制 LED 所需器材

名称	规格	图例
电池	2032	
LED	5mm	
按键	两个引脚	

[1] 以下简称按键。

制作步骤：将LED、按键串联在2032电池正负极之间。如图1-55所示，按键未按下，电路不通，LED不亮。按下按键，电路导通，LED点亮（见图1-56）。

按键

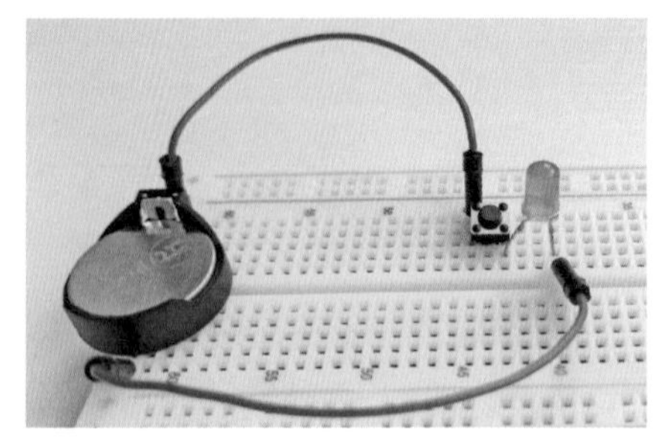
图1-55　按键未按下，LED不亮

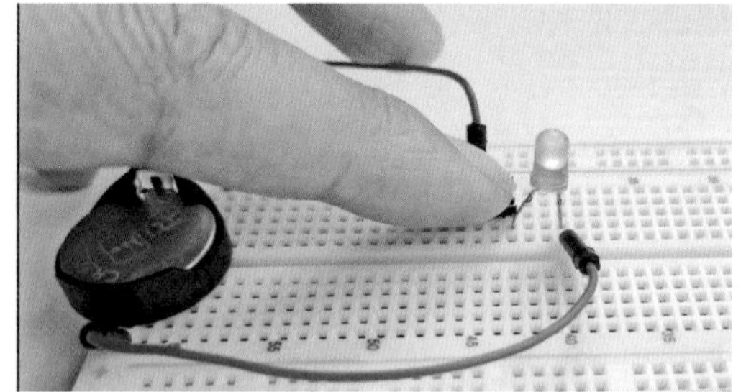
图1-56　按键按下，LED点亮

二、拨码开关

拨码开关的外观见图1-57（内部由8个小开关组成），拨到ON位置，相应的小开关闭合，否则断开。

开关的图形符号见图1-58，用字母S（或K）表示。拨码开关的图形符号见图1-59，用S表示。拨码开关在本书中的示意图见图1-60。

图1-57　拨码开关

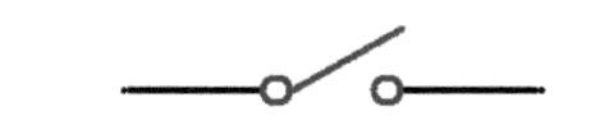
图1-58　拨码开关的图形符号

图1-59　拨码开关的图形符号

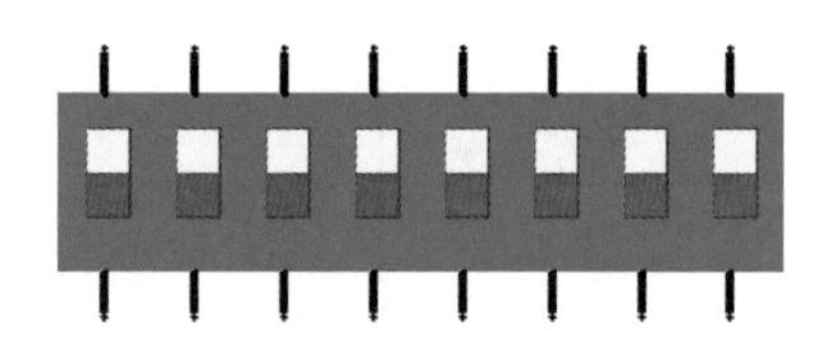
图1-60　拨码开关在本书中的示意图

拨码开关控制LED

器材：拨码开关控制 LED 所需器材见表 1-10。

表 1-10　**拨码开关控制 LED 所需器材**

名称	规格	图例
电池	2032	
LED	5mm	
拨码开关	颜色随机	

制作步骤：将 LED、拨码开关串联在 2032 电池正负极之间，见图 1-61，使用拨码开关的第 1 个小开关，当拨码开关拨到 ON 一端，电路导通，LED 点亮。

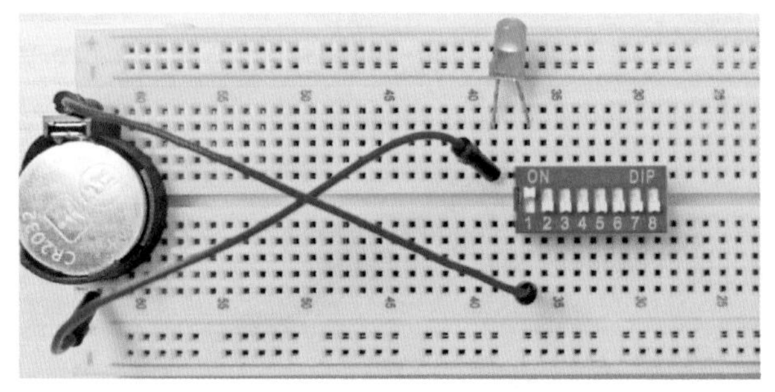

图1-61　**拨码开关控制LED**

拨码开关

第六节　储存电能的电容

电容是电容器的简称，是一种能充放电的重要电子元器件，“通交流，隔直流”是电容的特性，在电路中主要起滤波、信号耦合等作用。

常见的电容有独石电容、涤纶电容，这些电容在使用中无极性之分（也就是在使用中不需要区分正负极）。还有一类电容，需要区分正负极，极性不能搞错，例如铝电解电容、钽电解电容。

无极性电容图形符号见图 1-62，用字母 C 表示。在本书装配图中的示意见图 1-63。

而极性电容图形符号多了一个小“+”号，带“+”号的一端是正极，另一端是负极，也用字母 C 表示，见图 1-64。极性电容在本书装配图中的示意见图 1-65。

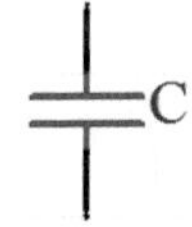

图1-62　无极性电容图形符号

图1-63　无极性电容在装配图中的示意图

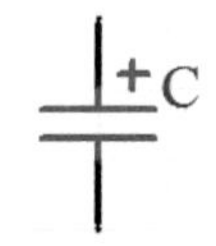

图1-64　极性电容图形符号

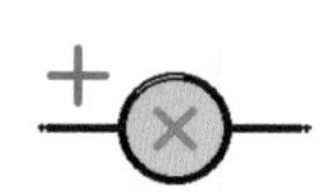

图1-65　极性电容在装配图中的示意图

电容容量的单位是法拉，简称法（F），但是此单位太大，实际中常用的单位是微法（μF）、纳法（nF）、皮法（pF）。它们之间的换算关系如下：

1F（法）$=10^6$μF（微法）

1μF（微法）$=10^6$pF（皮法）

1nF（纳法）$=10^3$pF（皮法）

一、独石电容

独石电容有耐压值与容量两个重要参数，必须在低于耐压值的环境下使用，见图 1-66。

独石电容标注 103，它的容量不是 103pF，而是 10000pF（即 10 的后面加 3 个“0”pF），耐压值一般在整包的标签上标注。

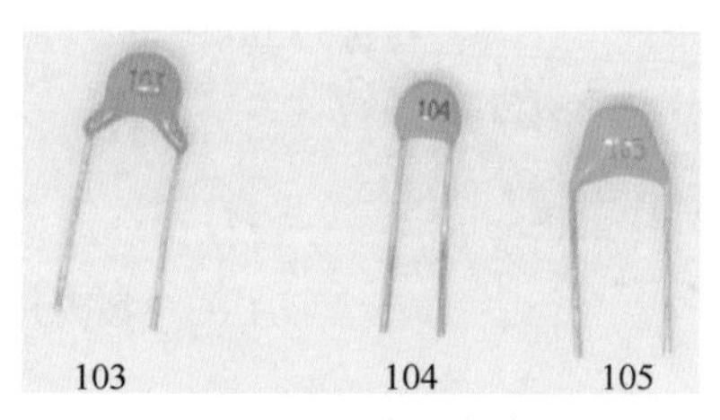

图1-66　独石电容

二、电解电容

几乎在所有电路中都有电解电容的身影，其外形如图 1-67。

电解电容的耐压值与容量（两个重要参数），一般都标注在外壳上，如图 1-68。

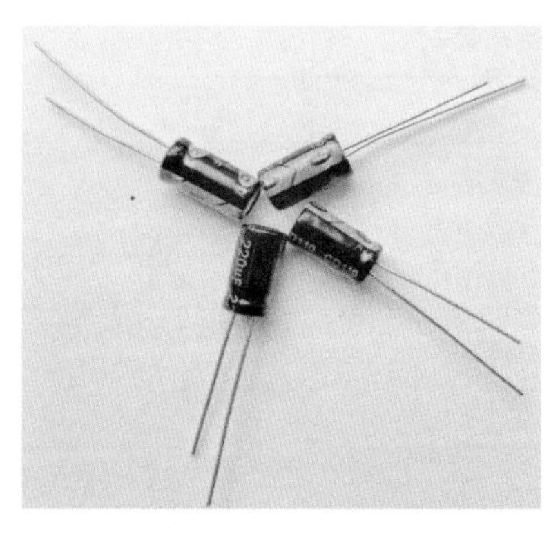

图1-67　**电解电容**

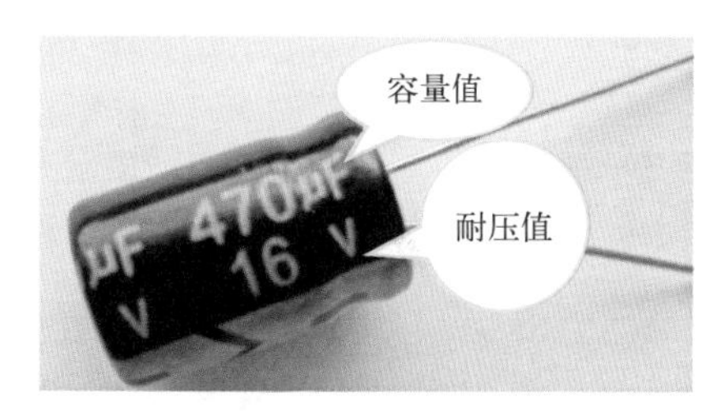

图1-68　**电解电容重要参数**

电解电容是极性电容，在使用中正极需要接高电位，负极接低电位。那么不用仪表如何从外观区分电解电容的正负极呢？对于新购的电容，未使用以前，引脚长的是正极，短的是负极，如图 1-69。

在外壳上一般也有表明正负极的标志“-”，与之相对应的引脚是电解电容的负极，如图 1-70。

图1-69　**电解电容正负极引脚判别**

图1-70　**电解电容负极标识**

电解电容在使用中如果极性接反，轻则会使电容漏电、电流增加，重则会将电容击穿而损坏。

电容

电容充放电

器材：电容充放电所需器材见表 1-11。

表1-11 **电容充放电所需器材**

名称	规格	数量	图例
电池	2032	1	
LED	5mm	1	
按键	两个引脚	2	
电解电容	100μF	2	
电阻	100Ω	1	

制作步骤：电路图见图1-71，按下S1，电容开始充电（储能），等待几秒后，释放按键S1，之后按下S2，电容放电，LED点亮一段时间，面包板制作图如图1-72。LED点亮时间与电容的容量有关，可以尝试多并联几个电容，观察LED点亮的时间，参照图1-73。

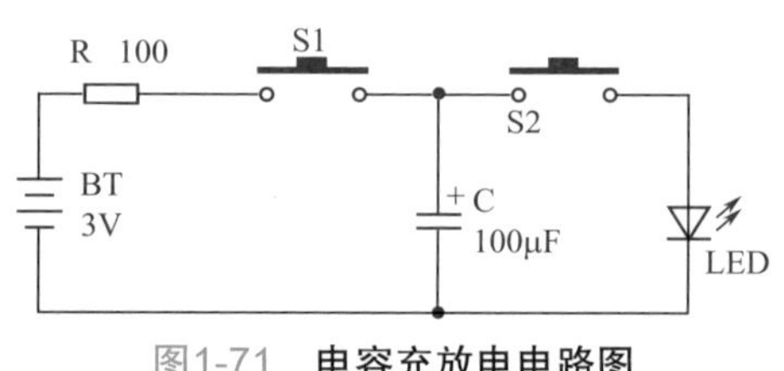

图1-71 **电容充放电电路图**

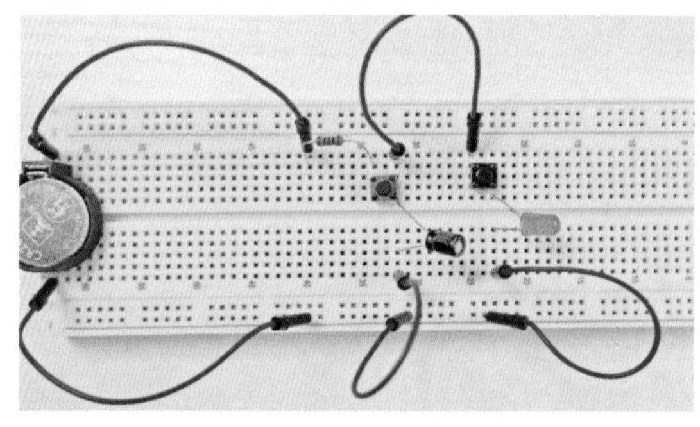
图1-72 **电容充放电面包板制作图**

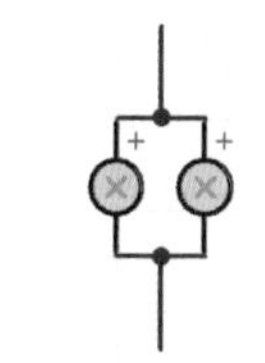

图1-73 **电容的并联**
（容量等于各自电容之和）

注：使用电子元器件图形符号、导线（图中横竖线条）将电路连接起来，便于学习分享，这类图纸称为电路（原理）图。

电容充放电

第七节 声音器材

常见的声音器材有扬声器（喇叭）、有源蜂鸣器、无源蜂鸣器（本书不涉及）、驻极体话筒，等等。

一、扬声器（喇叭）

扬声器主要作用是将电信号转换为声音信号。本书中扬声器的正反面见图1-74、图1-75。

图1-74　扬声器的正面

图1-75　扬声器的反面

扬声器共有两个引脚，在实验中常用扬声器的功率是0.5W。

扬声器图形符号如图1-76，用字母BL（或BP）表示。扬声器在装配图中的示意图见图1-77。

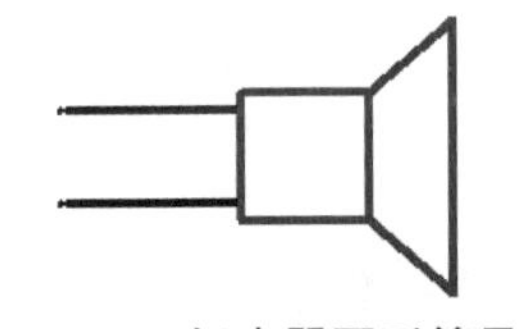

图1-76　扬声器图形符号

图1-77　扬声器在装配图中的示意图

电池“驱动”扬声器

器材：电池“驱动”扬声器所需器材见表 1-12。

表 1-12　**电池“驱动”扬声器所需器材**

名称	规格	图例
电池	2032	
扬声器	0.5W 8Ω	

制作步骤：扬声器的一条引线与 2032 电池的正极相连，另一条轻轻地在 2032 电池的负极滑动（是滑动而不是固定不动），仔细听一听，有什么声音呢？是不是“咔嚓”的声音呢？见图 1-78。

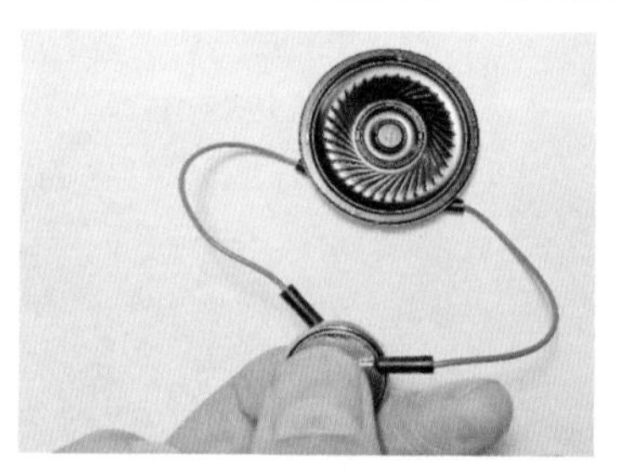

图1-78　**电池“驱动”扬声器**

二、蜂鸣器

本书中采用有源蜂鸣器。直流电源就可以驱动蜂鸣器发声。有源蜂鸣器控制简单，一般用于报警发声、按键提示音。

家里的电磁炉等小电器定时时间到了，是不是有“嘀、嘀”的提示音呢？发声元件就是蜂鸣器。蜂鸣器的图形符号见图 1-79，用 HA 表示。有源蜂鸣器在装配图中的示意见图 1-80。

有源蜂鸣器有两个引脚，在使用中需要区分正负极，见图 1-81，长的引脚是正极。

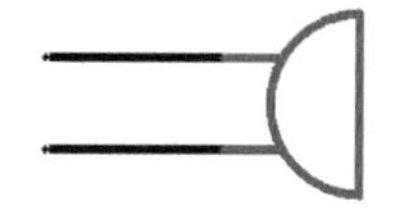

图1-79　**蜂鸣器的图形符号**

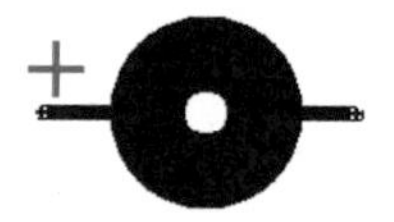

图1-80　**有源蜂鸣器在装配图中的示意图**

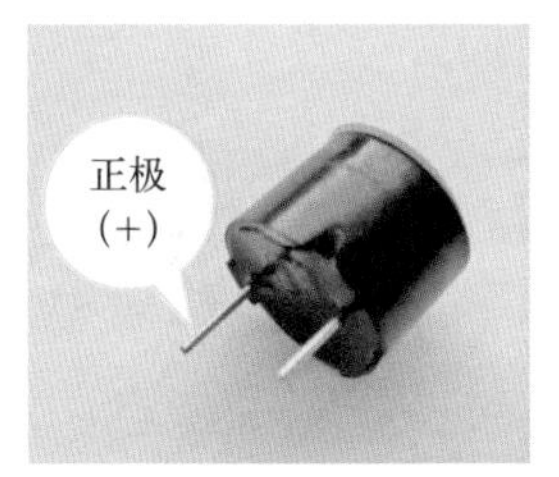

图1-81　**有源蜂鸣器正负极判别**

电池驱动蜂鸣器

器材：电池驱动蜂鸣器所需器材见表 1-13。

表 1-13　**电池驱动蜂鸣器所需器材**

名称	规格	图例
电池	2032	
蜂鸣器	有源	

制作步骤：蜂鸣器的正极与电源的正极相连，负极与电源的负极相连，蜂鸣器是不是发声了？实验很简单，动手做一做，见图 1-82。

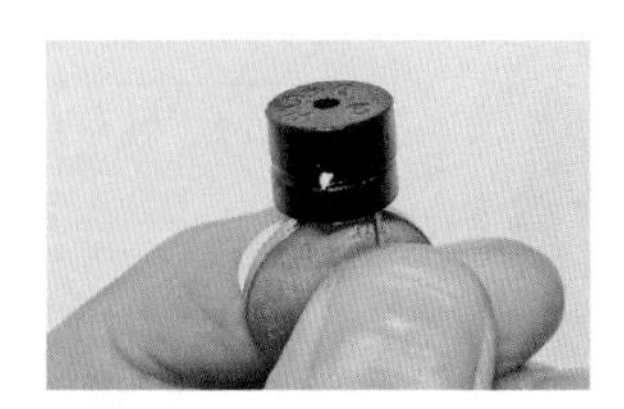

图1-82　**电池驱动蜂鸣器**

三、驻极体话筒

声音信号如何变为电子电路能接收的电信号呢？常见的就是用驻极体话筒来解决，手机、电话机、笔记本电脑等都有它的身影。常见的驻极体话筒外观见图 1-83。驻极体话筒一般有两个引脚，在使用中需要区分引脚的接法。仔细观察它的引脚，其中一个引脚有几条铜箔线与外壳相连，这个引脚是负极，见图 1-84。图 1-85 是图形符号，驻极体话筒用字母 MIC 表示。驻极体话筒在本书装配图中的示意见图 1-86。

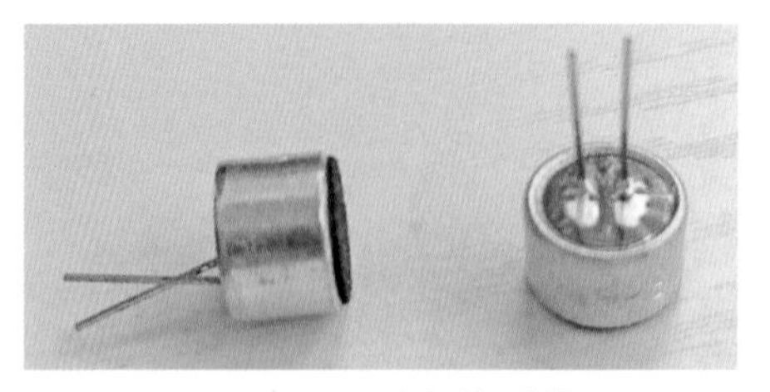

图1-83　驻极体话筒

图1-84　驻极体话筒头的负极

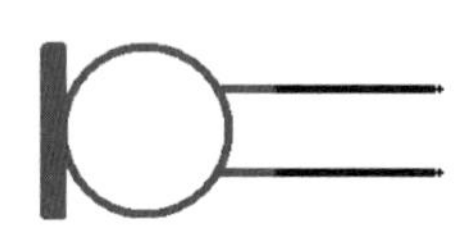

图1-85　驻极体话筒图形符号

图1-86　驻极体话筒在装配图中的示意图

驻极体话筒输出信号比较微弱，需要经过放大电路进一步处理，见图 1-87。电阻的取值一般是 4.7～10kΩ，通过电容传送声音信号并进行下一步处理。

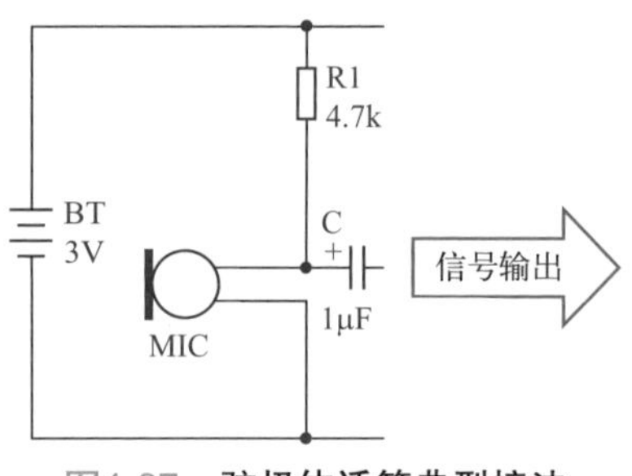

图1-87　驻极体话筒典型接法

扬声器、蜂鸣器、驻极体话筒

第八节　电压与电流

前面讲到 2032 电池的电压是 3V，那什么是电压呢？什么又是电流呢？

一、电压

图 1-88 中的水塔是用来干什么的，有什么作用呢？大多数农村及工矿企业，生活及工业用水都是水塔供水（或无塔供水）。当打开水龙头时，自来水就源源

不断地流出来，水塔越高，水位越高，水压越大，水流就越大。

学习电压，为什么要看水塔呢？不要着急，之所以先介绍水压、水流，是因为水压、水流与电压、电流很类似。

图1-88　**水塔**

相对于自来水的水压，要想让小灯泡点亮，就必须有一定的电势差，即电压。

电压用大写字母U表示。电压的单位：伏特（简称伏），用字母V表示。

伏特是为了纪念意大利物理学伏打而命名，他发明了伏特电池，为人类发展做出了贡献。

1V（伏）=1000mV（毫伏）

2032电池的电压，就可以用U=3V表示。

二、电流

电流好比水流，小灯泡能亮起来，说明有电流流过，将电能转化为光能。电流是从电池的正极流出，经过负载，回到电池的负极。

负载这个概念还是比较抽象的，比如小电机、LED、小灯泡等等都是负载。小电机是将电能转换为机械能，而小灯泡是将电能转化为光能。一句话概括：负载就是将电能转化为其他形式能量的装置。

电流用大写字母I表示。

电流的单位：安培（简称安），用字母A表示。

安培是为了纪念法国物理学家安德烈·马利·安培而命名。

1A（安）=1000mA（毫安）　1mA（毫安）=1000μA（微安）

如果家里的水龙头关小一点，水的阻力大了，水流就小。在电路中电流就像水流一样，而阻碍电流的是电阻。

德国物理学家格奥尔格·西蒙·欧姆于1827年提出欧姆定律，数学关系式：$I=U/R$。为了纪念欧姆对电磁学的贡献，物理学界将电阻的单位命名为欧姆，以符号Ω表示。

三、安全用电最重要

电子制作离不开电，本书在制作中用到的2032电池，电压只有3V，两节串联也不过6V，对人体没有伤害，但是电子制作不仅仅局限用2032电池作为电源，在制作中你一定会接触到220V电源。

人体的安全电压是36V。为了安全起见，我们必须了解电的特性，才能很好地利用它。

人体是导体，是能导电的，加在人体两端的电压越高，对人体造成的伤害就越大。

注意：**千万不能用两只手同时接触两根导线。**在220V电压的环境下，若是将一只手放在火线上，而将另外一只手放在零线上，就会发生触电事故，见图1-89。大地是导体，零线是与大地相连的，如果一只手接触火线，没有穿电工绝缘鞋站在地上，另一只手即使不接触零线，同样会发生触电事故，见图1-90。

不要用湿手插拔电源插头，也不要用湿毛巾擦拭家用电器，防止因漏电而发生触电事故。平时应该做到安全用电。发现有人发生触电事故时，应在保证自身安全的前提下，赶快呼救，进行施救，未成年人要通知大人来施救。当看见一些设备上有如图1-91所示的图标时，应该远离它，这是有高压电，让人们注意安全的图标。

图1-89　**触电1**

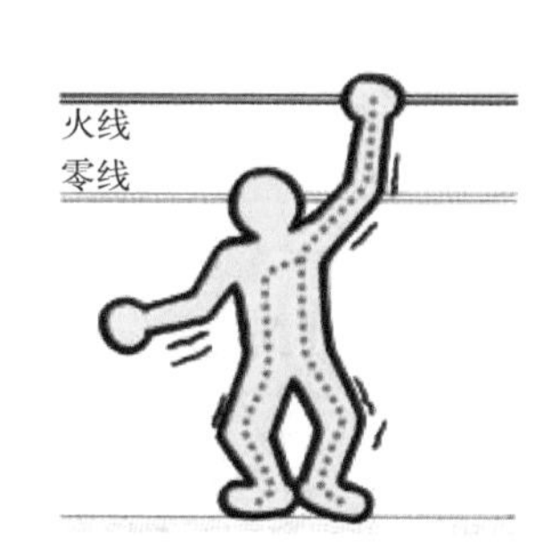

图1-90　**触电2**

图1-91　**“有电”图标**

第九节　电路的三种状态

电路的三种状态是指断路（开路）、短路和通路（正常）状态。

一、通路

通路是指有正常的电流流过用电器。电路由电源、开关、导线、用电器等构成，也称为回路，见图 1-92。

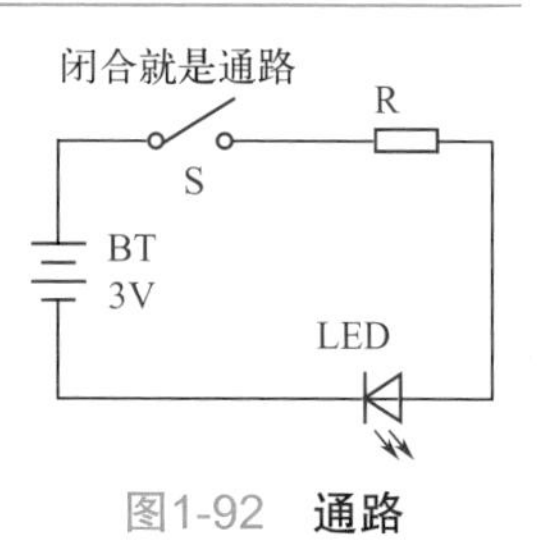

图1-92　**通路**

二、断路（开路）

断路指电路某一处断开，没有电流流过用电器，见图 1-93。

在日常生活中我们是如何实现断路的呢，比如家里的电灯，就要安装开关来控制。

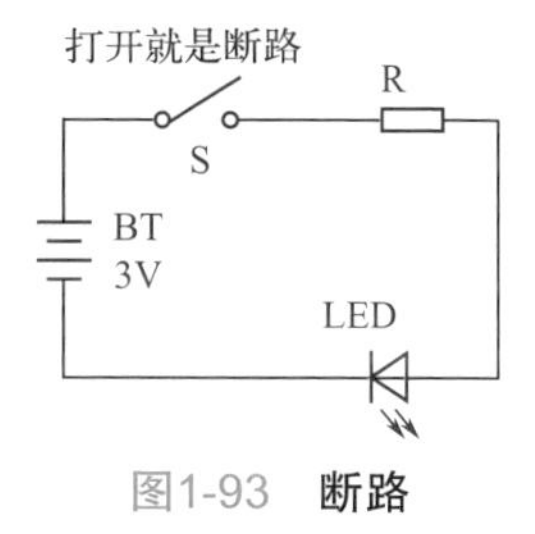

图1-93　**断路**

三、短路

短路指用导线将用电器或者电源两端连接起来，电流直接从导线经过，不经过用电器，见图 1-94。短路一属于电源短路，短路二属于用电器短路（在这里是 LED）。

短路是非常危险的，下面分享一个电源短路的故事。

几年前的一天下午，当时笔者对电路知识还不够熟悉，在鼓捣电池的时候，突然发现面包线变热了！经过提醒才知道，我将一条面包线的两端分别插在 9V 电池的正负极，造成了短路，见图 1-95。用导线直接连接电源的正负极就会造成

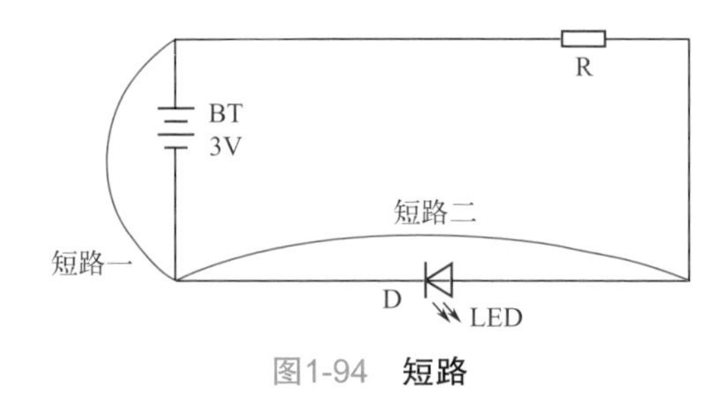

图1-94　**短路**

图1-95　**电池短路**

电源短路。由于面包线的电阻非常小，此时电流是比较大的。还好，笔者及时断开了连接。因为如果短路时间长了，电池也会发热，可能会引起爆炸或者火灾等事故。

第十节 电路图

通过电路图可以详细了解电器的工作原理，电路图是分析电器性能、进行电子制作的主要设计文件。电路图由元件图形符号以及连接导线组成。

一张完整的电路图应包括标题（说明是什么电路图，让别人一目了然）、导线、元器件（电阻、电容、三极管等）、元器件编号、元器件型号（或者规格）。在画电路图时两条线不可避免地交叉时需要注意什么呢？请看图 1-96、图 1-97，两图中两条线的交叉有什么区别？

图 1-98 是点亮 LED 的电路图。

图1-96　两条导线不连接画法

图1-97　两条导线连接的画法，中间有一个实心的圆点

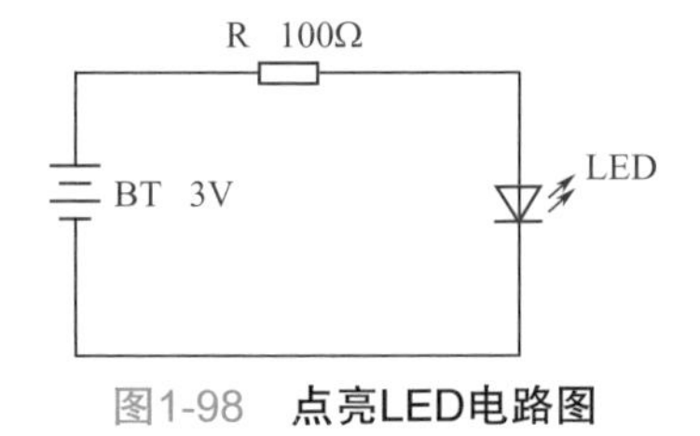

图1-98　点亮LED电路图

一、画电路图的注意事项

① 元器件分布要均匀。

② 整个电路图最好呈长方形，导线要横平竖直，有棱有角。

③ 在电路图中一般将电源的正极引线安排在元件的上方，负极引线安排在元件的下方。

二、常见电子元器件图形符号

常见电子元器件图形符号见表 1-14。

表 1-14　常见电子元器件图形符号、字母表示、本书装配示意图

名称	图形符号	字母表示	本书装配示意图
电池		BT	—
发光二极管		LED	
电阻		R	
二极管		VD（或D）	
三极管		VT（或Q）	
晶闸管		VT（或Q）	
按键		S	
拨码开关		S（或K）	

续表

名称	图形符号	字母表示	本书装配示意图
电容（无极性）	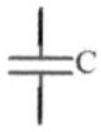 C	C	
电容 （极性电容）	 +C	C	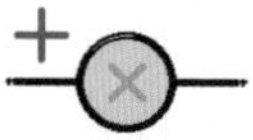 +
扬声器（喇叭）	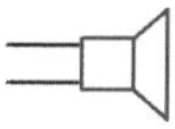	BL（或BP）	 BL
蜂鸣器	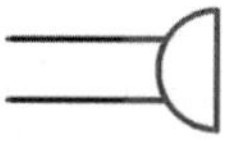	HA	 +
驻极体话筒	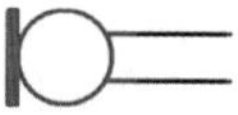	MIC	 MIC

第二章

电子制作入门：完成经典电子制作小工程

爱因斯坦曾说过“兴趣是最好的老师”。

通过前面的学习，常见电子元器件都有什么功能，你是不是已经非常清楚了，基础元器件使用方法以及特性掌握了吗？如果没有掌握，一定要回头认真学习。

接下来进行简单而有趣的电子电路的制作。刚开始学习，电路搭建过程中我们可能会遇到很多问题，要沉着冷静地进行思考、分析。相信自己，一定能成功。

一、调光小台灯

今天，我们用简单的电子器材，制作一款调光小台灯。通过调整电位器旋钮改变 LED 的亮度，如图 2-1。

电路原理浅析

调整电位器旋钮，改变串联在电路中的电阻阻值大小，从而调整 LED 的亮度。阻值越大，LED 越暗；阻值越小，LED 越亮。电路原理图见图 2-2。

图2-1　调光小台灯

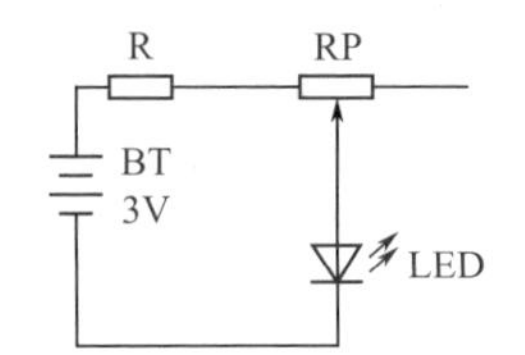

图2-2　调光小台灯电路原理图

所需器材（表 2-1）

表 2-1　调光小台灯所需器材

序号	名称	标号	规格	图例
1	电池	BT	3V	
2	电阻	R	100Ω	
3	电位器	RP	10kΩ	
4	发光二极管	LED	5mm	

装配与制作

本制作简单，不再进行步骤分解。面包板装配图以及实物布局图见图 2-3、图 2-4。

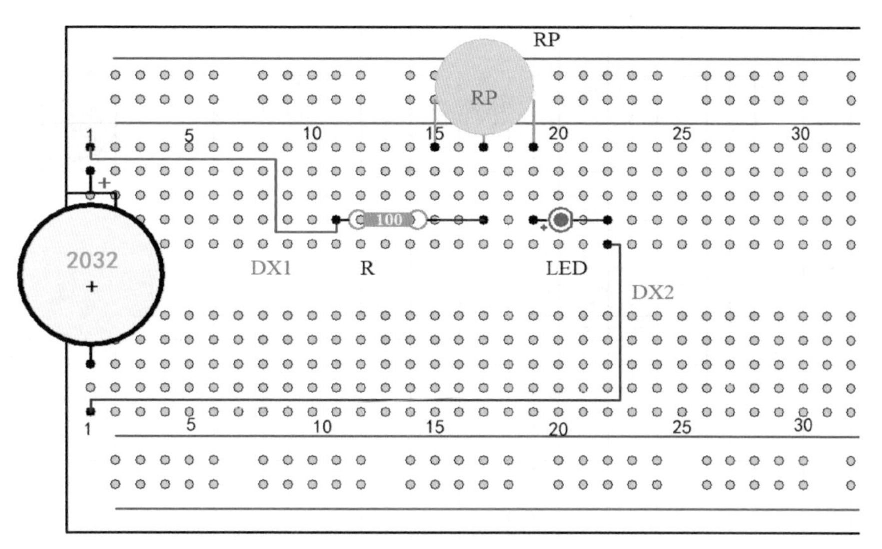

图2-3　**调光小台灯面包板装配图**

DX1，DX2—导线

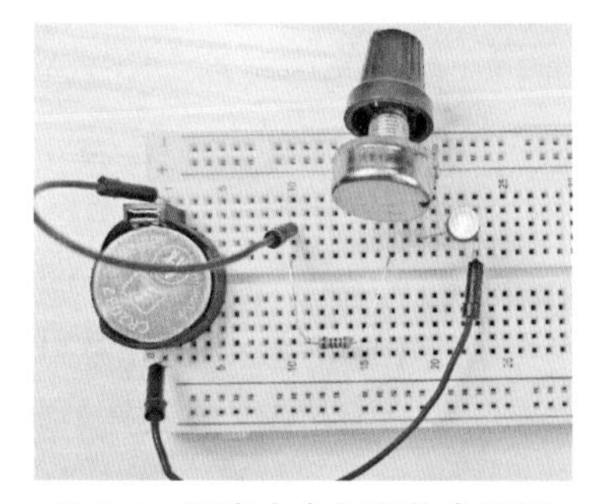

图2-4　**调光小台灯实物布局图**

调光小台灯

知识加油站——可调电阻

与固定电阻相对应的还有可调电阻，它的阻值可变，又称为可变电阻器。可调电阻图形符号见图 2-5，用字母 RP 表示。

常见的可调电阻见图 2-6（本书制作不采用）。

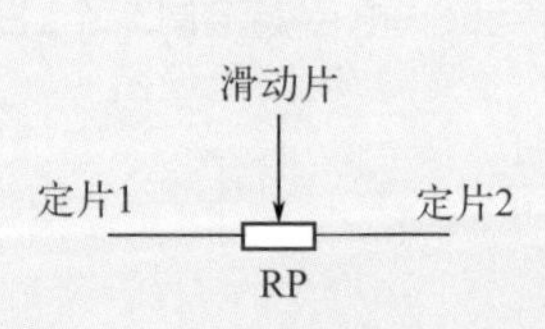

图2-5　**可调电阻的图形符号**

图2-6　**可调电阻**

电位器是可调电阻的一种，见图 2-7。外观标注 100K，代表它的电阻可调范围是 0～100kΩ。

电位器在本书装配图中的示意见图 2-8。

可调电阻

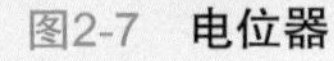
图2-7　**电位器**

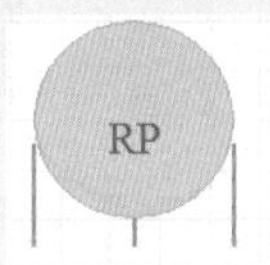

图2-8　**电位器示意图**

二、电位器控制两个LED亮度

调整电位器旋钮，LED1 亮度增加时，LED2 亮度减小，反之亦然。通过本项目进一步了解电位器的工作原理，见图 2-9。

电路原理浅析

在电路中安装两个 LED，通过调整电位器旋钮，改变 LED 亮度。当电位器 ac 之间的电阻减小的时候，LED1 串联在电路中的电阻减小，亮度增加，但 bc 之间的电阻增加，LED2 的亮度减小，反之亦然。电路原理图见图 2-10。

图2-9　**电位器控制两个LED亮度**

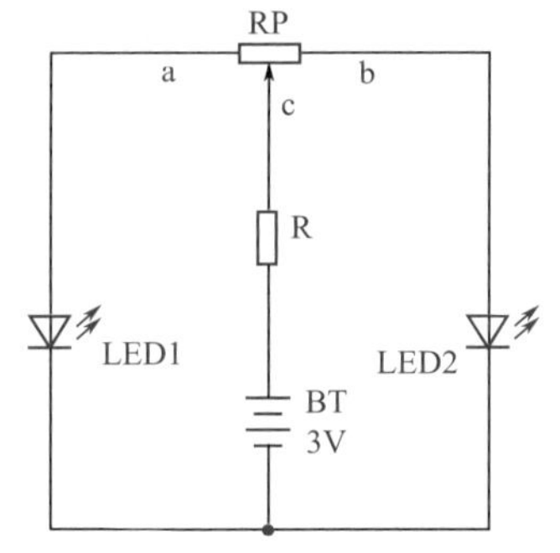

图2-10　**电位器控制两个LED亮度电路原理图**

所需器材（表 2-2）

装配与制作

面包板装配图以及实物布局图见图 2-11 和图 2-12。

表 2-2　电位器控制两个 LED 亮度所需器材

序号	名称	标号	规格	图例
1	电阻	R	100Ω	
2	发光二极管	LED1	5mm	
3	发光二极管	LED2	5mm	
4	电位器	RP	10kΩ	
5	电池	BT	3V	

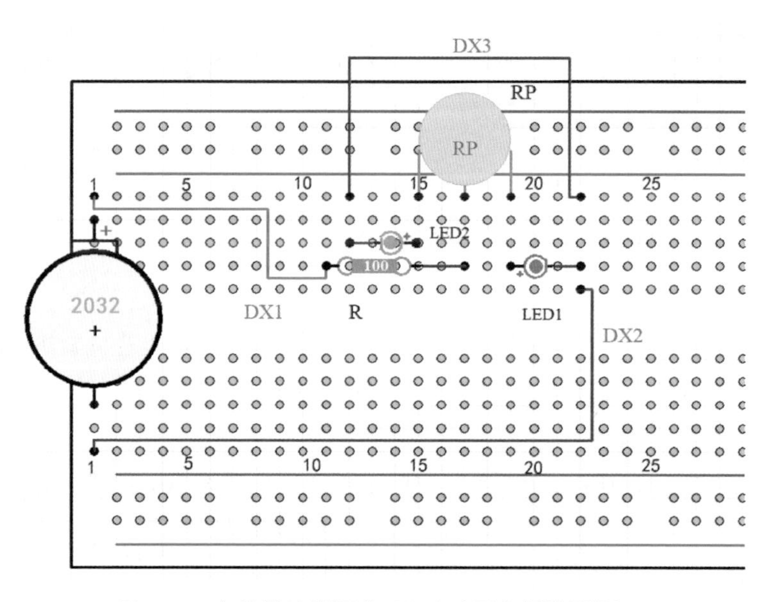

图2-11　电位器控制两个LED亮度面包板装配图

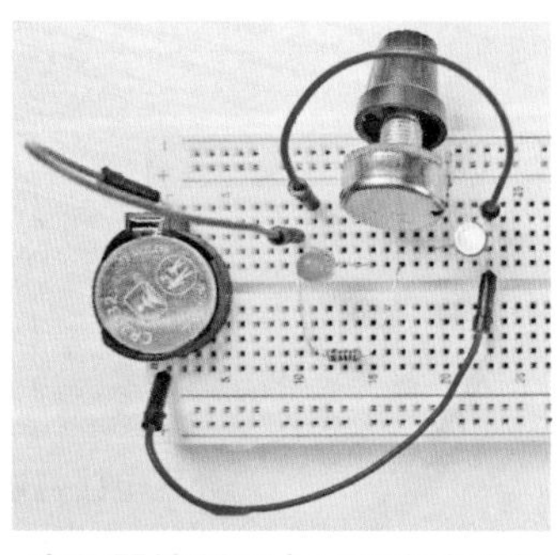

图2-12　电位器控制两个LED亮度实物布局图

电位器控制两个 LED

知识加油站——学会看输入输出参数

如图 2-13 所示，是一款手机充电器，了解其输入与输出参数。

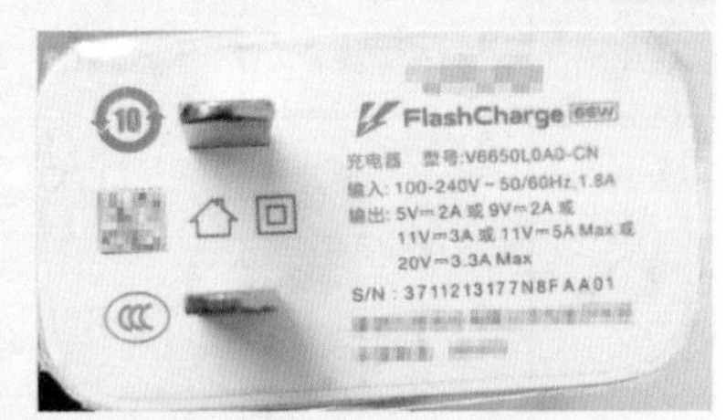

图2-13　**充电器**

输入：100～240V（交流）50/60Hz

表示输入的交流电压范围是 100～240V，频率为 50Hz 或者 60Hz，即发电机的转子每秒转过的圈数，50Hz 等于 50 圈 /s，60Hz 等于 60 圈 /s。

输出：5V ⎓2A 或 9V ⎓2A 或 11V ⎓3A 或 11V ⎓5A Max 或 20V⎓3.3A Max。

表示最大输出直流电压 20V，电流 3.3A，功率为 66W，同时兼容 9V/2A、5V/2A 等。

三、分压电路控制LED亮度

本制作在各种电子产品中，是非常典型的应用，收音机音量旋钮、高低音调节基本上使用的都是电位器分压电路，见图 2-14。

电路原理浅析

电位器在电路中接成分压形式，LED 两端的电压就是电位器滑动臂与电源负极之间的电压，当电阻阻值越大的时候，LED 两端电压越大，LED 也就越亮。当滑动臂滑到 a 端，电位器分压电压达到最大值。电路原理见图 2-15。

图2-14　**分压电路控制LED亮度**

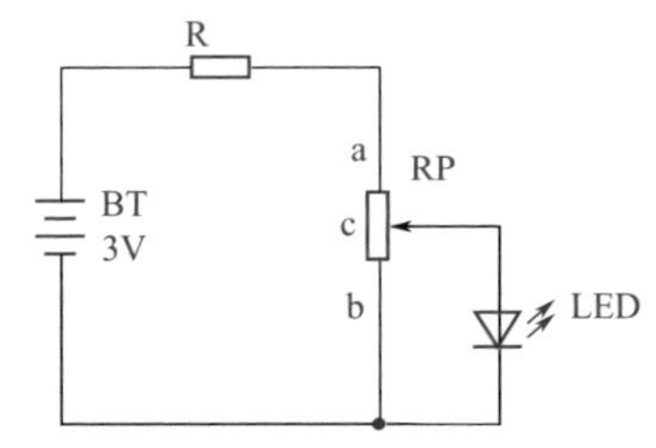

图2-15　**分压电路控制LED亮度电路原理图**

所需器材（表 2-3）

表 2-3 分压电路控制 LED 亮度所需器材

序号	名称	标号	规格	图例
1	电阻	R	100Ω	
2	发光二极管	LED	5mm	
3	电位器	RP	10kΩ	
4	电池	BT	3V	

装配与制作

面包板装配图以及实物布局图见图 2-16、图 2-17。

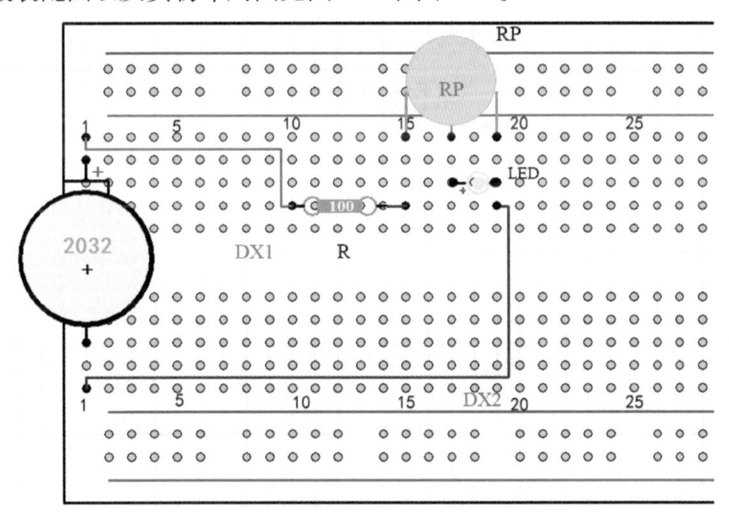

图2-16 分压电路控制LED亮度面包板装配图

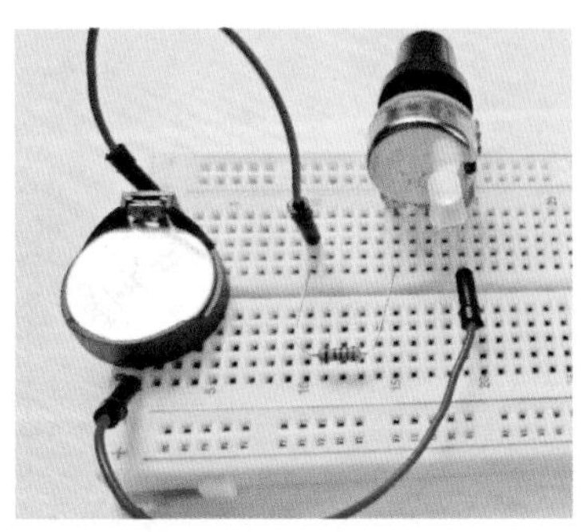

图2-17 分压电路控制LED亮度实物布局图

分压电路控制
LED 的亮度

知识加油站——电位器的应用

电位器的应用，见图 2-18 和图 2-19。

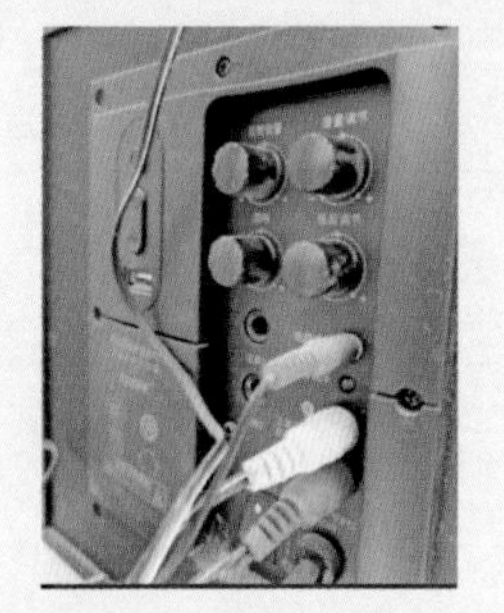

图2-18　音响音量旋钮

图2-19　调音台上的各种调节旋钮

四、制作简单的小“红绿灯”

我们每天都会见到红绿灯，红绿灯为什么一会儿变红，一会儿变绿呢？下面我们一起来制作一个简单的小“红绿灯”，见图 2-20。

电路原理浅析

当按住按键 S1 时，电流从电源的正极出发，经过按键 S1，LED1 的正极，LED1 的负极，最后流到电源的负极，LED1 点亮；不按 S1 时，没有电流通过 LED1，LED1 熄灭。LED2 与 LED3 的工作原理与 LED1 相同。动手操作按键，模拟十字路口红绿灯。电路原理图见图 2-21。

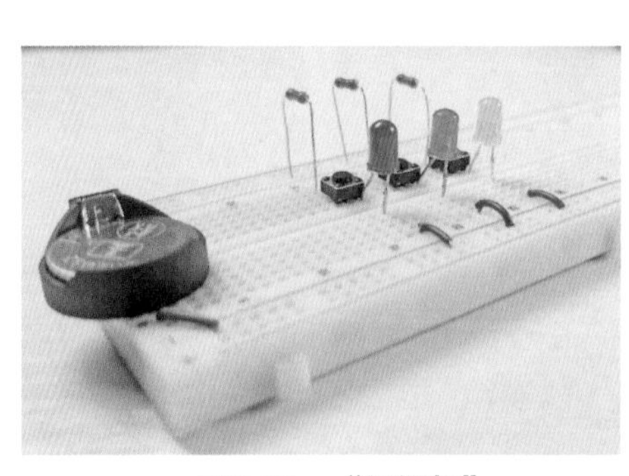

图2-20　“红绿灯”

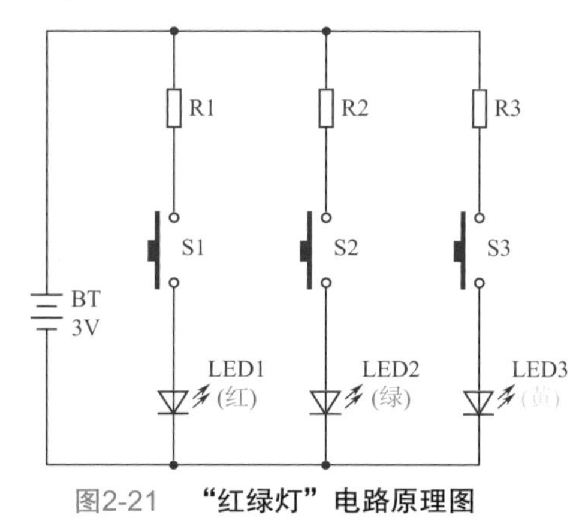

图2-21　“红绿灯”电路原理图

马路上真正的红绿灯是由程序控制的。

所需器材（表 2-4）

表 2-4　“红绿灯”所需器材

序号	名称	标号	规格	图例
1	电阻	R1～R3	100Ω	
2	发光二极管	LED1（红）	5mm	
3	发光二极管	LED2（绿）	5mm	
4	发光二极管	LED3（黄）	5mm	
5	按键	S1～S3	两个引脚	
6	电池	BT	3V	

装配与制作

今后制作中 DX1（或者 DX+）、DX2（或者 DX-）导线是电源引线，步骤中不再进行描述，默认已经连接。

步骤 1

面包板装配图以及实物布局图见图 2-22、图 2-23。

安装电阻 R1，按键 S1，发光二极管 LED1，导线 DX3。

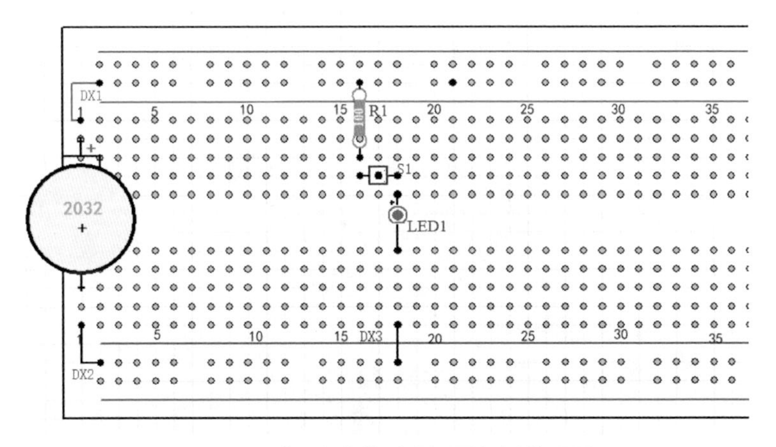

图2-22　“红绿灯”步骤1面包板装配图

图2-23　**“红绿灯”步骤1实物布局图**

步骤 2

面包板装配图以及实物布局图见图 2-24、图 2-25。

安装电阻 R2，按键 S2，发光二极管 LED2，导线 DX4。

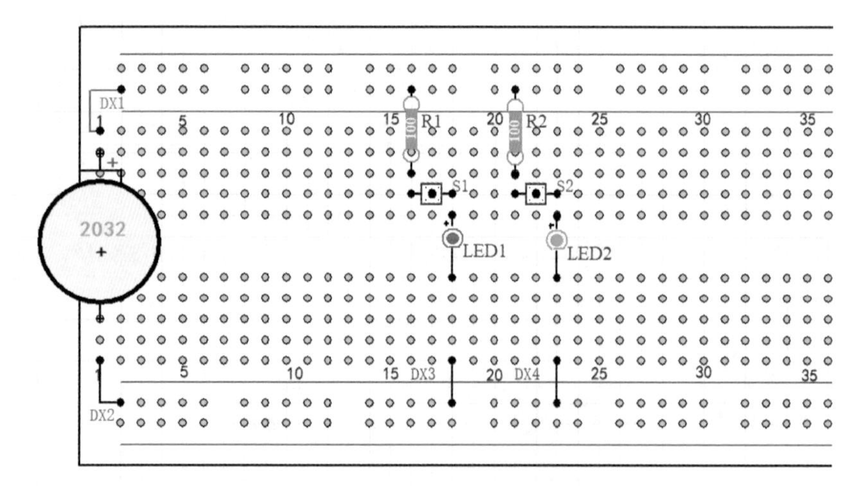

图2-24　**“红绿灯”步骤2面包板装配图**

图2-25　**“红绿灯”步骤2实物布局图**

步骤 3

面包板装配图以及实物布局图，见图 2-26、图 2-27。

安装电阻 R3，按键 S3，发光二极管 LED3，导线 DX5。

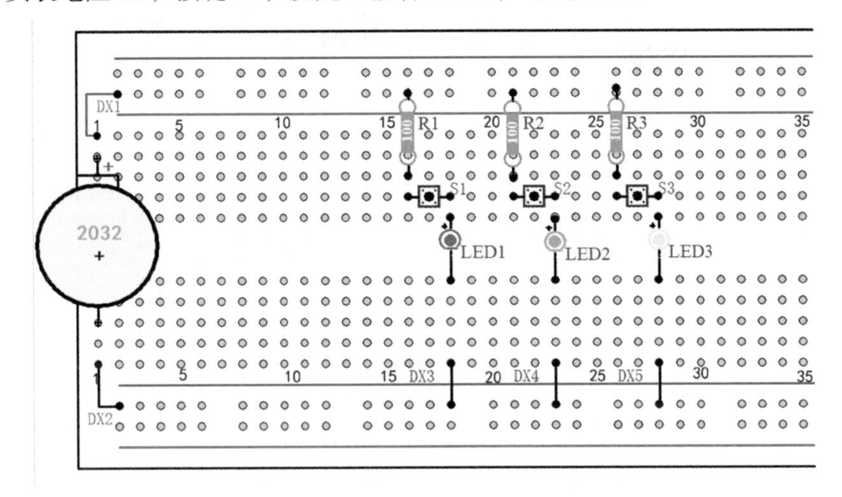

图2-26　“红绿灯”步骤3面包板装配图

图2-27　“红绿灯”步骤3实物布局图

红绿灯

知识加油站——家庭用电电路小知识

在制作红绿灯的过程中，我们发现每个按键都能独立控制相应的 LED，互不影响。S1 与 LED1 属于串联关系，家里的电源开关好比 S1，大灯好比 LED1。

在红绿灯电路中相类似的电路有三条，分别是 S1 与 LED1、S2 与 LED2、S3 与 LED3，它们之间属于并联关系。家里的各种电器设备也都是并联在电源两端的，只有这样，每个设备得到的电压才与电源电压一致，才能正常运行。家庭用电电路见图 2-28。

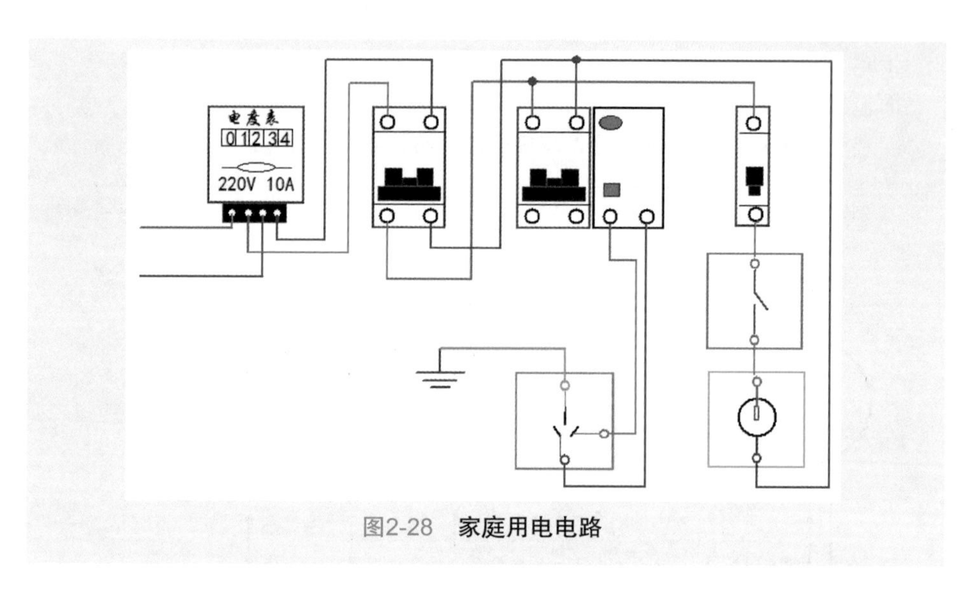

图2-28 家庭用电电路

五、制作电源极性矫正电路

在电源极性矫正电路中安装电池，不需要区分正负极，这么神奇的电路，如何制作呢？电源极性矫正电路见图2-29。

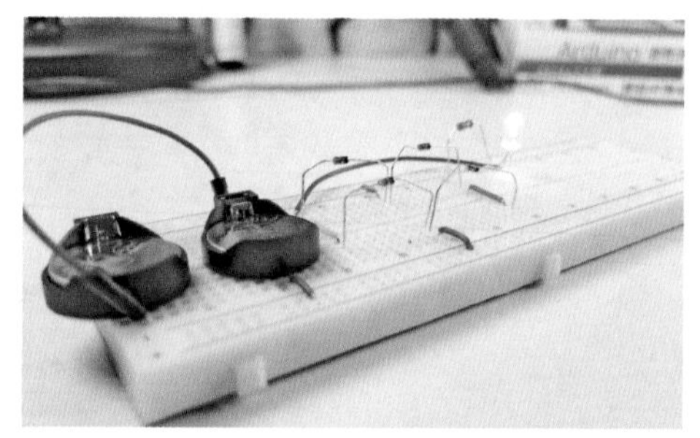

图2-29 电源极性矫正电路高清图

电路原理浅析

电路原理图见图2-30、图2-31，两张图唯一的不同就是电池正负极（极性）不同，但是LED都能点亮，为什么呢？前面一直强调LED要区分正负极，如果接反，LED就不亮，为什么增加几个二极管，LED就亮了呢？这里二极管VD1～VD4起着关键作用。

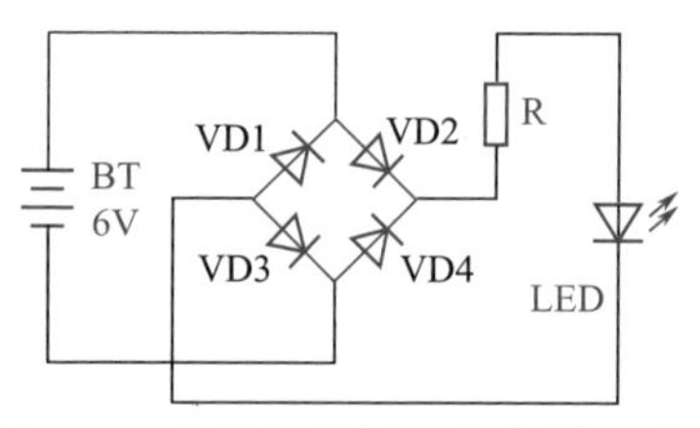

图2-30 电源极性矫正电路原理图1

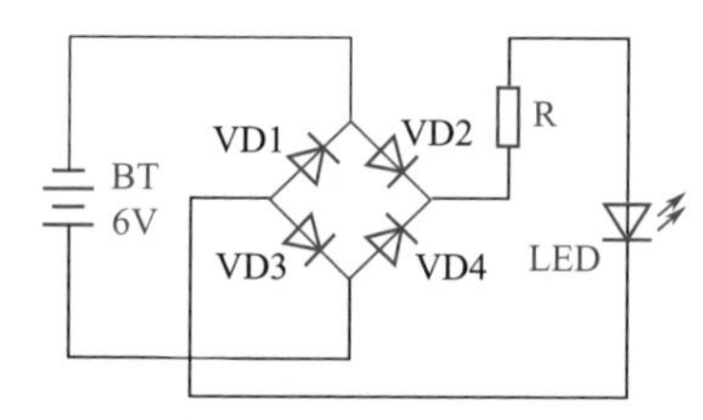

图2-31 电源极性矫正电路原理图2

如图 2-30，电流从电源正极出发，经过二极管 VD2、电阻 R、发光二极管 LED、二极管 VD3 流到电源的负极，LED 点亮。

如图 2-31，电流从电源正极出发，经过二极管 VD4、电阻 R、发光二极管 LED、二极管 VD1 流到电源的负极，LED 也能点亮。

所需器材（表 2-5）

表 2-5　电源极性矫正电路所需器材

序号	名称	标号	规格	数量	图例
1	电阻	R	470Ω	1	
2	二极管	VD1～VD4	1N4148	4	
3	发光二极管	LED	5mm	1	
4	电池	BT	3V	2	

装配与制作

电路较简单，不进行分步骤讲解（在今后制作中，为了能清晰地拍到元器件布局效果，部分电路采用硬质面包线，本书套件只带常规面包线）。

本制作采用两节 3V 电池串联供电，因为每个二极管的压降为 0.7V，从电路原理图中可以看出 LED 点亮需要经过两个二极管，如果采用一个电池，3V-1.4V=1.6V，达不到 LED 的工作电压，所以采用 6V 电源供电，串联电阻 R，确保 LED 安全工作。

面包板装配图以及实物布局图见图 2-32～图 2-34。

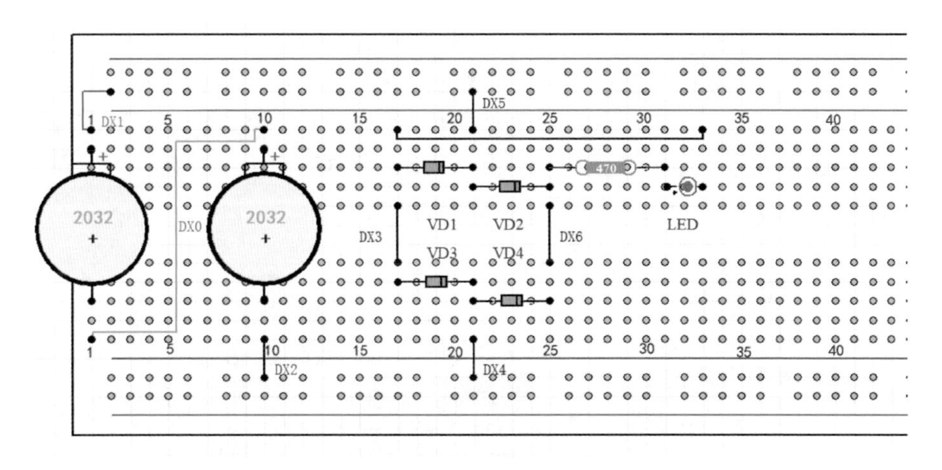

图2-32　电源极性矫正电路面包板装配图

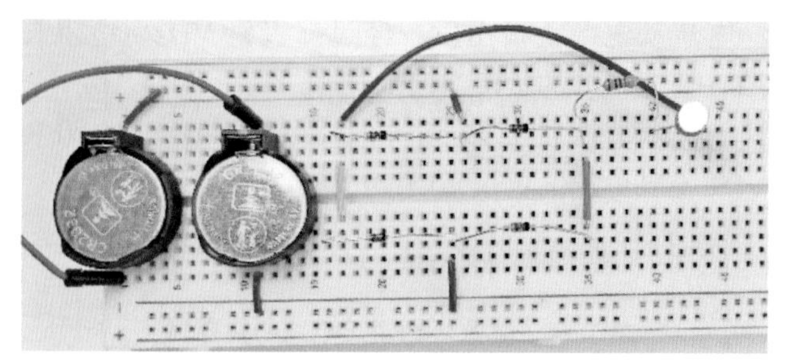

图2-33　**电源极性矫正电路实物布局图**

图2-34　**电源极性矫正电路实物布局图**
（电池正负极与图2-33相反）

电源极性矫正

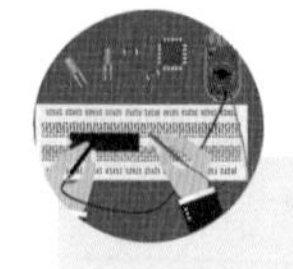

知识加油站——电话中的电源极性矫正电路

电话机的内部就有电源极性矫正电路，在外接电话线时，就不需要刻意区分电源正负极。

电源极性矫正电路是由四个二极管组成的电路，又称为整流桥，整流就是将不规则的电流方向整理成有规则的。

整流桥需要四个二极管，元件的设计人员为了简化电路制作，将四个整流二极管封装在一起，称为桥堆，见图 2-35。整流桥主要用在交流电转化为直流电的过程中。见图 2-36，电容的作用是滤波。~代表交流电，用字母 AC 表示，DC 代表直流电。

图2-35　**桥堆**

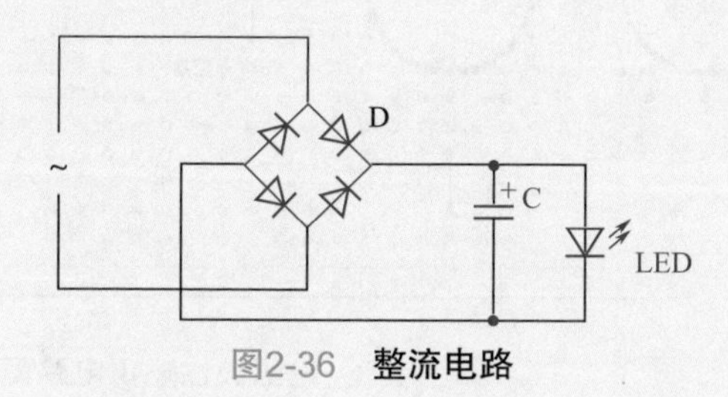

图2-36　**整流电路**

六、点亮数码管

数码管是一种最常见的显示元件，图 2-37 所示为一款电路板，数码管用来显示信息。数码管内部发光元件是由 LED 组成的，常见的数码管里面包含 8 组 LED，7 组显示段码，1 组显示小数点。点亮数码管高清图见图 2-38。

图2-37　**电路板**

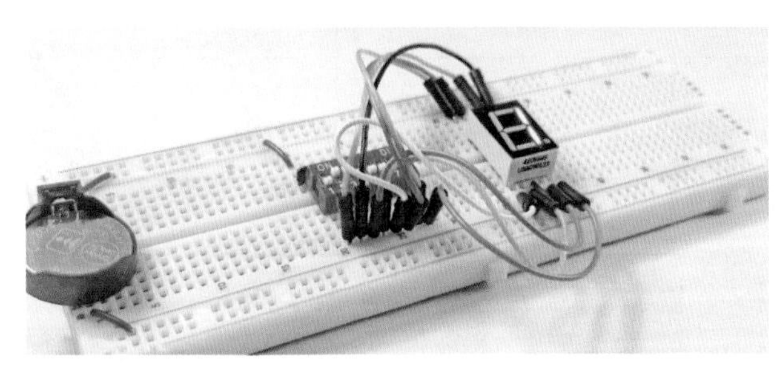

图2-38　**点亮数码管高清图**

电路原理浅析

采用一位 0.56in[1] 红色共阴极数码管，电路原理图如图 2-39，如果需要数码管显示数字“1”，公共极（电源的负极）接地，段码 b、c 分别接高电平。可以想想怎么显示“0”呢？

按照数码管内部电路以及基础知识，在面包板中搭建电路使数码管显示 0～9 10 个数字。

本制作只显示数字 1、2，本制作中的电阻使用排阻 RN。

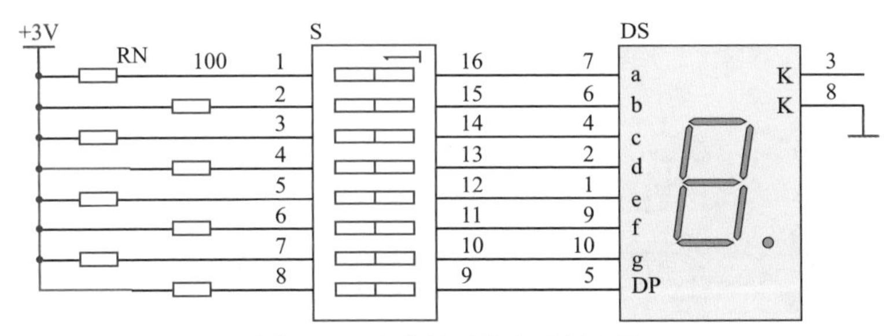

图2-39　**点亮数码管电路原理图**

所需器材（表 2-6）

装配与制作

面包板装配图以及实物布局图见图 2-40、图 2-41。

---

[1] 1in=25.4mm。

表2-6　**点亮数码管所需器材**

序号	名称	标号	规格	图例
1	排阻	RN	100Ω	
2	数码管	DS	（一位）0.56in， 共阴极	
3	拨码开关	S	8位	
4	电池	BT	3V	

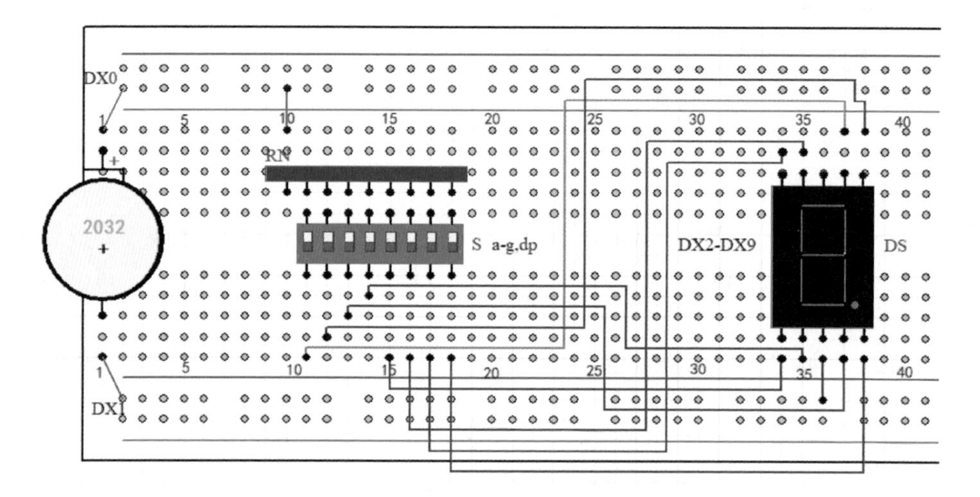

图2-40　**点亮数码管面包板装配图**

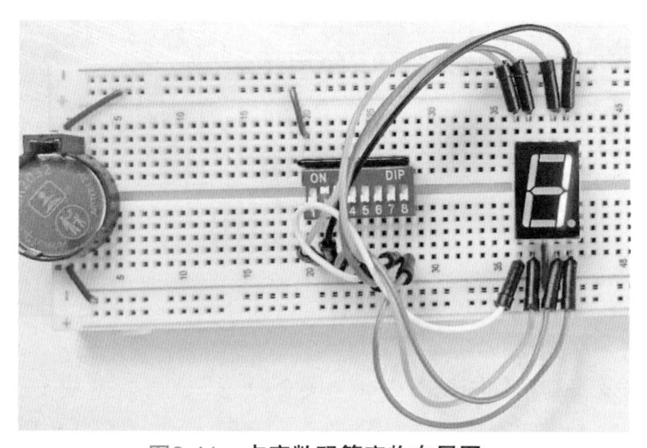

图2-41　**点亮数码管实物布局图**

点亮数码管

知识加油站：数码管与排阻

1. 数码管

（1）数码管分类

数码管按照显示颜色可以分为红色、绿色、蓝色等，最常见的是红色数码管。

数码管按照位数可以分为一位、两位、三位、四位等，见图 2-42。

图2-42　各种数码管

数码管按照内部连接方式可以分为共阳极数码管与共阴极数码管。数码管按照规格大小可分为 0.56in、0.8in、1.2in 等几种。

0.56in 等于 1.42cm，我们说数码管是 0.56in，不是指它的外观，而是字高，见图 2-43。

用直尺测量数码管的大小如图 2-44 所示。

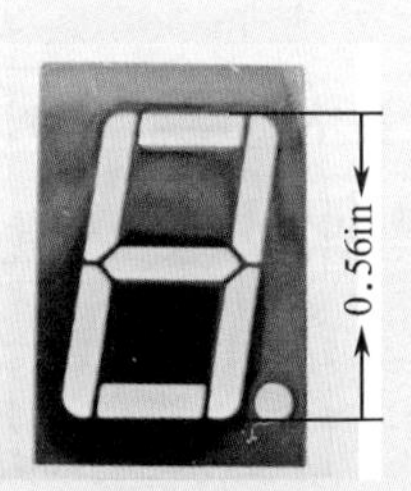

图2-43　数码管尺寸指的是字高

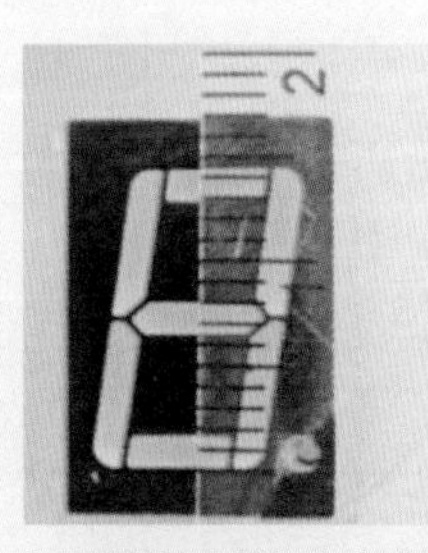

图2-44　测量数码管的高度（约1.42cm）

（2）数码管内部示意图

以一位数码管为例，段码分别用 a、b、c、d、e、f、g、h（dp）表示，如图 2-45。

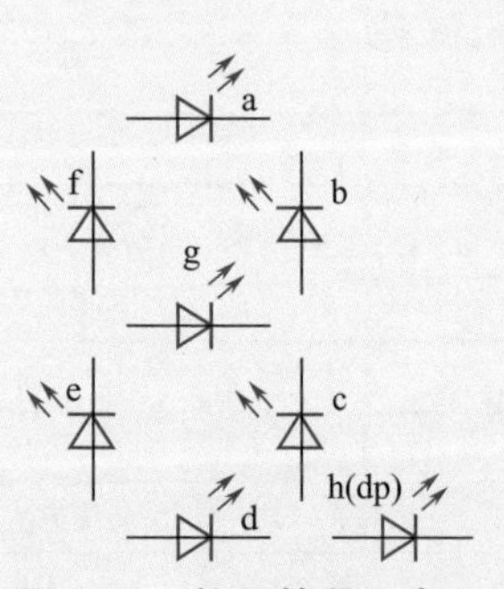

图2-45　数码管段码表示

一位数码管共有上下两排引脚，排列顺序是从下排第一个引脚逆时针开始数，如图 2-46。一位共阳极数码管与一位共阴极数码管内部电路如图 2-47、图 2-48。一位数码管的图形符号见图 2-49、图 2-50，用 DS 表示。

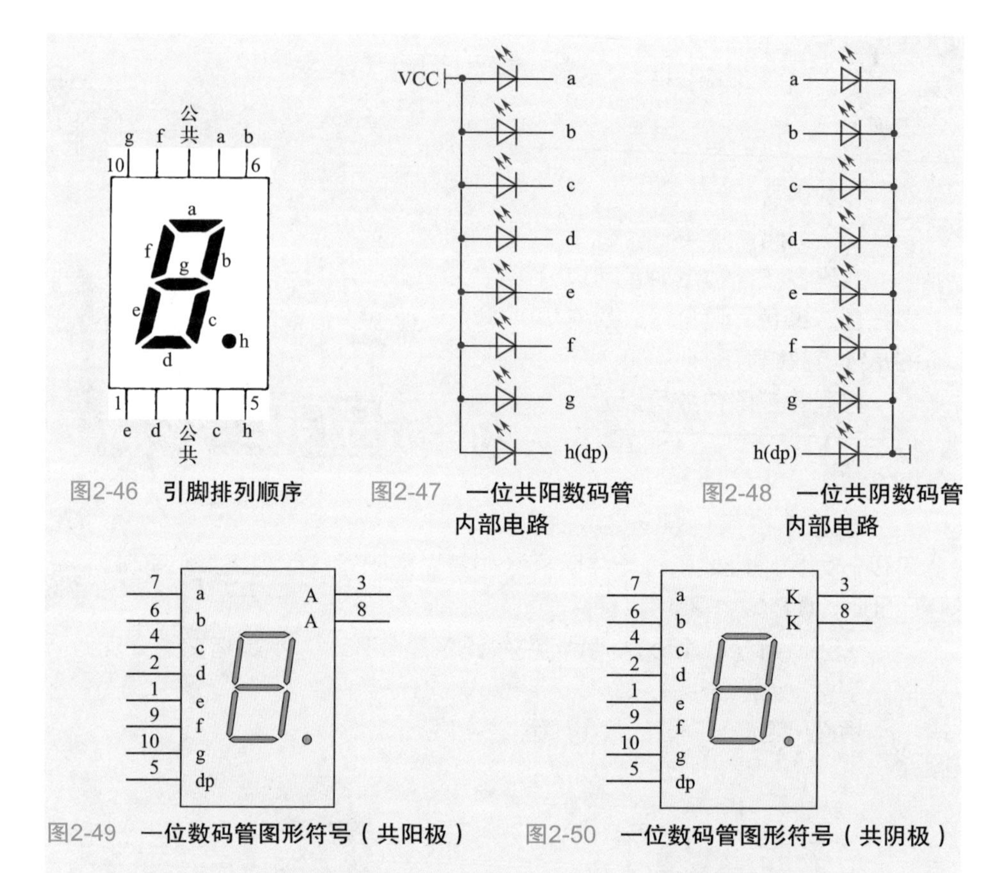

图2-46　引脚排列顺序

图2-47　一位共阳数码管内部电路

图2-48　一位共阴数码管内部电路

图2-49　一位数码管图形符号（共阳极）

图2-50　一位数码管图形符号（共阴极）

一位数码管引脚与对应的段码关系见表 2-7，数字与段码关系见表 2-8。

表 2-7　**一位数码管引脚与对应的段码关系**

引脚	功能（段码）	引脚	功能（段码）
1	e	6	b
2	d	7	a
3	公共极	8	公共极
4	c	9	f
5	h（dp）	10	g

表 2-8　**数字与段码关系**

数字	段码-引脚						
1	b-6	c-4					
2	7-a	b-6	g-10	e-1	d-2		
3	7-a	b-6	c-4	d-2	g-10		
4	b-6	c-4	f-9	g-10			

续表

数字	段码-引脚						
5	7-a	c-4	d-2	f-9	g-10		
6	7-a	c-4	d-2	e-1	f-9	g-10	
7	7-a	b-6	c-4				
8	7-a	b-6	c-4	d-2	e-1	f-9	g-10
9	7-a	b-6	c-4	d-2	f-9	g-10	
0	7-a	b-6	c-4	d-2	e-1	f-9	

段码显示数字 0～9，见表 2-9。

表 2-9　**段码显示数字 0 ～ 9**

数字	0	1	2	3	4
显示					
数字	5	6	7	8	9
显示					

2. 排阻

将若干个阻值完全相同的电阻集中封装在一起即为排阻，这些电阻其中的一个引脚都连到一起，作为公共引脚，见图 2-51。

数码管

最左边的引脚是公共引脚。排阻一般应用在数字电路上，在电路图中用 RN 表示，比如单片机 I/O 上拉电阻。排阻内部示意见图 2-52。排阻的封装表面有一个小白点，其对应的是排阻的公共端，一般接电源的正极。排阻上面一般都会标明阻值的大小，识别方法与可调电阻类似，比如“101”，即为 100Ω。

排阻

图2-51　**排阻（1kΩ）**

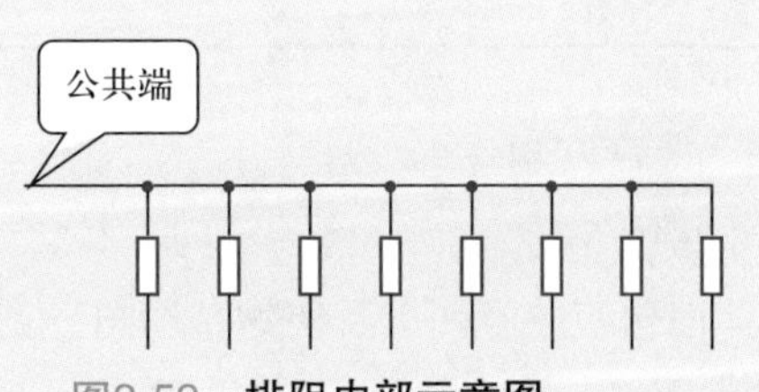

图2-52　**排阻内部示意图**

七、模拟发报机

发报机又名电码器，在观看战争片时，经常看到通信员在发电报，电报机传来“嘀嘀嗒嗒”的声音。发报机在当时是不可或缺的远距离通信设备。模拟发报机如图 2-53。

电路原理浅析

当按下按键 S，电流分为两个支路，一路通过蜂鸣器 HA，蜂鸣器发声，另一路经过限流电阻 R，发光二极管 LED 点亮。按下时间稍长发出“嗒”声，快速按下发出“嘀”声。电路原理见图 2-54。

图2-53　模拟发报机高清图

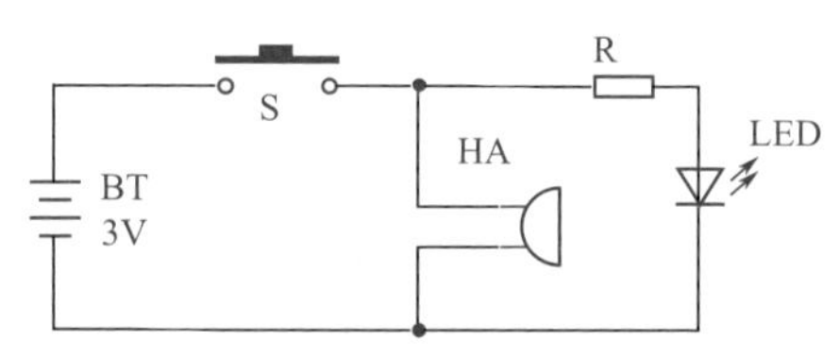

图2-54　模拟发报机电路原理图

所需器材（表 2-10）

表 2-10　模拟发报机所需器材

序号	名称	标号	规格	图例
1	电阻	R	100Ω	
2	按键	S	两个引脚	
3	发光二极管	LED	5mm	
4	蜂鸣器	HA	有源	
5	电池	BT	3V	

装配与制作

步骤 1

面包板装配图以及实物布局图、见图 2-55、图 2-56。安装导线 DX1、按键 S、导线 DX2、蜂鸣器 HA、导线 DX3。

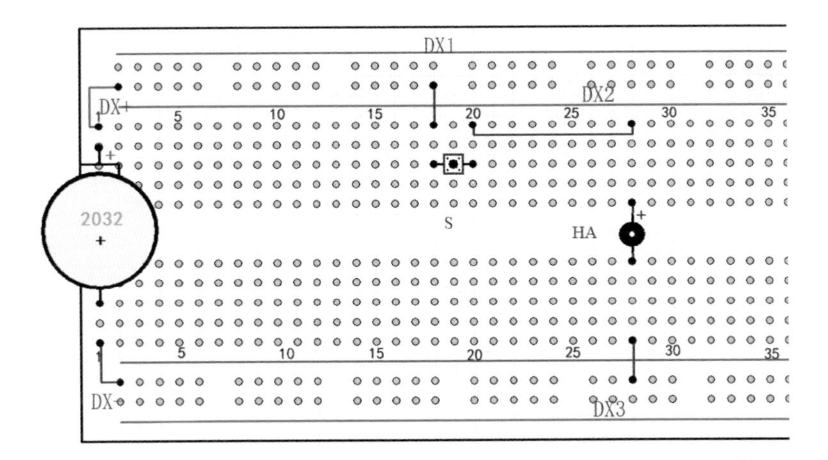

图2-55　**模拟发报机步骤1面包板装配图**

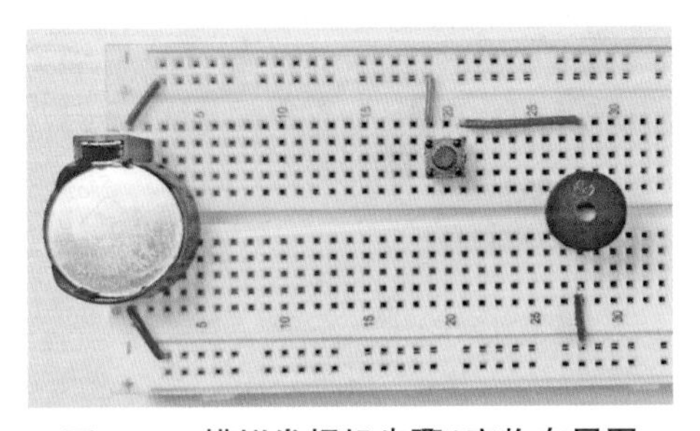

图2-56　**模拟发报机步骤1实物布局图**

步骤 2

面包板装配图以及实物布局图见图 2-57、图 2-58。安装发光二极管 LED、电阻 R、导线 DX4。

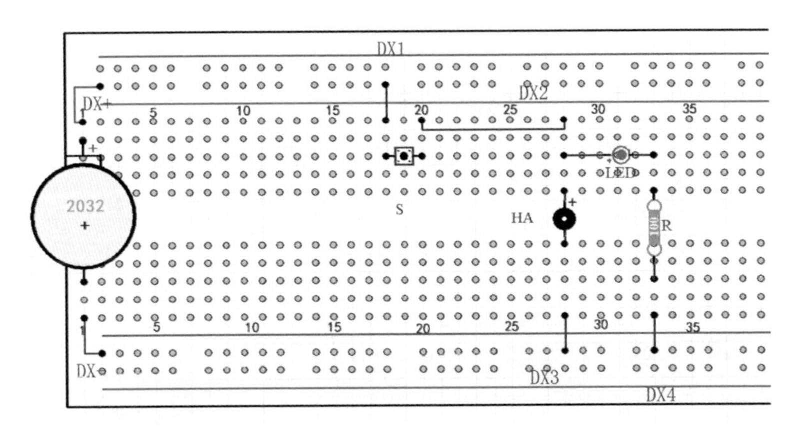

图2-57　**模拟发报机步骤2面包板装配图**

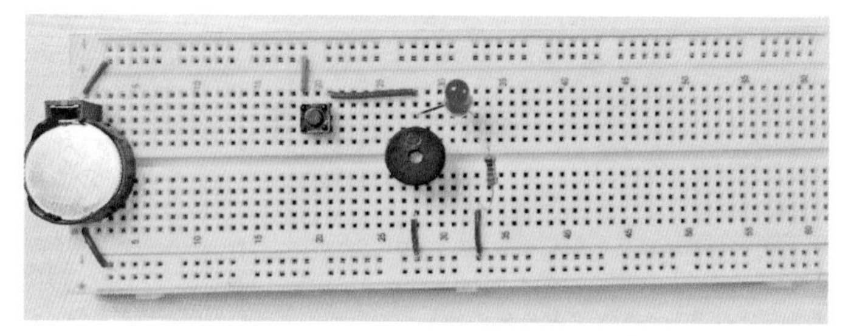

图2-58　模拟发报机步骤2 实物布局图

模拟发报机

八、光控小夜灯

光控小夜灯，不需要手动打开与关闭，白天 LED 自动熄灭，晚上 LED 自动点亮。光控小夜灯由于采用了 LED，耗电小，非常节能。光控小夜灯如图 2-59。

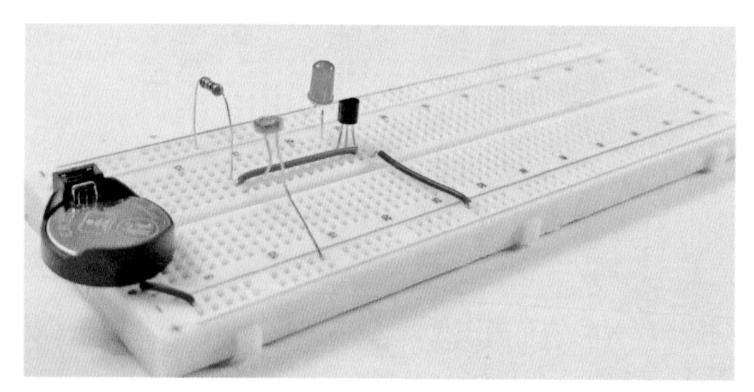

图2-59　光控小夜灯

电路原理浅析

当光线亮时（白天），光敏电阻阻值较小，光敏电阻 RG 分压电压较低，由于所用三极管 VT 是 NPN 型，基极电压只要小于发射极电压 0.7V 左右，三极管 VT 就会截止，LED 熄灭；当光线变暗时（晚上），光敏电阻阻值变大，光敏电阻 RG 分压电压较高，三极管 VT 导通，LED 点亮。如将 R 换为电位器，则可以微调光控范围。光控小夜灯电路原理图见图 2-60。

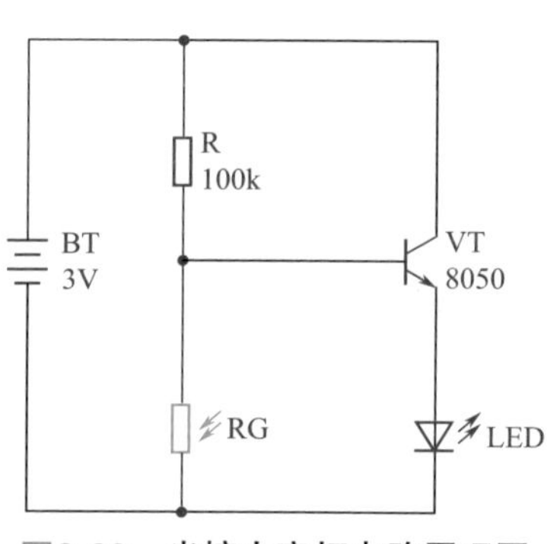

图2-60　光控小夜灯电路原理图

所需器材（表 2-11）

表 2-11　**光控小夜灯所需器材**

序号	名称	标号	规格	图例
1	电阻	R	100kΩ	
2	发光二极管	LED	5mm	
3	光敏电阻	RG	5537	
4	三极管	VT	8050	
5	电池	BT	3V	

装配与制作

面包板装配图以及实物布局图见图 2-61、图 2-62。

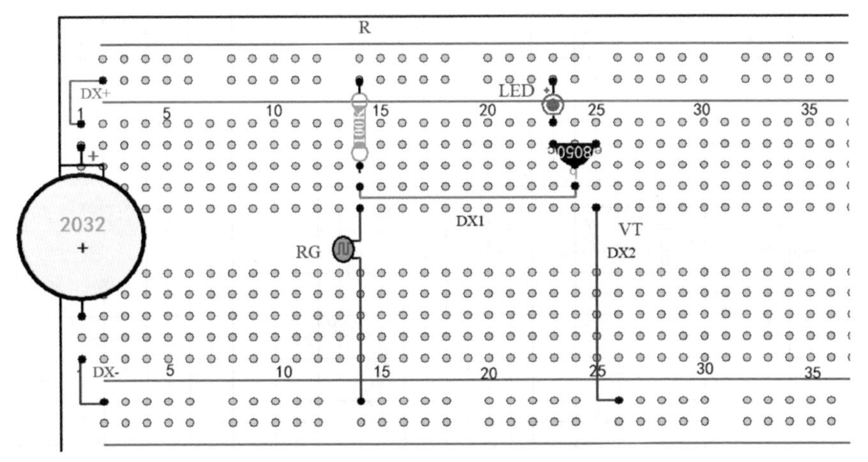

图2-61　**光控小夜灯面包板装配图**

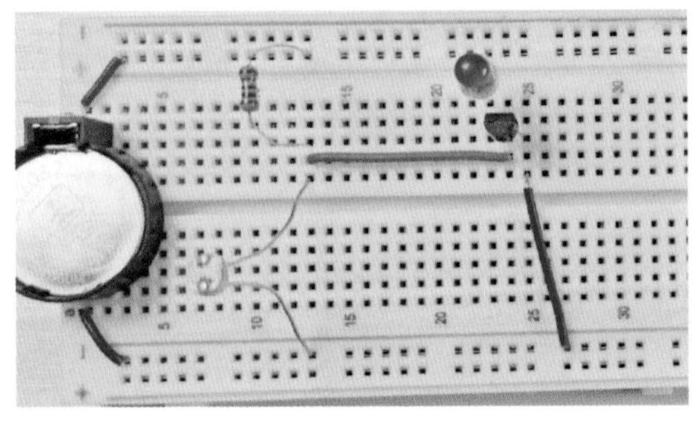

图2-62　**光控小夜灯实物布局图**

光控小夜灯

知识加油站：光敏电阻

光敏电阻的阻值随光照强弱而改变，对光线比较敏感，光线暗时，阻值升高，光线亮时，阻值降低。智能手机利用光敏电阻实现自动亮度控制，在手机中设置“自动亮度”，如图 2-63，在使用手机时，在强光下看得更清晰，而光线暗时屏幕不刺眼（屏幕亮度自动降低），能随时根据周围环境光线的强弱调节手机的亮度。这个小小的光敏电阻（图 2-64）就是你眼睛的保护神器，同时其还可以延长电池的使用时间。

图2-63 **智能手机“自动亮度”图标**

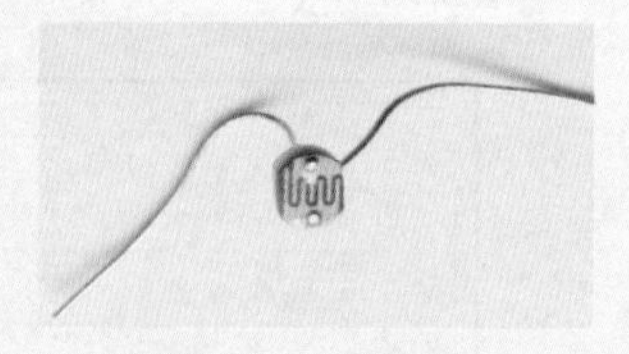

图2-64 **光敏电阻**

光敏电阻的图形符号见图 2-65，用字母 RG 表示。光敏电阻在本书装配图中的画法，见图 2-66。

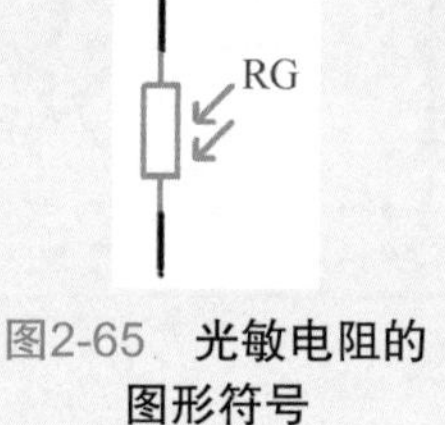

图2-65 **光敏电阻的图形符号**

图2-66 **光敏电阻在本书装配图中的画法**

光敏电阻

九、触摸LED

这里我们搭建一个小电路——触摸 LED，如图 2-67。

电路原理浅析

由于三极管 VT1 的基极悬空，VT1 截止，VT2 基极无电流而截止，同理

VT3 也是截止状态，LED 熄灭；当用手触摸三极管 VT1 的基极（也可直接触摸电源正极与触摸点），杂波信号使 VT1 导通，继而 VT2、VT3 也导通，LED 点亮。触摸 LED 电路原理图见图 2-68。

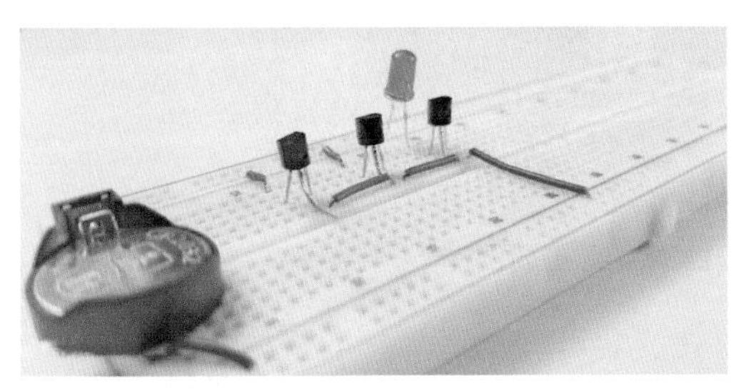

图2-67　触摸LED高清图

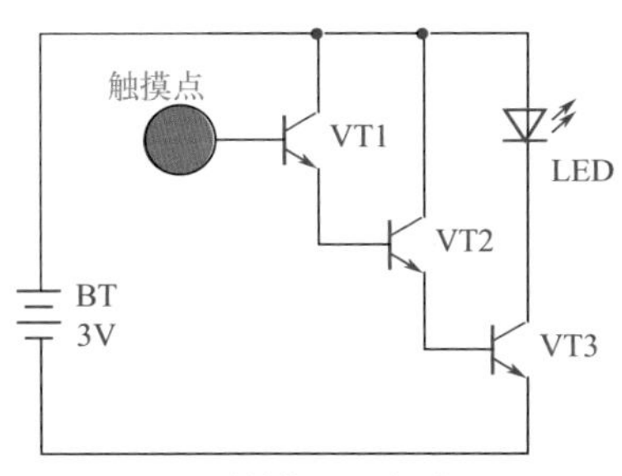

图2-68　触摸LED电路原理图

所需器材（表 2-12）

表 2-12　触摸 LED 所需器材

序号	名称	标号	规格	数量	图例
1	发光二极管	LED	5mm	1	
2	三极管	VT1～VT3	8050	3	
3	电池	BT	3V	1	

装配与制作

面包板装配图以及实物布局图见图 2-69、图 2-70。

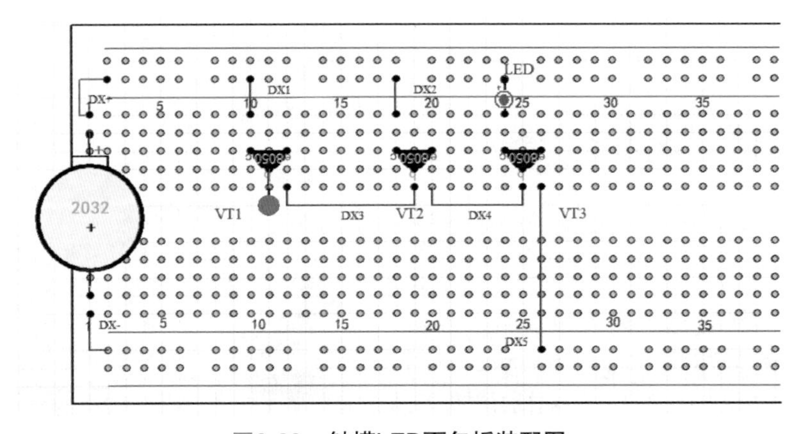

图2-69　触摸LED面包板装配图

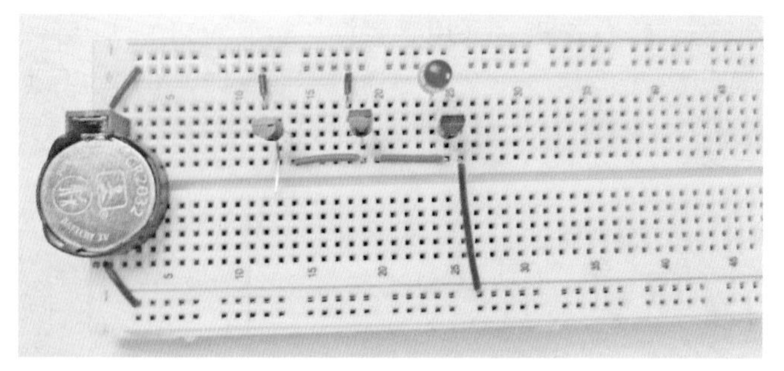

图2-70 **触摸LED实物布局图**

VT3 发射结并联电容，实现触摸延时功能。视频中有制作步骤以及演示效果。

触摸 LED

知识加油站：LED 限流电阻计算方法

以红色发光二极管为例，电流在 3～20mA。LED 电流取 10mA、电压 2V，计算将其接在 3V 电路中需要串联多大的电阻。

在串联电路中电流处处相等，流过 LED 的电流是 10mA。那么流过电阻的电流也是 10mA。LED 的电压是 2V，串联电路总电压减去 2V，即为电阻承担的电压。

电阻承担的电压：3V-2V=1V

电阻：1V/0.01A=100Ω

十、简易火灾报警器

如今高楼林立，家庭火灾一旦发生，很可能会造成生命财产的损失。这里我们制作一款简易的火灾报警器，当检测到温度异常时，它能及时提醒，见图 2-71。在本节制作的基础上增加蜂鸣器，可实现声光报警。

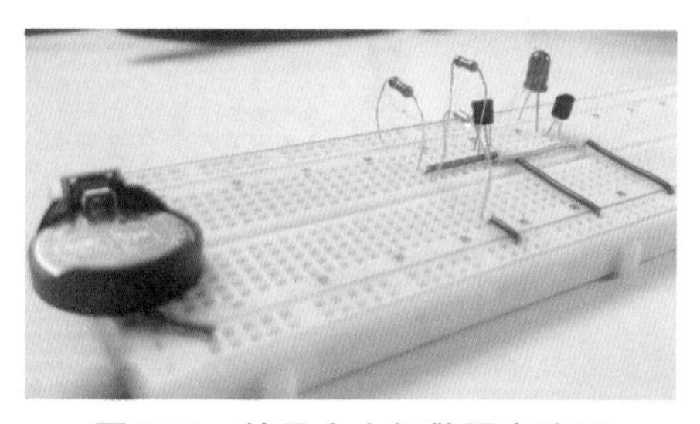

图2-71 **简易火灾报警器高清图**

电路原理浅析

电阻 R1 与热敏电阻 RT 构成分压电路，当热敏电阻 RT 检测到温度升高时，它的阻值随温度的升高而降低，RT 分压降低，最终使三极管 VT1 变为截止状态，三极管 VT1 集电极电压升高，三极管 VT2 导通，LED 点亮。当温度降低后，VT1 导通，VT2 截止，LED 熄灭。简易火灾报警器电路图见图 2-72。

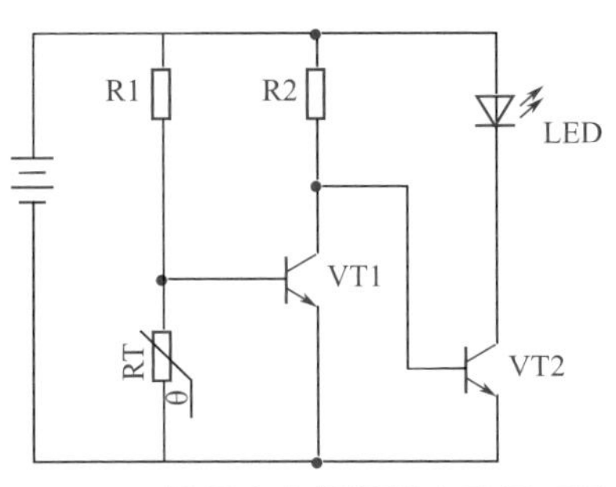

图2-72　简易火灾报警器电路原理图

所需器材（表 2-13）

表2-13　简易火灾报警器所需器材

序号	名称	标号	规格	图例
1	电阻	R1	100kΩ	
2	电阻	R2	47kΩ	
3	热敏电阻	RT	—	
4	三极管	VT1、VT2	8050	
5	发光二极管	LED	5mm	

注：电池为必需用品，为节省篇幅，不再列出，以下同。

装配与制作

面包板装配图以及实物布局图见图 2-73、图 2-74。

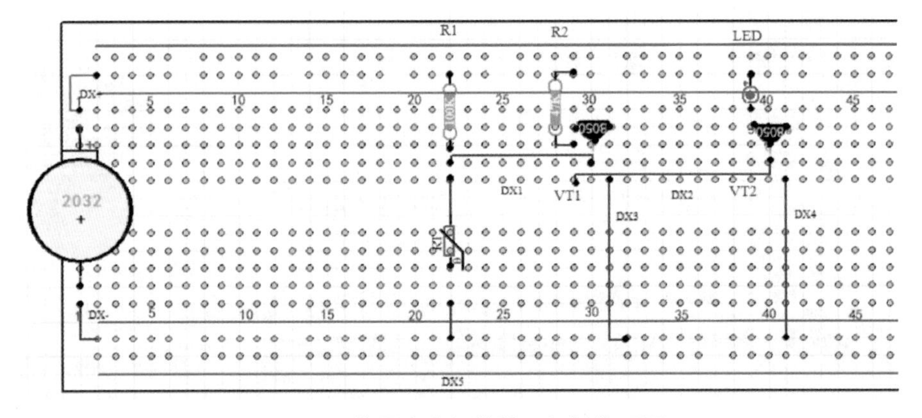

图2-73　简易火灾报警器面包板装配图

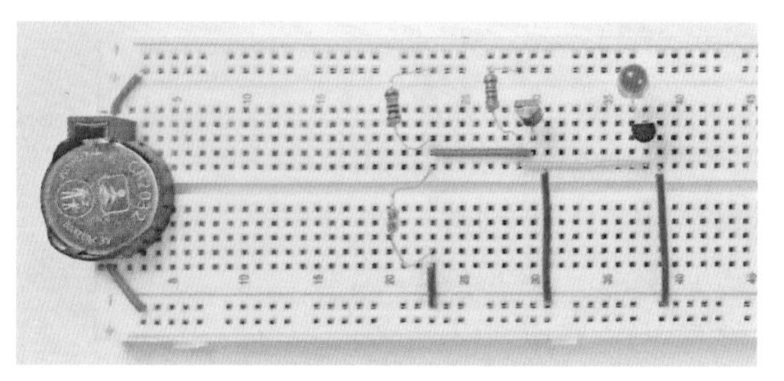

图2-74　**简易火灾报警器实物布局图**

可自行在电路中增加蜂鸣器，实现声光报警功能。

简易火灾报警器

知识加油站：热敏电阻与温度传感器

1. 热敏电阻

热敏电阻的电阻值随外界的温度升降而发生变化。温度升高，阻值增大；温度降低，阻值减小，这样的热敏电阻称为正温度系数热敏电阻（PTC），主要用在电冰箱压缩机保护、电机过热保护上。当温度升高，阻值减小；温度降低，阻值增加，这样的热敏电阻称为负温度系数热敏电阻（NTC），主要用于温度控制、温度补偿等。

热敏电阻外观如图 2-75（这是其中的一种，还有其他的外形），图示是 100kΩ 负温度系数热敏电阻，它的外观与前面讲的二极管 1N4148 非常相似（热敏电阻外观没有黑圈），在使用中一定要区分。本书后面的实验就用这种热敏电阻。

热敏电阻的图形符号如图 2-76，用 RT 表示。

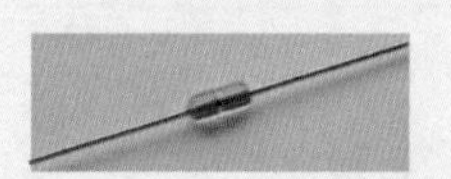

图2-75　**热敏电阻外观**

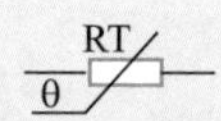

图2-76　**热敏电阻图形符号**

热敏电阻

2. 温度传感器

电子爱好者在制作中还需要了解两款温度传感器 DS18B20 与 LM35[1]，采用单片机采集温度数值。

[1] 这两种器材本书制作并未采用，配套器材并不包含，仅为知识拓展。

（1）DS18B20

它是一款数字化温度传感器，总线结构，外围电路非常简洁，测温精度高，响应非常迅速，广泛应用于工业生产及日常生活中。DS18B20引脚排列示意图如图2-77所示，DS18B20与前面介绍的8550三极管相似，也是三个引脚。

图中GND为电源地，DQ为数据输入/输出，V_{CC}为电源输入端。

（2）LM35

LM35也是一种常见的温度传感器，如图2-78所示是它的一种封装形式，从左到右依次是V_{CC}、信号输出、GND，工作电压4～30V。

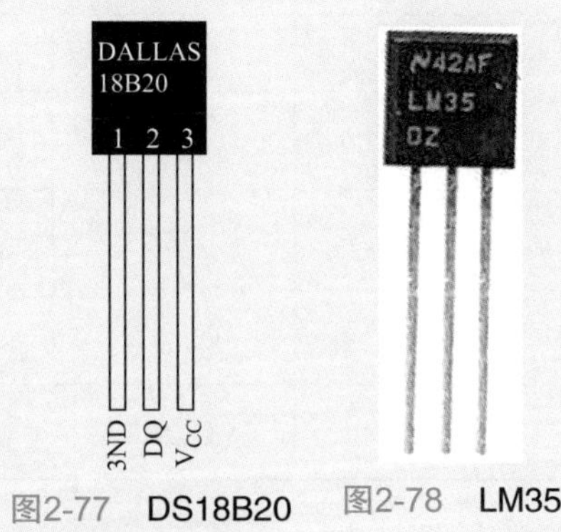

图2-77　DS18B20引脚排列示意图　　图2-78　LM35

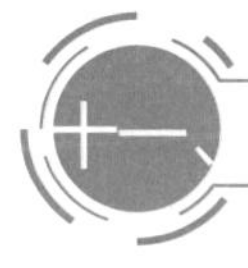

十一、双色闪烁LED电路

双色闪烁LED电路，一个非常简单又实用的灯光装饰电路，如图2-79所示。

电路原理浅析

双色闪烁LED电路通电后，两个三极管争先导通，假如三极管VT1首先导通，发光二极管LED1点亮，VT1集电极为低电平，接近0V，该电压经电容C1传至三极管VT2的基极，VT2截止，发光二极管LED2熄灭。随着时间的延长，电容C1经过电阻R1充电，当电压大于0.7V时，VT2导通，LED2点亮。周而复始，看到的效果就是两个LED轮流点亮。电路原理如图2-80。

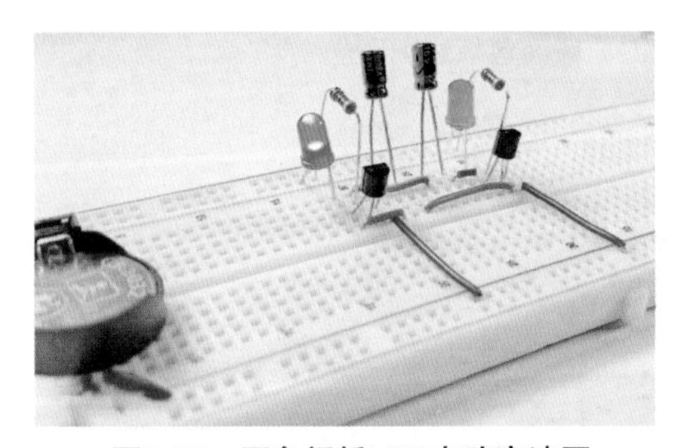

图2-79　双色闪烁LED电路高清图

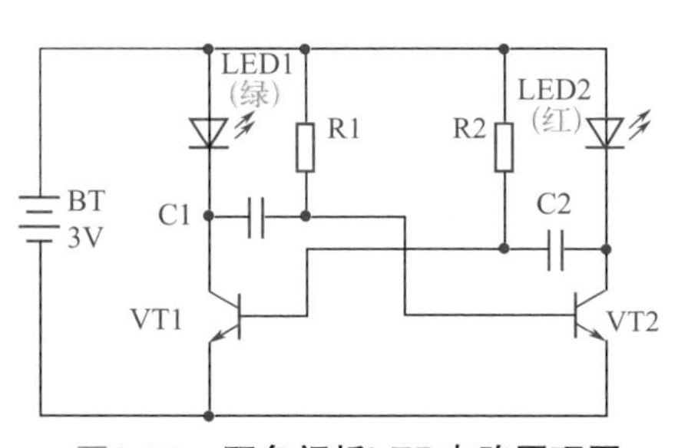

图2-80　双色闪烁LED电路原理图

所需器材（表 2-14）

表2-14 双色闪烁LED电路所需器材

序号	名称	标号	规格	图例
1	电阻	R1、R2	47kΩ	
2	发光二极管	LED1	5mm（绿）	
3	发光二极管	LED2	5mm（红）	
4	电容	C1、C2	47μF	
5	三极管	VT1、VT2	8050	

装配与制作

面包板装配图以及实物布局图见图 2-81、图 2-82。

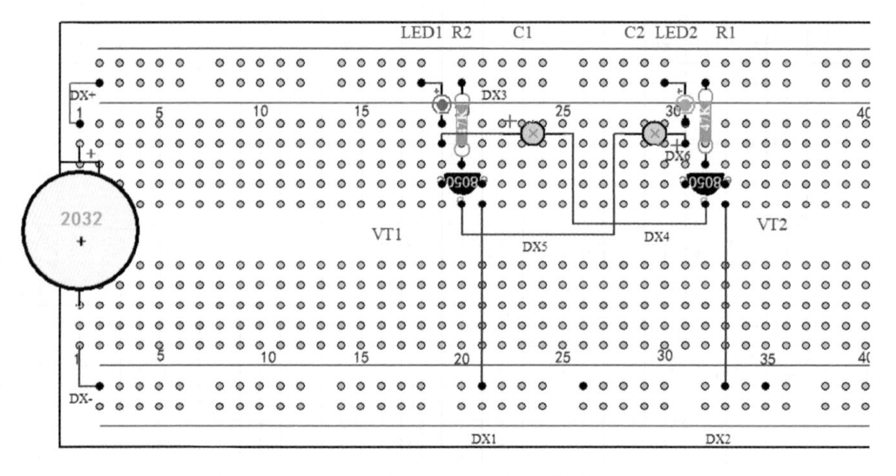

图2-81 双色闪烁LED电路面包板装配图

图2-82 双色闪烁LED电路实物布局图

双色闪烁
LED 电路

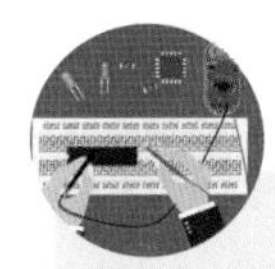

知识加油站：什么是瓦特？

什么是瓦特？瓦特是功率的单位，用英文字母 W 表示，仔细观察用电器的铭牌，都会标注这个用电器的功率是多大的，比如电磁炉的功率，标注的是 2100W。经常使用的功率单位还有千瓦，用 kW 表示。

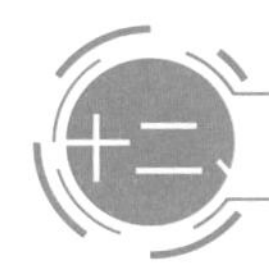

十二、流水灯

流水灯是由许多个 LED 组成，LED 依次点亮，看起来就像灯光在流动一样，如图 2-83 所示。

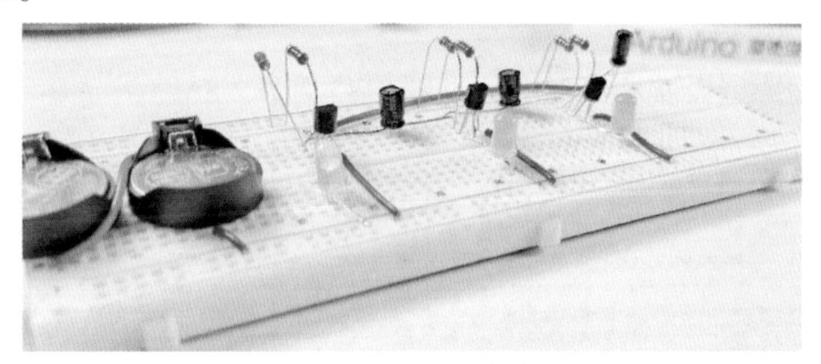

图2-83　**流水灯高清图**

电路原理浅析

本制作采用 6V 电压供电，通电后，3 个三极管争先导通。假如三极管 VT1 导通，集电极电压接近 0V，由于发光二极管 LED1 正极接在 VT1 集电极，LED1 熄灭，同时 VT1 集电极的 0V 电压经过电容 C1 加到 VT2 的基极，三极管 VT2 截止，LED2 点亮，此时 VT2 集电极高电压通过电容 C2 加至三极管 VT3 基极，VT3 导通，集电极电压接近 0V，LED3 熄灭。周而复始，3 个 LED 轮流导通，呈现流水灯效果。电路原理图如图 2-84 所示。

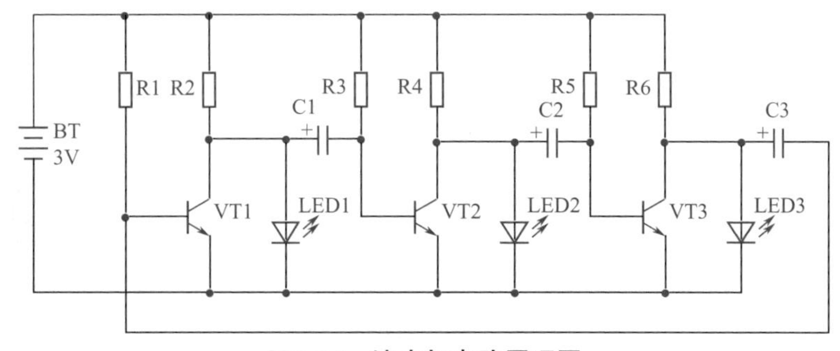

图2-84　**流水灯电路原理图**

所需器材（表 2-15）

表 2-15　**流水灯所需器材**

序号	名称	标号	规格	数量	图例
1	电阻	R1、R3、R5	1kΩ	3	
2	电阻	R2、R4、R6	470Ω	3	
3	发光二极管	LED1～LED3	5mm	3	
4	电容	C1～C3	47μF	3	
5	三极管	VT1～VT3	8050	3	

装配与制作

面包板装配图以及实物布局图，见图 2-85、图 2-86。

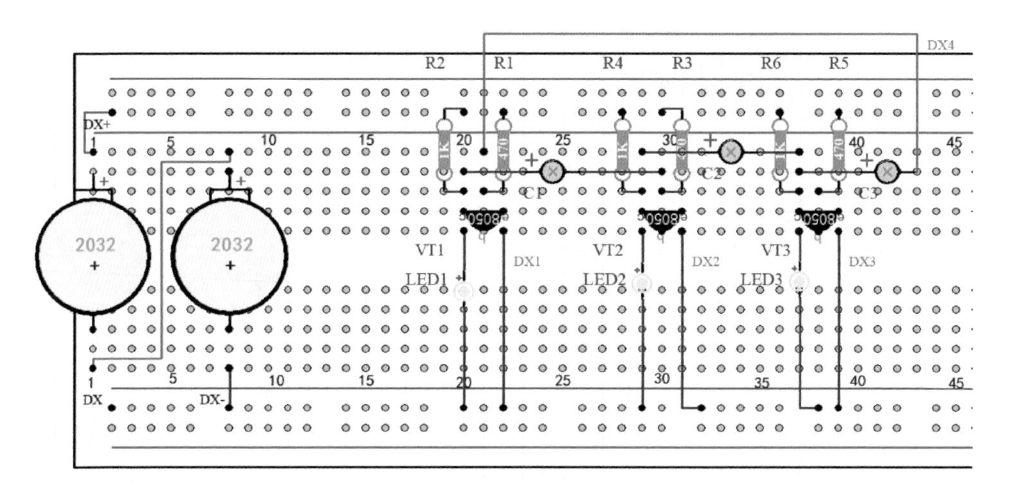

图2-85　**流水灯面包板装配图**

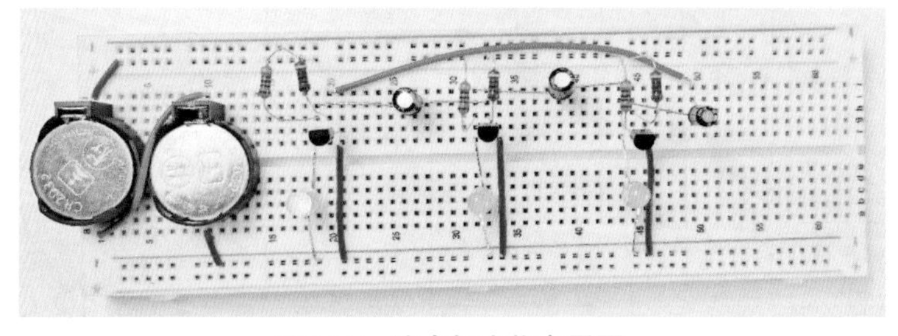

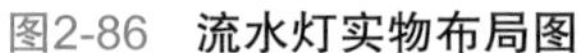
图2-86　**流水灯实物布局图**

流水灯

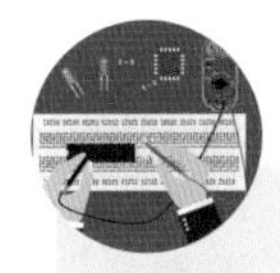

知识加油站：可编程 LED

WS2812 是一款可编程 LED，单个灯珠包含 RGB LED 以及控制芯片。电子爱好者可以用 Arduino 控制板，通过编程控制 RGB LED 变换不同的颜色效果，如图 2-87。如今大型的墙体动画灯光效果，大多数都是采用可编程 LED 来完成的。

图2-87　WS2812

十三、模拟消防应急照明灯

如今在许多公共场所，比如商场、超市等，它们的墙上都有一种应急照明灯。平时它不发光，当外接的 220V 电源停电时，它会立刻点亮，尤其是发生火灾时，当正常照明电源切断后，它会迅速点亮，帮助人员逃生。本节制作一种模拟消防应急照明灯，如图 2-88 所示。

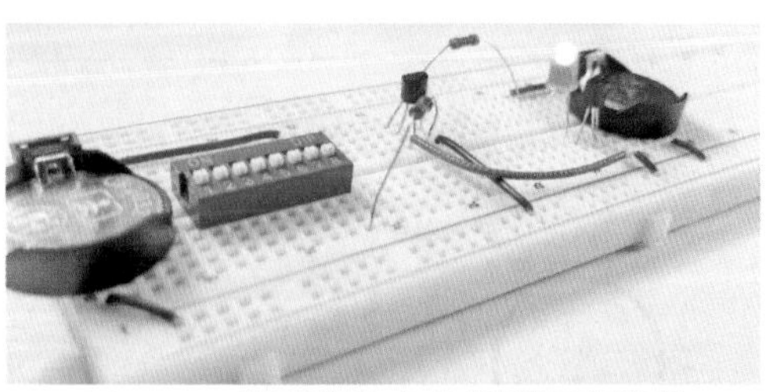

图2-88　模拟消防应急照明灯高清图

电路原理浅析

用 BT1 模拟 220V 电源，LED 是应急照明灯。当 BT1 供电正常，即开关 S 闭合（模拟 220V 电源电压正常），三极管 VT1 导通，VT1 集电极电压接近 0V，VT2 截止。当开关 S 断开（模拟 220V 电源断电），VT1 截止，继而 VT2 导通，发光二极管 LED 点亮，照亮周围环境。

模拟消防应急照明灯电路，需要两路电源，一路输入电源（模拟 220V 电压输入），另一路备用电源（模拟充电电池），在停电时，备用电源启用，点亮应急灯。

注意装配图中电源供给与前面介绍的电子制作有所区别。模拟消防应急照明灯电路原理图如图 2-89 所示。

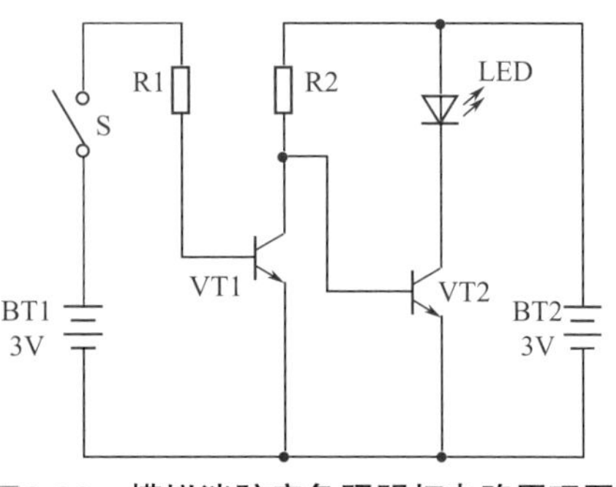

图2-89　模拟消防应急照明灯电路原理图

所需器材（表 2-16）

表 2-16　模拟消防应急照明灯所需器材

序号	名称	标号	规格	数量	图例
1	电阻	R1	100kΩ	1	
2	电阻	R2	47kΩ	1	
3	发光二极管	LED	5mm	1	
4	三极管	VT1、VT2	8050	2	
5	拨码开关	S	8P	1	

装配与制作

面包板装配图以及实物布局图见图 2-90、图 2-91。

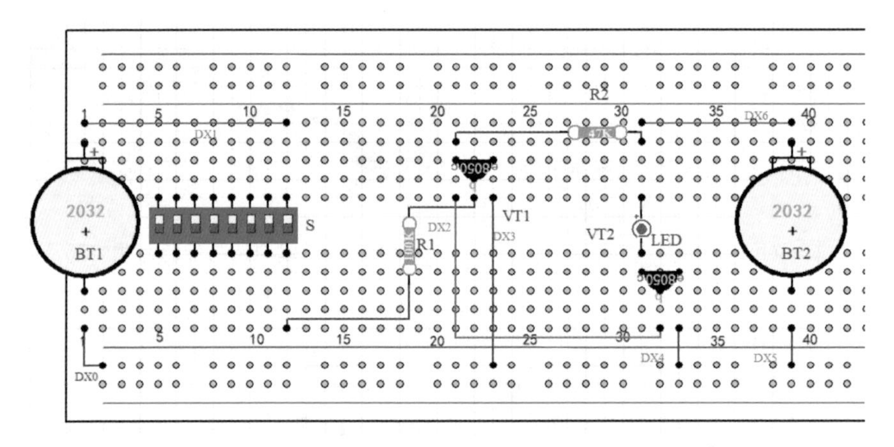

图2-90　模拟消防应急照明灯面包板制作图

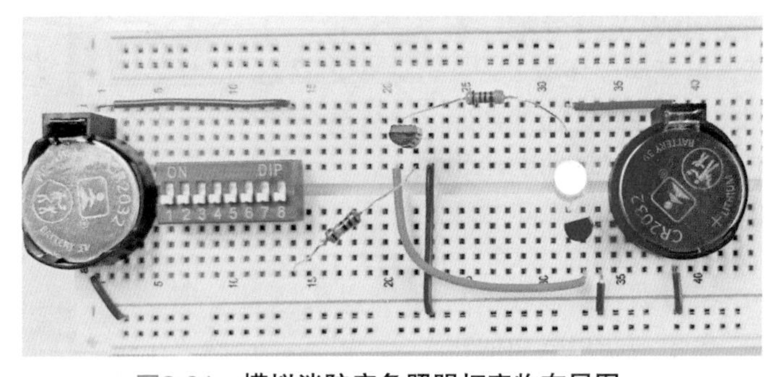

图2-91　模拟消防应急照明灯实物布局图

模拟消防应急照明灯

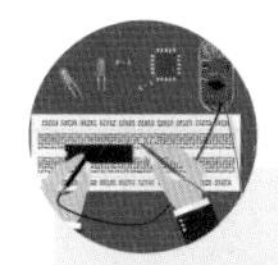

知识加油站：电路图中的“地”与“正极”

在绘制电路图时，为了简化电路，一般需要用到“地”符号，这里说的地，可不是让你将电路直接与大地相连，而是表示与电源的负极连接，在电路图中只要出现地的符号，一律与电源负极连接。地的图形符号，见图2-92。相对应的还有电源正极的图形符号，见图2-93。

图2-92　**“地”的图形符号**

V_{CC}

图2-93　**电源正极的图形符号**

十四、简易电子门铃

小时候，出门做客时，笔者都会抢着按门铃。因为我对门铃非常感兴趣。父亲见我有兴趣，就给我讲解了门铃的工作原理。并指导我完成了一个非常简单的门铃，安装在自家的大门上，当时那种激动的心情真是难以形容。

本节制作一款简易电子门铃，如图2-94所示。

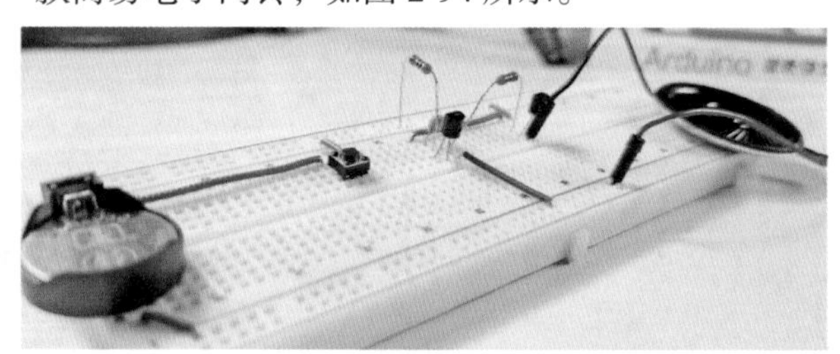

图2-94　**简易电子门铃高清图**

电路原理浅析

按下按键S，扬声器发声，释放后扬声器停止工作。三极管VT1、VT2等元件构成互补振荡电路，电阻R1是启动电阻，电阻R2以及电容C是反馈回路，改变电容C的容量以及电阻R2阻值的大小，都会改变振荡频率，R1阻值对振荡电路也有影响。有兴趣的读者，可以将电阻R1换为光敏电阻，在光线亮度不同时，扬声器会发出千奇百怪的声音。简易电子门铃电路原理图如图2-95所示。

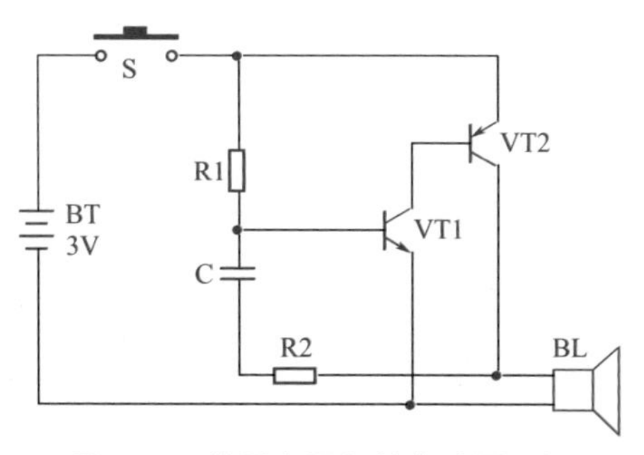

图2-95　**简易电子门铃电路原理图**

所需器材（表 2-17）

表2-17　简易电子门铃所需器材

序号	名称	标号	规格	图例
1	电阻	R1	200kΩ	
2	电阻	R2	1kΩ	
3	扬声器	BL	0.5W 8Ω	
4	电容	C	10^3pF	
5	三极管	VT1	8050	
6	三极管	VT2	8550	
7	按键	S	两个引脚	

装配与制作

面包板装配图以及实物布局图见图 2-96、图 2-97。

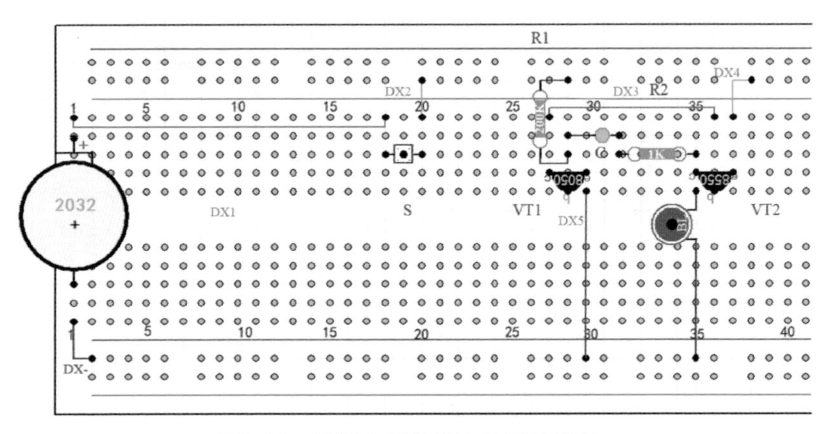

图2-96　简易电子门铃面包板装配图

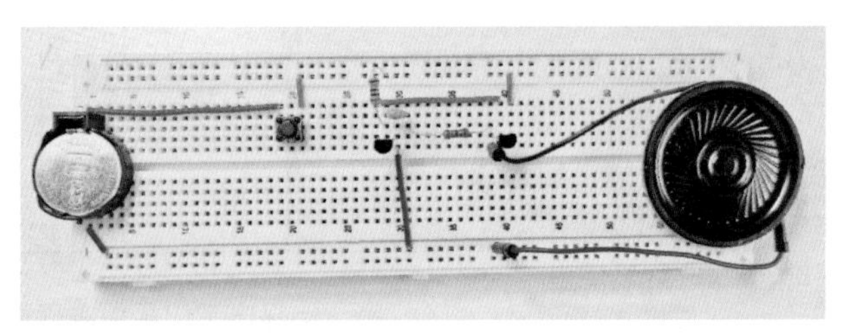

图2-97　简易电子门铃实物布局图

简易电子门铃

知识加油站：交流电

交流电的大小与方向随时间的变化而变化，交流电用符号 AC 表示（直流电用 DC 表示），电视机、空调、农业灌溉等等都使用交流电。通俗地说，交流电的正负极不是固定的，见图 2-98。而直流电的大小与方向几乎不变，例如电池、电瓶等等。

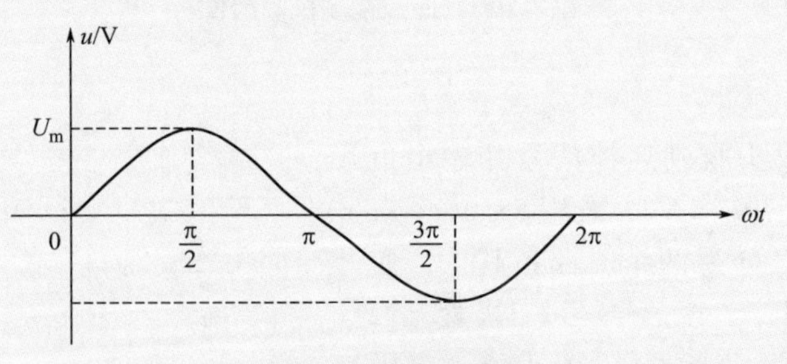

图2-98　**交流电波形**

可通过半波整流电路、全波整流电路、桥式整流电路、滤波以及稳压电路，将交流电变为直流电。桥式整流电路见图 2-99。

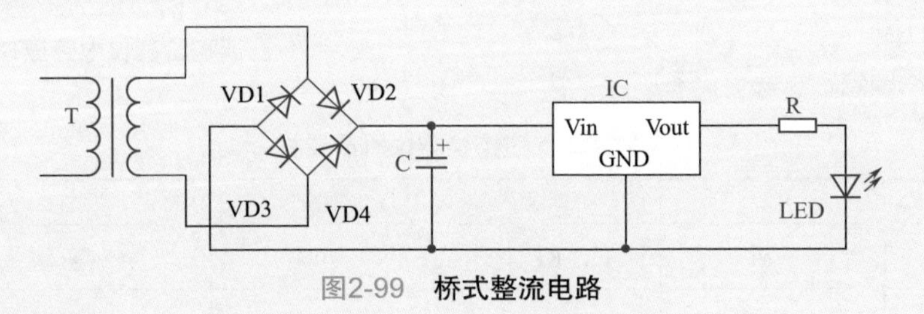

图2-99　**桥式整流电路**

220V 交流电，经过变压器 T 降压，4 个二极管（D1～D4）桥式整流，电容 C 滤波，IC（7805）稳压，电阻 R 限流，点亮 LED。

十五、遥控检测仪

如今电视机、机顶盒、空调等电器，都可以进行遥控操作。按压按键时，遥控器就能发出红外信号（用眼睛是看不到的），而用电器上的红外接收头就是用来接收遥控器发出的信号的。本节带领大家使用几个简单电子元件，制作一款能检测遥控器好坏的小仪器，见图 2-100。

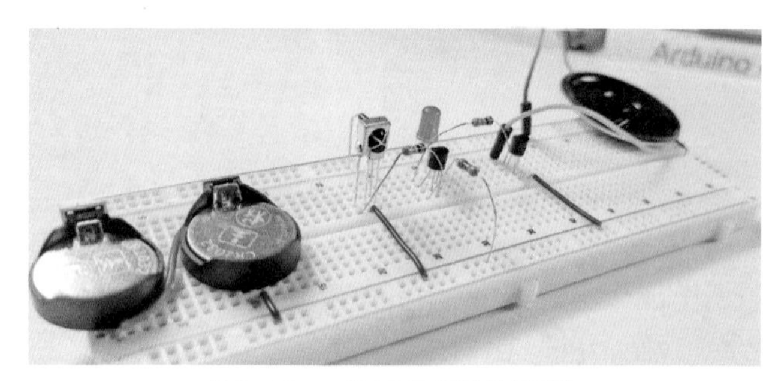

图2-100 遥控检测仪高清图

电路原理浅析

遥控接收头收到遥控信号并输出负极性信号，三极管 VT1 采用 8550，VT1 导通后，信号分为两个支路：其一，使 LED 闪烁，其二，该信号经过三极管 VT2（8050）放大驱动扬声器 BL 发声。二极管 VD 在这里主要起降压作用，接收到遥控器信号后，LED 闪烁的同时扬声器发出“嗒嗒”的声音。遥控检测仪电路原理图见图 2-101。

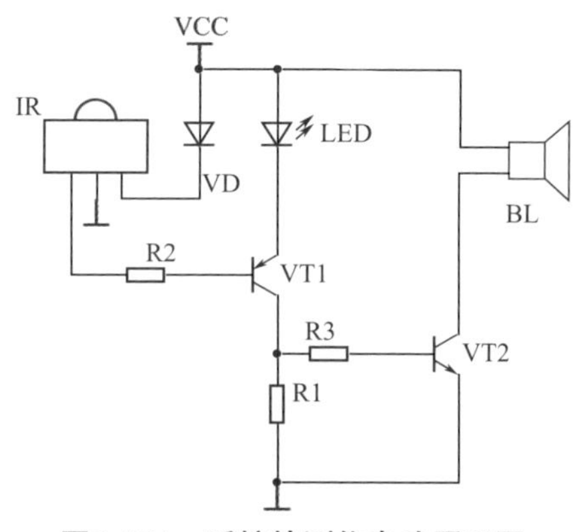

图2-101 遥控检测仪电路原理图

所需器材（表 2-18）

表 2-18 遥控检测仪所需器材

序号	名称	标号	规格	图例
1	电阻	R1	470Ω	
2	电阻	R2、R3	10kΩ	
3	三极管	VT1	8550	
4	三极管	VT2	8050	
5	二极管	VD	1N4148	
6	遥控接收头	IR	—	
7	扬声器	BL	0.5W 8Ω	
8	二极管	LED	5mm	

装配与制作

步骤 1

面包板装配图以及实物布局图见图 2-102、图 2-103。安装导线 DX1、DX2，二极管 VD，遥控接收头 IR，三极管 VT1，LED，电阻 R1、R2。

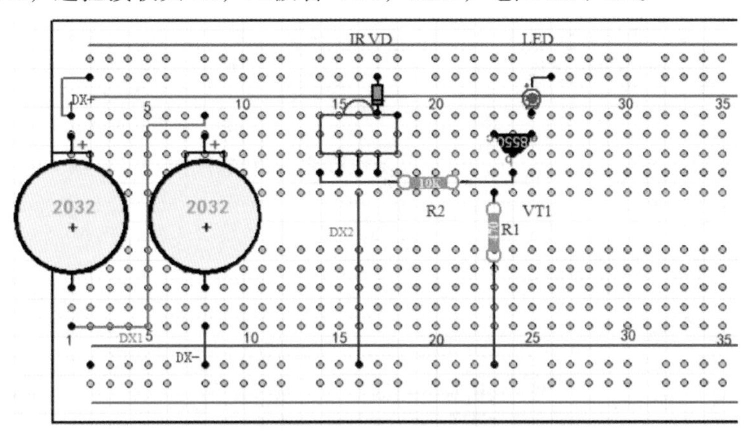

图2-102　**遥控检测仪步骤1面包板装配图**

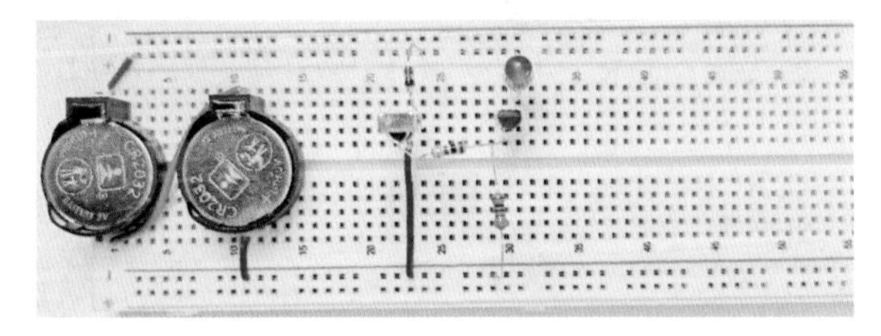

图2-103　**遥控检测仪步骤1实物布局图**

步骤 2

面包板装配图以及实物布局图见图 2-104、图 2-105。安装导线 DX3，三极管 VT2，扬声器 BL，电阻 R3。

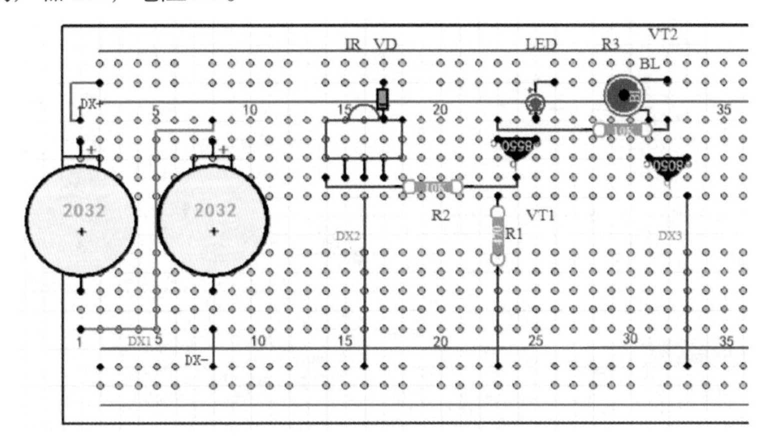

图2-104　**遥控检测仪步骤2面包板装配图**

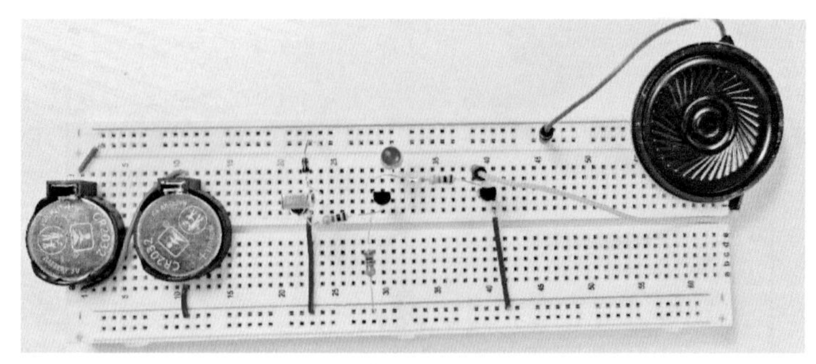

图2-105 遥控检测仪步骤2实物布局图

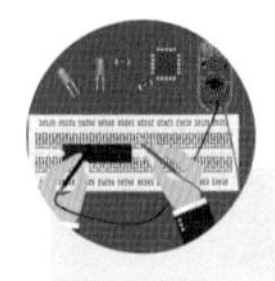

知识加油站：遥控接收头

遥控接收头图形符号如图 2-106，用 IR 表示。

遥控接收头生产厂家不同，外观也不同，引脚功能也不同。我们做实验用的接收头外观如图 2-107，一共有三个引脚，分别是电源 V_{CC}（典型工作电压是 5V）、负极引脚、信号输出。

遥控检测仪

图2-106 遥控接收头图形符号

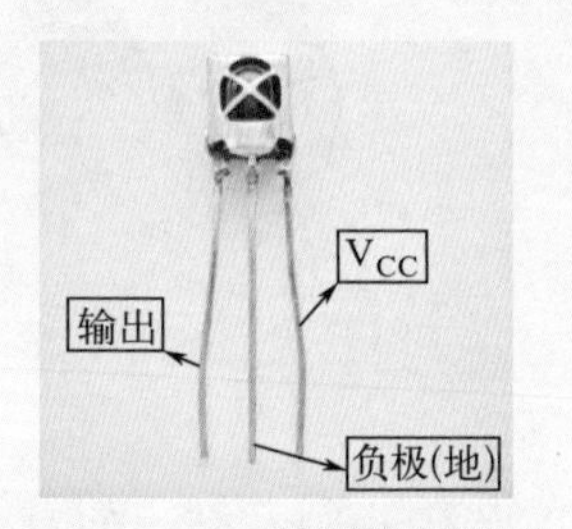

图2-107 一款遥控接收头

十六、声控旋律灯

LED 随着声音的节奏，闪亮起来，本节带领大家制作的声控旋律灯，可以让人感受声光的美妙组合，如图 2-108。

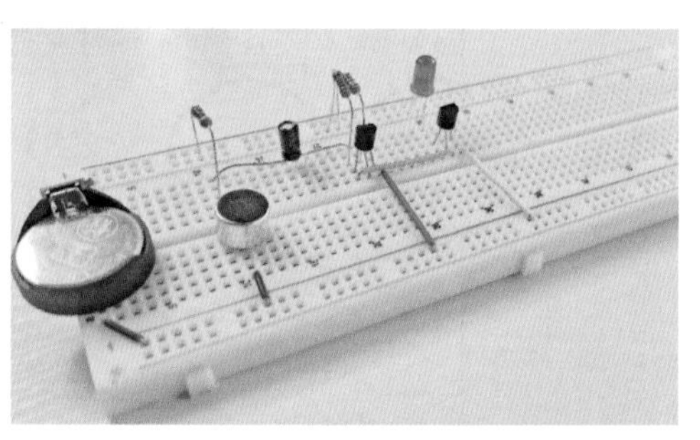

图2-108 声控旋律灯

电路原理浅析

声音信号波形是高低变化的，如图 2-109。

无声音信号时，由于电阻 R2、R3 的阻值刚好能使 VT1 处于临界导通状态，三极管 VT1 的集电极为低电平，VT2 截止，LED 熄灭。当有声音信号的时候，MIC 接收后将其转换成电信号，通过电容 C 耦合到 VT1 的基极，音频信号的正半周加到 VT1 基极时，VT1 由放大状态进入饱和状态，VT2 截止，电路无反应。而音频信号的负半周加到 VT1 基极时，迫使其由放大状态变为截止状态，VT1 集电极上升为高电平，VT2 基极也为高电平，从而 VT2 导通，发光二极管 LED 点亮。LED 随着声音的高低而闪烁变化。电解电容 C 在此起到传递耦合声音信号的作用。声控旋律灯电路原理图如图 2-110。

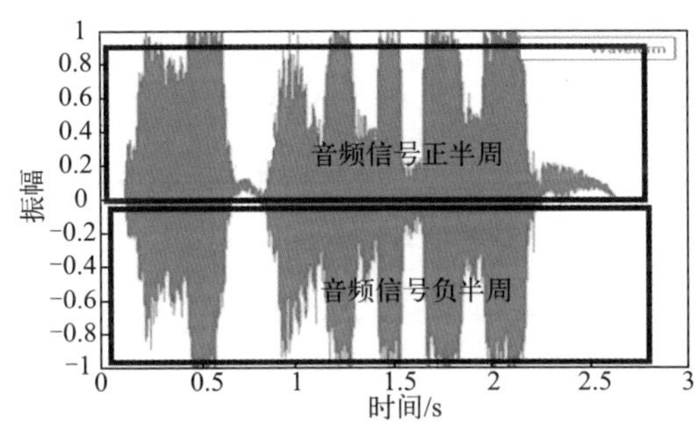

图2-109　声音波形

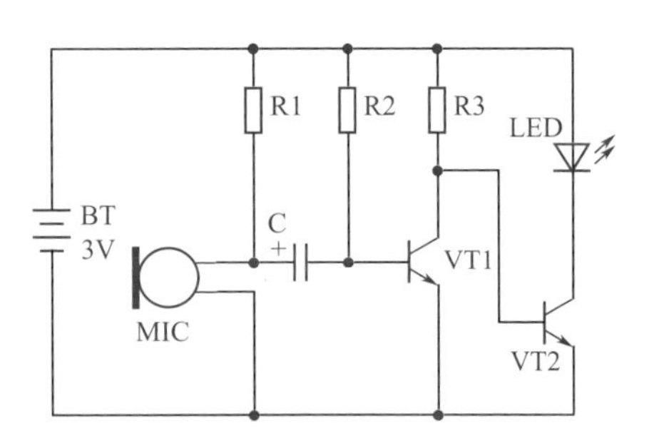

图2-110　声控旋律灯电路原理图

所需器材（表 2-19）

表 2-19　声控旋律灯所需器材

序号	名称	标号	规格	图例
1	电阻	R1	4.7kΩ	
2	电阻	R2	1MΩ	
3	电阻	R3	10kΩ	
4	发光二极管	LED	5mm	
5	三极管	VT1、VT2	8050	
6	电容	C	1μF	
7	驻极体话筒	MIC	—	

装配与制作

面包板装配图以及实物布局图见图 2-111、图 2-112。

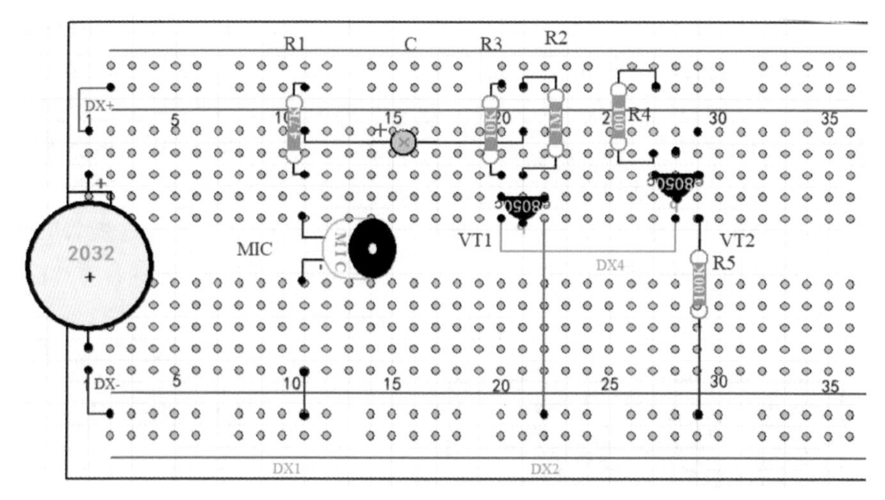

图2-111　**声控旋律灯面包板装配图**

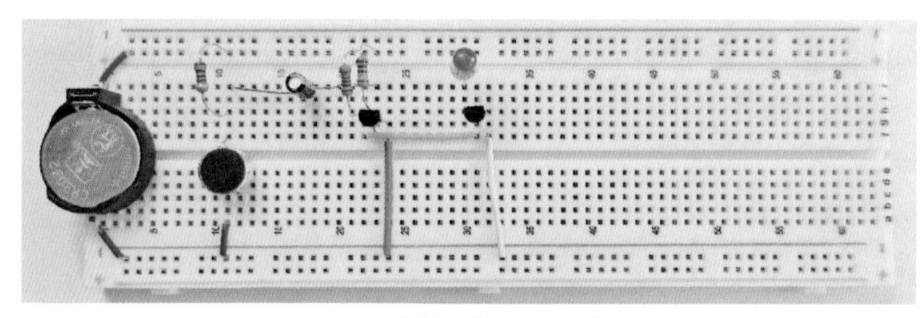

图2-112　**声控旋律灯实物布局图**

声控旋律灯

十七、声光控延时LED

声光控延时 LED 最典型的应用有楼道照明、太阳能路灯。声光控延时 LED 电路采用集成电路 CD4011 或者 CD4069 的居多。本节采用分立元件制作声光控延时 LED，高清图如图 2-113 所示。

电路原理浅析

本电路是在声控旋律灯的基础上演变而来的。实现效果：在光线暗与有声音的时候，LED 亮一段时间。在三极管 VT2 的基极串接光敏电阻 RG，这样光线亮的时候，RG 电阻变小，导致 VT1 基极电压降低直至处于截止状态。为了提高灵敏度，增加三极管 VT3 进一步放大信号。为了达到 LED 点亮并延时的效果，使用容量为 47μF 的电容。声光控延时 LED 电路原理图如图 2-114 所示。

图2-113　声光控延时LED高清图

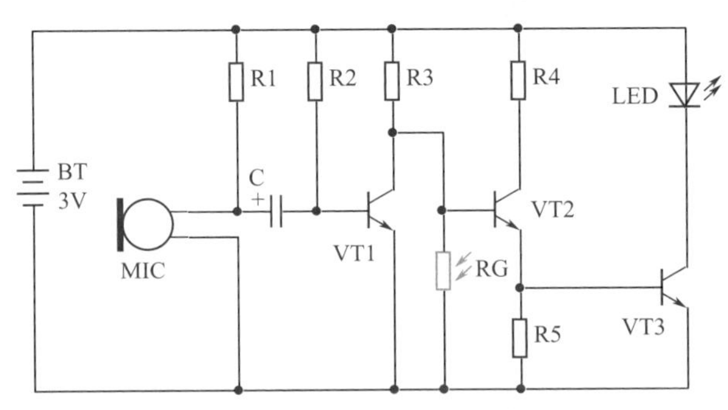

图2-114　声光控延时LED电路原理图

所需器材（表 2-20）

表 2-20　声光控延时 LED 所需器材

序号	名称	标号	规格	图例
1	电阻	R1	4.7kΩ	
2	电阻	R2	1MΩ	
3	电阻	R3	10kΩ	
4	电阻	R4	100Ω	
5	电阻	R5	100kΩ	
6	发光二极管	LED	5mm	
7	三极管	VT1～VT3	8050	
8	电容	C	47μF	
9	驻极体话筒	MIC	—	
10	光敏电阻	RG	—	

装配与制作

面包板装配图以及实物布局图见图 2-115、图 2-116。

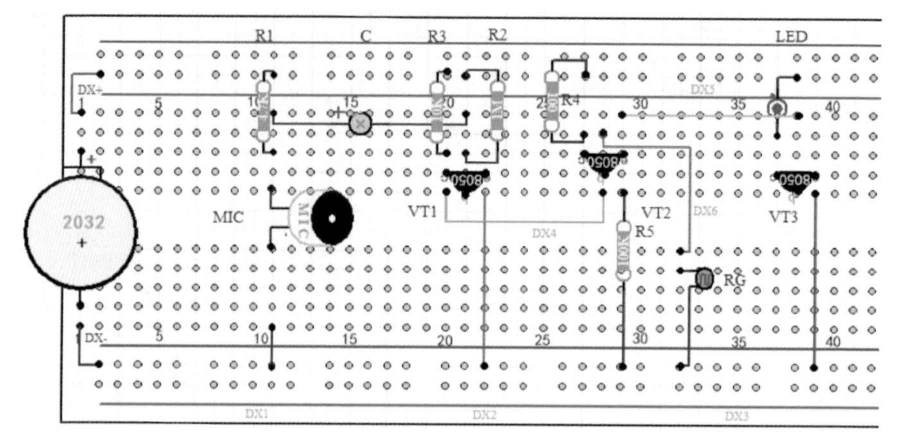

图2-115　**声光控延时LED面包板装配图**

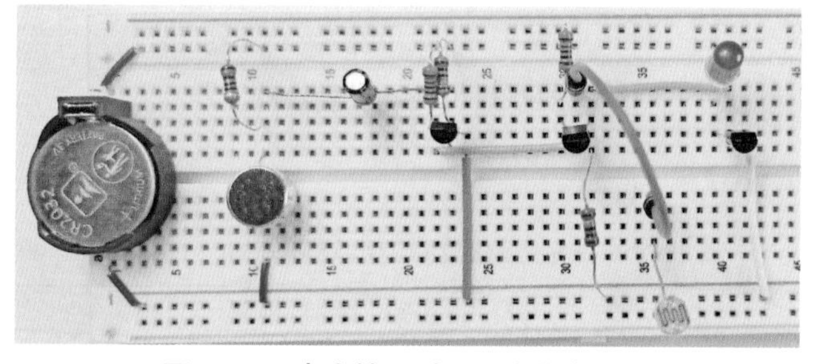

图2-116　**声光控延时LED实物布局图**

声光控延时LED

十八、触摸电子开关

触摸电子开关电路采用 5 个三极管实现触摸点亮或熄灭 LED 功能，触摸灵敏度与周围环境等都有关系，在演示中，如感知灵敏度较差，可以同时触摸电源的正极，高清图如图 2-117 所示。

电路原理浅析

用手触摸开触点（也就是三极管 VT4 基极引出导线），人体感应的杂波信号，经过 VT4 放大，导致三极管 VT1 导通，集电极电压接近 0V，三极管 VT2 基极电压也接近 0V，处于截止状态，VT2 集电极变为高电平，三极管 VT5 导通，发光二极管 LED 点亮。用手触摸关触点（也就是三极管 VT3 基极引出导线），人体感应的杂波信号，经过 VT3 放大，导致三极管 VT2 导通，集电极电压接近 0V，三极管 VT5 由导通变为截止，LED 熄灭。在实验中，如果灵敏度较差，在触摸开触点或者关触点时，可以同时触摸电源的正极，例如触摸开触点，可以同时触摸三极管 VT4 的基极与电源的正极。触摸电子开关电路原理图如图 2-118 所示。

图2-117　触摸电子开关电路高清图

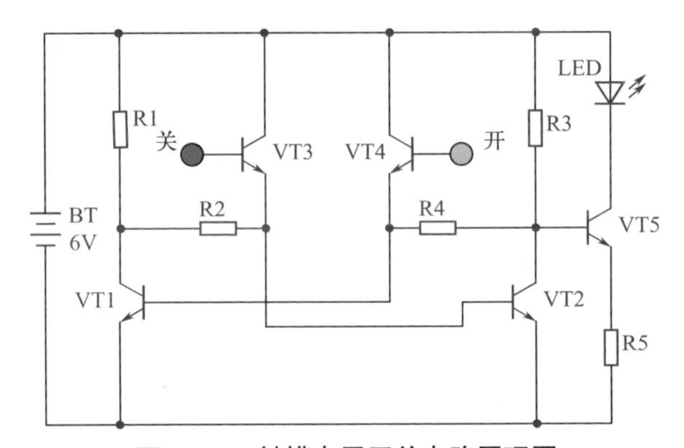

图2-118　触摸电子开关电路原理图

所需器材（表 2-21）

表 2-21　触摸电子开关所需器材

序号	名称	标号	规格	图例
1	电阻	R1、R3	1kΩ	
2	电阻	R2	47kΩ	
3	电阻	R4	100kΩ	
4	电阻	R5	470Ω	
5	三极管	VT1～VT5	8050	
6	发光二极管	LED	5mm	

装配与制作

面包板装配图以及实物布局图见图 2-119、图 2-120。

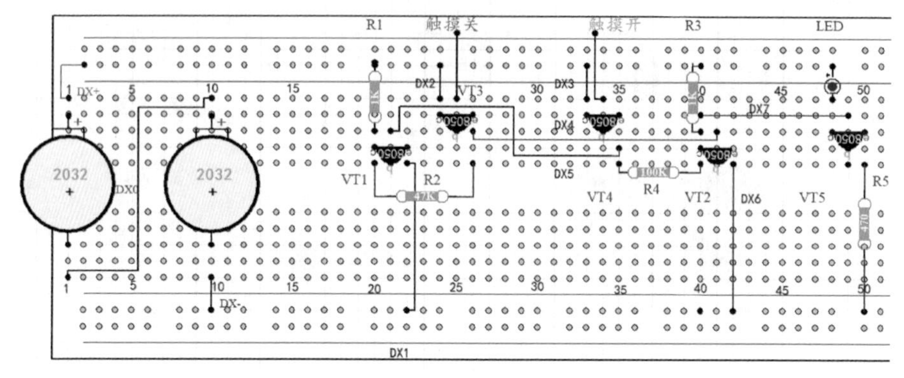

图2-119　触摸电子开关面包板装配图

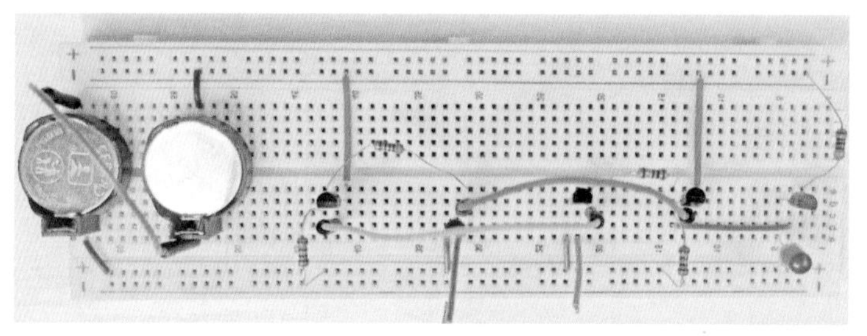

图2-120　触摸电子开关实物布局图

触摸电子开关

十九、模拟警笛

设计一款简易警笛电路，在按键按下与释放时，电路能驱动扬声器发出警笛声，如图 2-121。

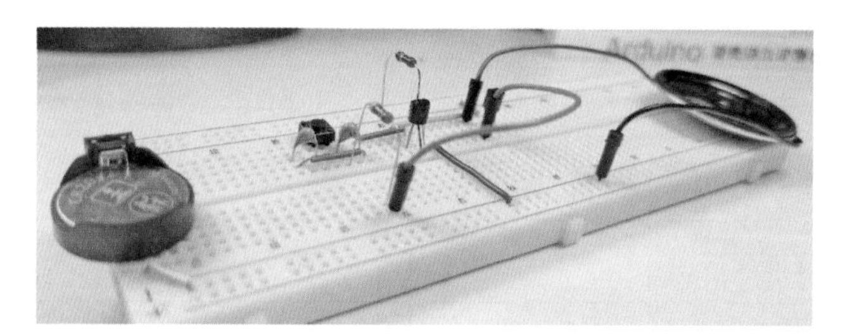

图2-121　模拟警笛电路高清图

电路原理浅析

本电路核心是互补振荡器，在按键没有按下时，只有电容 C1 参与振荡，扬声器 BL 发出一种声音，当按键按下，C1 与 C2 共同参与振荡，扬声器又发出另一种声音，不断按下与释放按键，就可以模拟警笛声音。模拟警笛电路原理图如图 2-122。

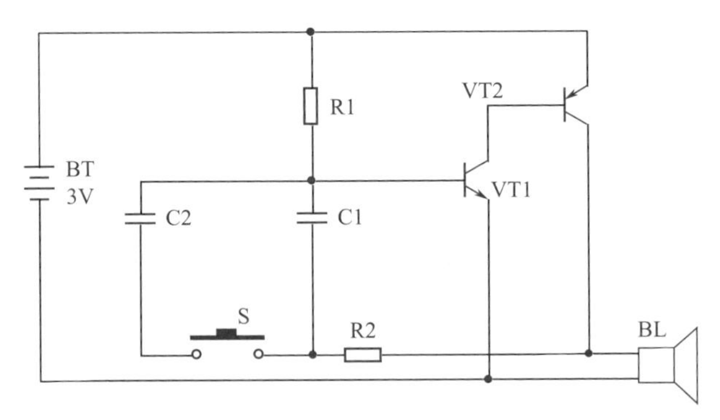

图2-122　**模拟警笛电路原理图**

所需器材（表 2-22）

表 2-22　**模拟警笛所需器材**

序号	名称	标号	规格	图例
1	电阻	R1	100kΩ	
2	电阻	R2	4.7kΩ	
3	三极管	VT1	8050	
4	三极管	VT2	8550	
5	电容	C1	10^3pF	
6	电容	C2	10^4pF	
7	扬声器	BL	0.5W 8Ω	

装配与制作

面包板装配图以及实物布局图见图 2-123、图 2-124。

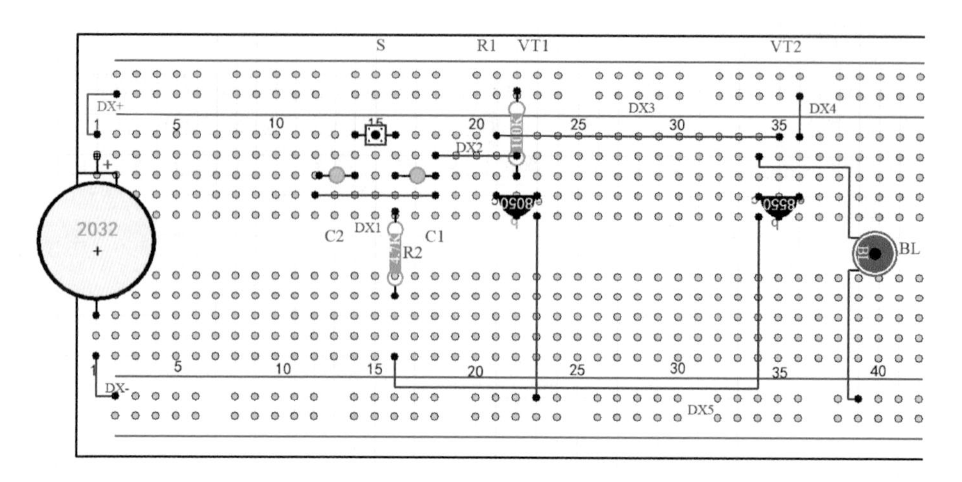

图2-123　**模拟警笛电路面包板装配图**

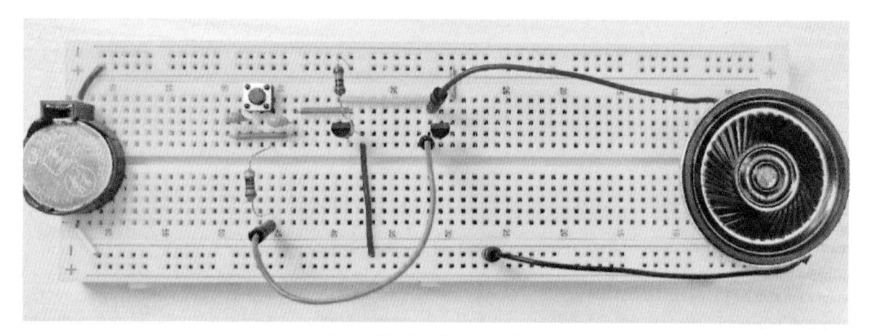

模拟警笛

图2-124　**模拟警笛电路实物布局图**

二十、按键控制LED亮灭

通过两个按键控制 LED 亮灭，进一步加深复合三极管使用方法，如图 2-125。

图2-125　**按键控制LED亮灭高清图**

电路原理浅析

当按一下按键 S1（开），电流从正极出发，经过 S1、电阻 R1，加到三极管 VT2 的基极，VT1 基极获得电压而导通，由于 VT2 的集电极与 VT1 的基极直接相连，相当于 VT1 的基极直接与负极相连，由于 VT1 是 PNP 型三极管，VT2 也导通，LED 点亮，即使 S1 释放，LED 也一直点亮；当按一下按键 S2（关），VT2 基极相当于与负极相连，VT2 截止，导致 VT1 也截止，LED 熄灭。VT1 与 VT2 组成电路类似 A VT1 G VT2 K，相当于晶闸管。按键控制 LED 亮灭电路原理图见图 2-126。

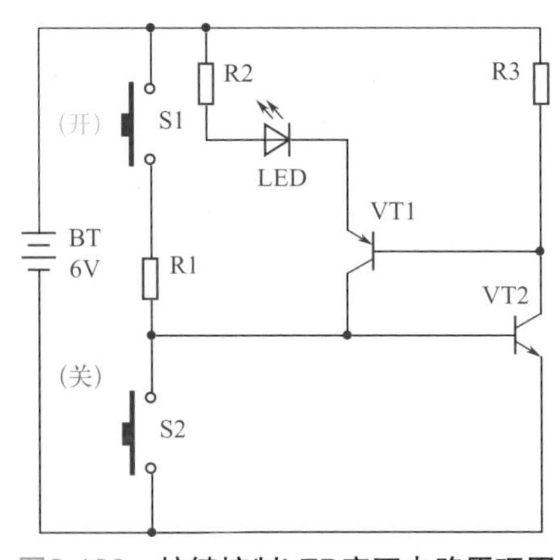

图2-126　按键控制LED亮灭电路原理图

所需器材（表 2-23）

表 2-23　按键控制 LED 亮灭所需器材

序号	名称	标号	规格	图例
1	电阻	R1、R3	4.7kΩ	
2	电阻	R2	470Ω	
3	三极管	VT1	8550	
4	三极管	VT2	8050	
5	发光二极管	LED	10mm	
6	按键	S1、S2	两个引脚	

装配与制作

面包板装配图以及实物布局图见图 2-127、图 2-128。

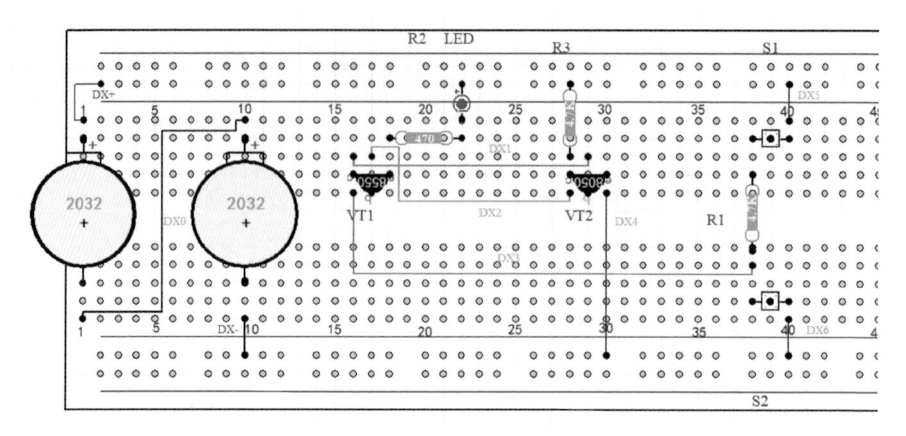

图2-127 **按键控制LED亮灭面包板装配图**

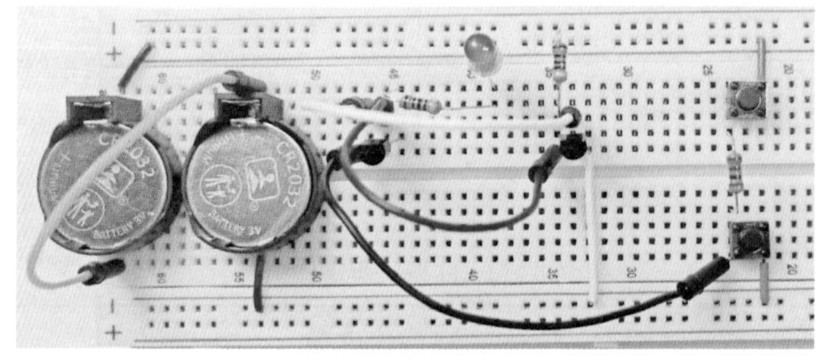

图2-128 **按键控制LED亮灭实物布局图**

按键控制
LED 亮灭

遥控开关灯

利用家用电视机遥控器，控制 LED 的点亮与熄灭，也可将 LED 更换为继电器，控制家用电器设备。本节带领大家制作一款遥控开关灯，见图 2-129。

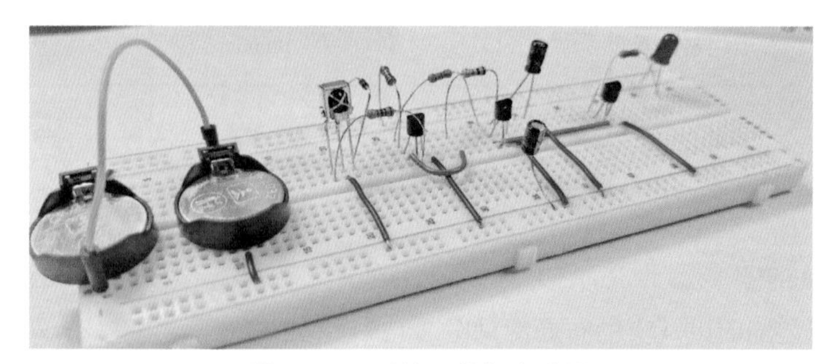

图2-129 **遥控开关灯高清图**

电路原理浅析

开灯过程：一体化接收头 IR 未接收到信号时，三极管 VT1 导通，晶闸管 VT2 处于截止状态，LED 熄灭；当快速按压遥控器（家中的电视机遥控器即可），一体化接收头输出的负极性信号经 VT1 处理后分为两路，一路经过电阻 R3 给 C1 充电，另一路经过电阻 R5 给 C2 充电，由于 C2 的容量大于 C1，不能立刻使 VT3 导通，而 C1 的容量较小，瞬间充入的电压足以使晶闸管 VT2 导通，LED 点亮。

关灯过程：当多次按压遥控超过 3s，C2 充的电压不断升高，当 VT3 导通后，VT2 截止，LED 熄灭。遥控开关灯电路原理图如图 2-130。

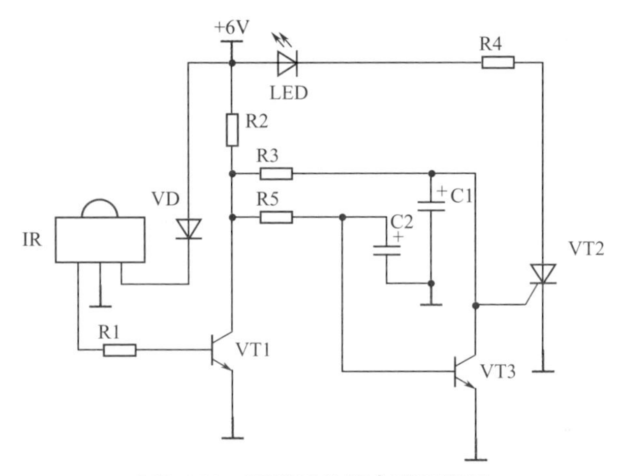

图2-130　遥控开关灯电路原理图

所需器材（表 2-24）

表 2-24　遥控开关灯所需器材

序号	名称	标号	规格	图例
1	一体化接收头	IR	—	
2	电阻	R1、R4	470Ω	
3	电阻	R2	1kΩ	
4	电阻	R3	47kΩ	
5	电阻	R5	10kΩ	

续表

序号	名称	标号	规格	图例
6	电容	C1	1μF	
7	电容	C2	47μF	
8	发光二极管	LED	5mm	
9	二极管	VD	1N4148	
10	三极管	VT1、VT3	8050	
11	晶闸管	VT2	MCR100-6	

装配与制作

面包板装配图以及实物布局图见图 2-131、图 2-132。

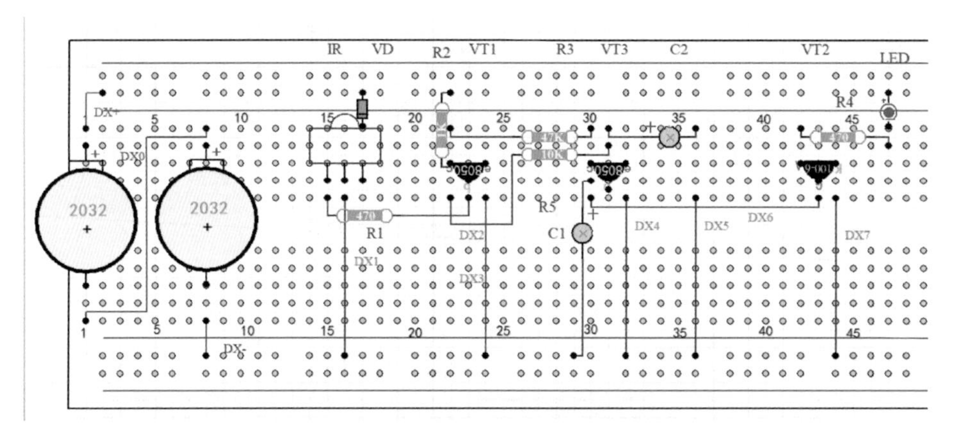

图2-131　遥控开关灯面包板装配图

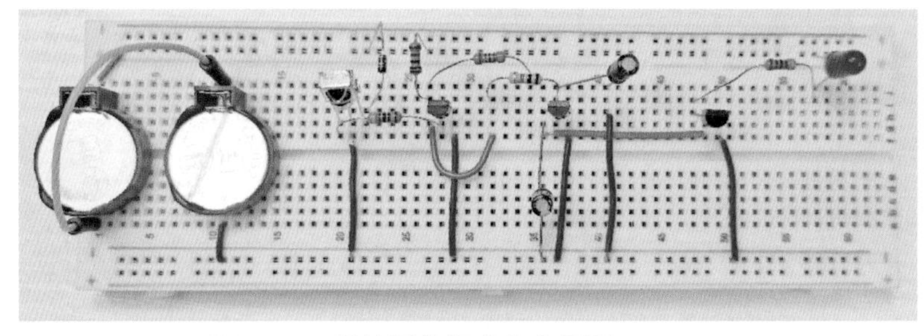

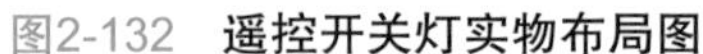
图2-132　遥控开关灯实物布局图

遥控开关灯

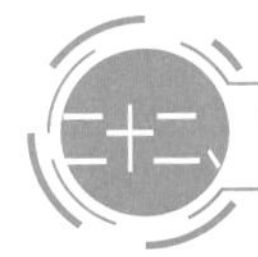

简易花盆缺水检测仪

花盆一旦缺水，就会影响绿植的正常生长。本实验中，我们自制一款简易检测仪，当土壤干燥时能进行灯光报警，提醒主人尽快给绿植浇水，见图 2-133。

图2-133　**简易花盆缺水检测仪高清图**

电路原理浅析

在制作中，用较长的面包线代替探头，将探头插入花盆中，如果两条面包线的插针接触到的土壤是湿润的（水是可以导电的），电流经过潮湿的土壤加到三极管 VT 的基极，当电压大于 0.7V 时，三极管导通，发光二极管 LED 点亮，提示不缺水；如果土壤中水分很少，处于干燥状态，电流就很小，电压也很低，三极管 VT 就处于截止状态，LED 熄灭，提示需要适当浇水。（在演示视频中，为了直观，直接将面包线插在了水中）在制作中可以将 R1 换为可调电阻，这样就可以调整花盆缺水到什么程度，LED 熄灭。简易花盆缺水检测仪电路原理图如图 2-134 所示。

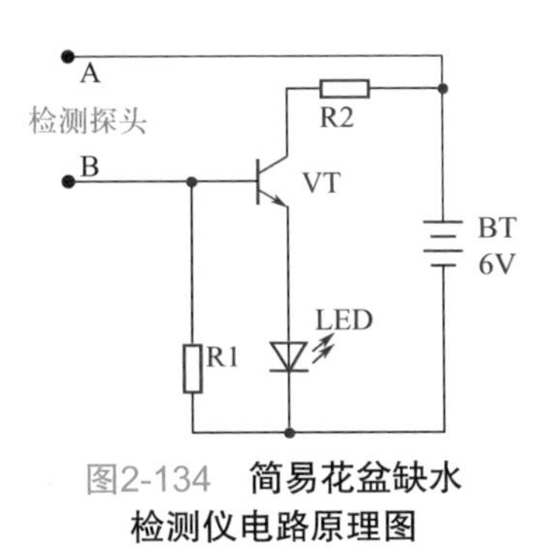

图2-134　**简易花盆缺水检测仪电路原理图**

所需器材（表 2-25）

表 2-25　**简易花盆缺水检测仪所需器材**

序号	名称	标号	规格	图例
1	电阻	R1	100kΩ	
2	电阻	R2	470Ω	
3	发光二极管	LED	5mm	
4	三极管	VT	8050	

装配与制作

面包板装配图以及实物布局图见图 2-135、图 2-136。

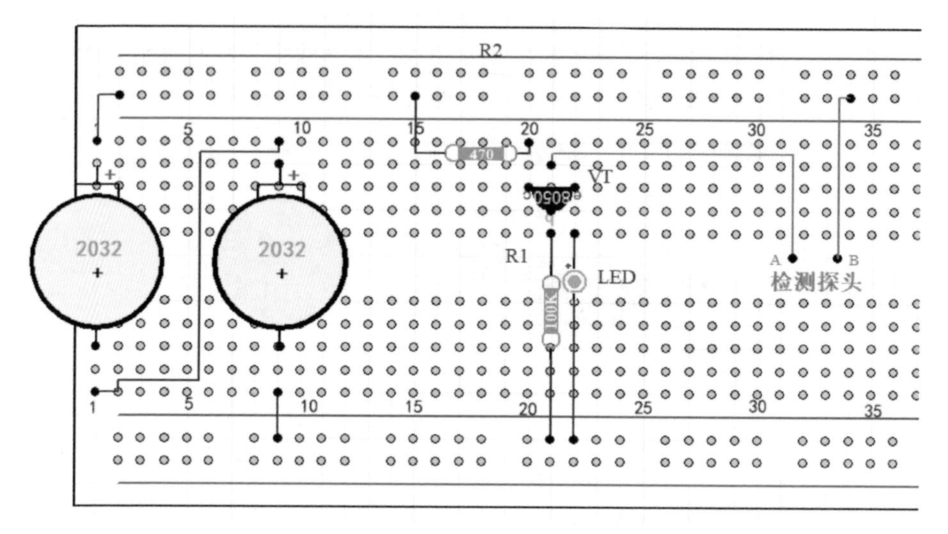

图2-135　简易花盆缺水检测仪面包板装配图

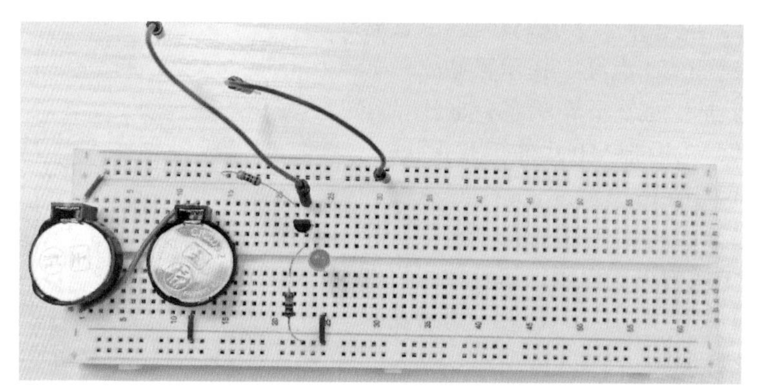

图2-136　简易花盆缺水检测仪实物布局图

简易花盆缺水检测仪

二十三、电池电量检测仪

电动车仪表盘上有好几个 LED，主要作用是按照百分比显示电量，及时提醒驾驶者汽车电量。智能手机上也有电池电量提示的图标。本节带领大家模拟制作一款电池电量检测仪，如图 2-137 所示。

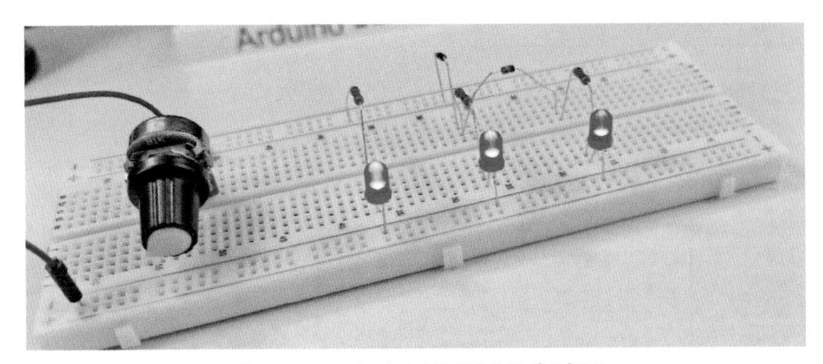

图2-137　**电池电量检测仪高清图**

电路原理浅析

用电位器改变输出电压的大小，当电压较低时，LED1 点亮，适当调整电位器旋钮，电压增大直到二极管 VD1 导通，LED2 点亮，当电压再次增大直到二极管 VD2 导通，LED3 点亮。二极管 VD1 与 VD2 起隔离作用，每个二极管的电压降都为 0.7V。

在装配图中，注意电池正极的接法。电池电量检测仪电路原理图如图 2-138 所示。

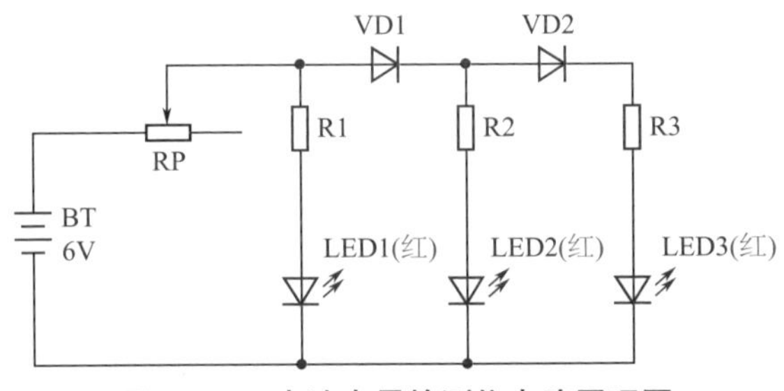

图2-138　**电池电量检测仪电路原理图**

所需器材（表 2–26）

表 2-26　**电池电量检测仪所需器材**

序号	名称	标号	规格	图例
1	电阻	R1～R3	100Ω	
2	发光二极管	LED1～LED3	5mm（红）	
3	二极管	VD1、VD2	1N4148	
4	电位器	RP	100kΩ	

装配与制作

面包板装配图以及实物布局图见图 2-139、图 2-140。

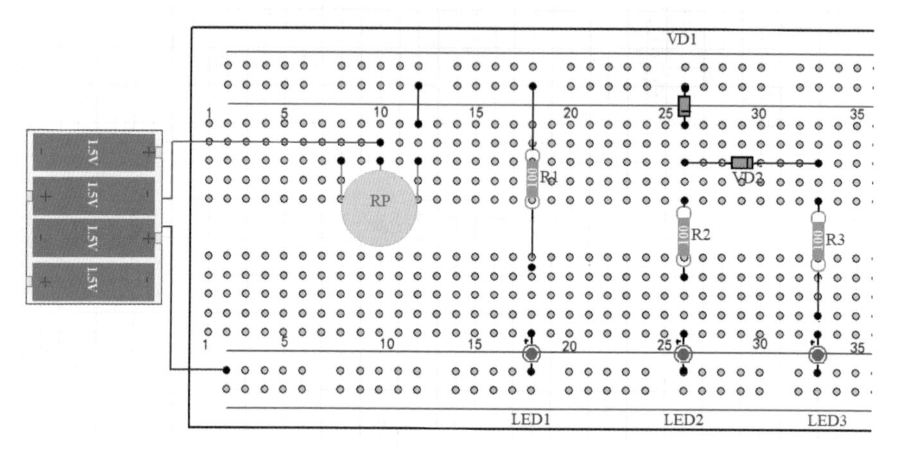

图2-139 **电池电量检测仪面包板装配图**

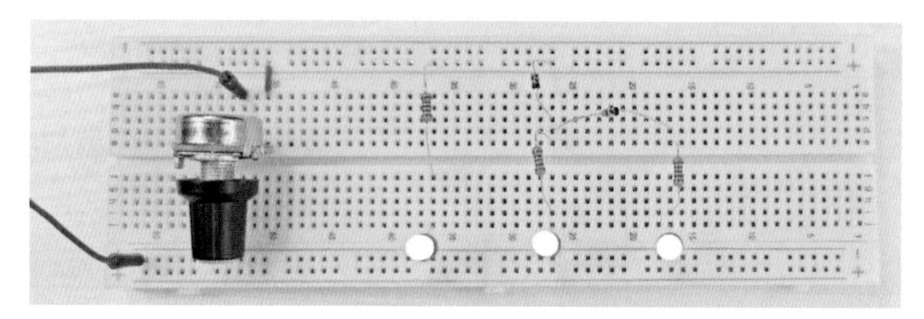

图2-140 **电池电量检测仪实物布局图**

电池电量检测仪

知识加油站：电池盒的引线连接

从本节开始，后续大部分制作采用 4 节 7 号电池作为电源，为制作提供更长的续航时间。使用面包线续接电池盒的两条引线，注意区分正负极。一般情况下红色面包线连接正极，蓝色面包线连接负极。制作中请做好绝缘处理，防止短路，见图 2–141。

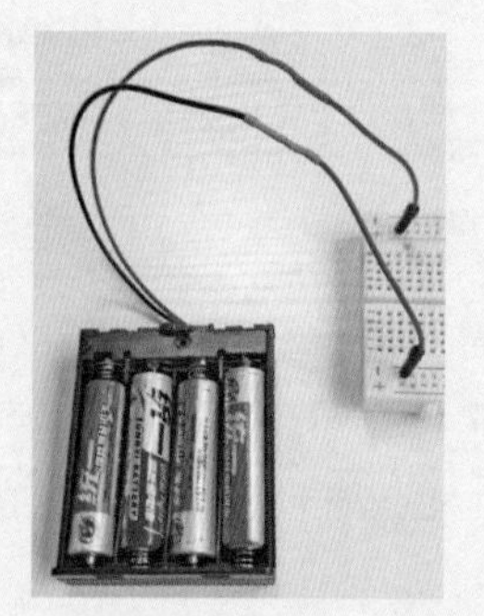

图2-141 **7号电池供电**

电池盒使用方法

二十四、电子围栏

本节带领大家制作一款电子围栏，将重要的物品放置在电子围栏内部，设置警戒线，当警戒线被破坏后，扬声器发出警报声，如图 2-142 所示。

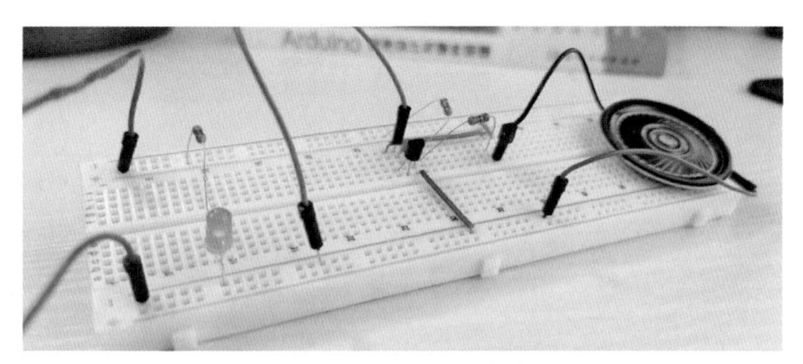

图2-142　**电子围栏高清图**

电路原理浅析

三极管 VT1 基极引一条导线连接到电源负极，报警器就不工作。在实际应用中可以将导线换为非常细的漆包线，将贵重宝贝围起来，不法分子将导线不小心弄断后，报警器就会响起来。电子围栏电路原理图如图 2-143 所示。

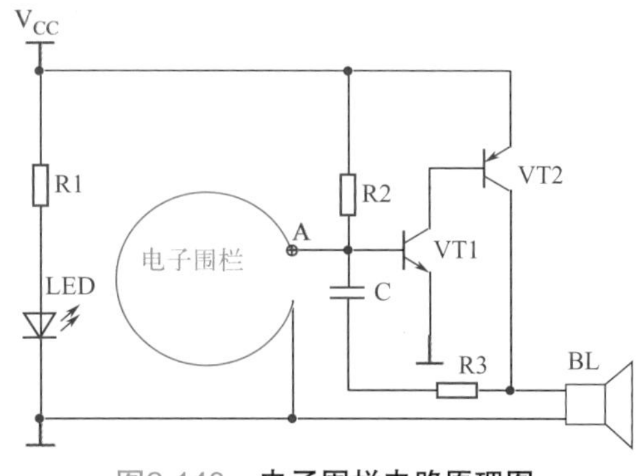

图2-143　**电子围栏电路原理图**

A 点通过导线接到电源的负极，反馈回路失去作用，振荡电路无法工作。由于 R2 的电阻比较大，电流非常小，不用担心耗电问题。

所需器材（表 2–27）

表 2-27　**电子围栏所需器材**

序号	名称	标号	规格	图例
1	电阻	R1	470Ω	
2	发光二极管	LED	5mm	
3	电阻	R2	200kΩ	

续表

序号	名称	标号	规格	图例
4	电阻	R3	1kΩ	
5	扬声器	BL	8Ω	
6	电容	C	10^3pF	
7	三极管	VT1	8050	
8	三极管	VT2	8550	

装配与制作

面包板装配图以及实物布局图见图 2-144、图 2-145。

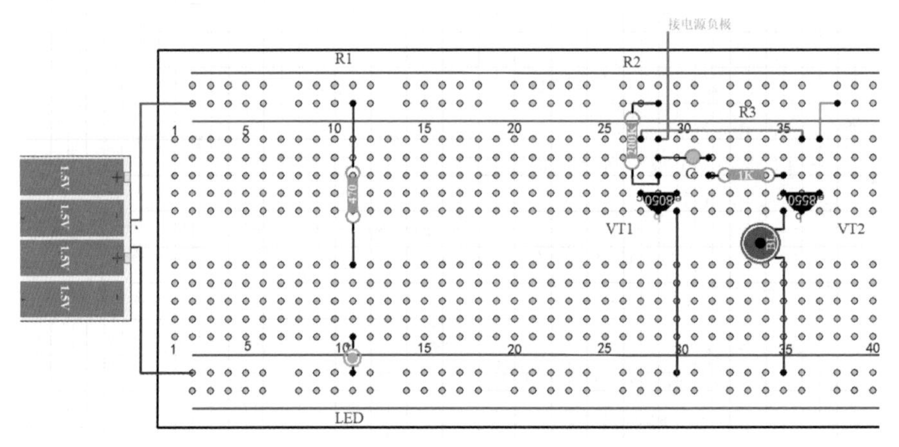

图2-144　**电子围栏面包板装配图**

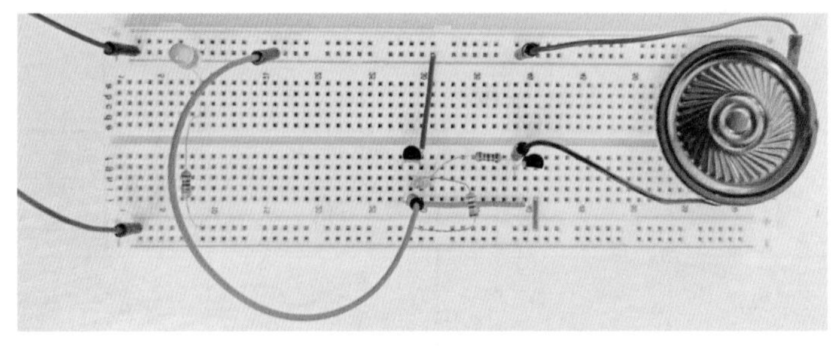

图2-145　**电子围栏实物布局图**

电子围栏

二十五、开门报警器

本节制作的开门报警器采用磁控管作为传感器，当门开后，蜂鸣器进行报警，由于该开门报警器设计有反馈回路，即使关上门，蜂鸣器也会持续工作，直到关闭电源，才能解除报警，如图 2-146 所示。

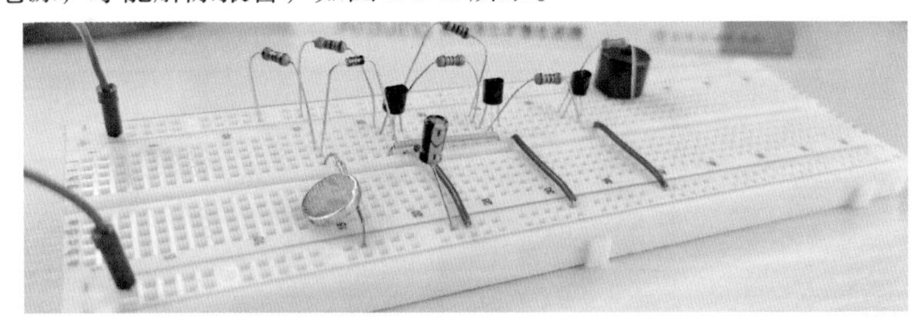

图2-146 开门报警器高清图

电路原理浅析

开门报警器电路原理图如图 2-147 所示。将干簧管固定在门框上，门边装一块小磁铁。当门关时，干簧管受到磁力作用而闭合，二极管 VD 阳极接地而截止，三极管 VT1 截止，VT2 导通，VT3 截止，蜂鸣器不发声。当门开时，干簧管内部断开，二极管 VD 阳极获得高电平而导通，三极管 VT1 导通，VT2 截止，VT3 导通，蜂鸣器报警。但是由于 R6 的存在，将 VT2 集电极的高电压通过 R6 加至 VT1 的基极，这时候即使将门关上，也无济于事，VT1 的工作状态不会改变，形成自锁，一直导通，蜂鸣器一直发声，只有断开电源报警才能解除。

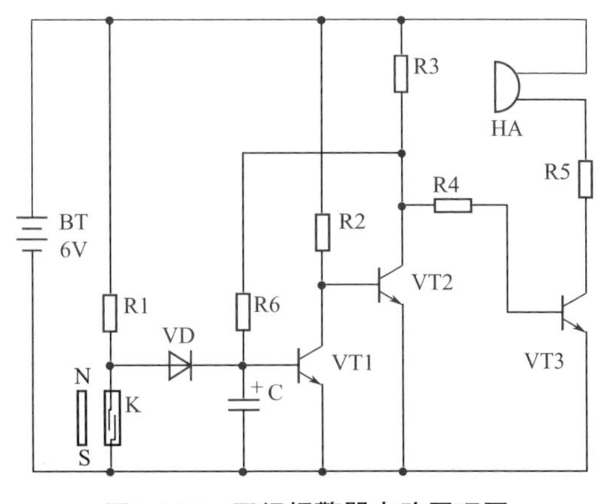

图2-147 开门报警器电路原理图

三极管 VT1 与 VT2 构成自锁回路，二极管 VD 起隔离作用，电容 C 起防止干扰作用。

所需器材（表 2-28）

表 2-28 开门报警器所需器材

序号	名称	标号	规格	备注
1	电阻	R1～R3	10kΩ	
2	电阻	R4	1kΩ	

续表

序号	名称	标号	规格	备注
3	电阻	R5	100Ω	
4	电阻	R6	47kΩ	
5	电容	C	1μF	
6	三极管	VT1～VT3	8050	
7	蜂鸣器	HA	有源	
8	二极管	VD	1N4148	
9	干簧管（+磁铁）	K	—	

装配与制作

步骤 1

面包板装配图以及实物布局图见图 2-148、图 2-149。安装 VT1、VT2，导线 DX1～DX3，电阻 R1～R3，干簧管 K，二极管 VD，电阻 R6，电容 C。

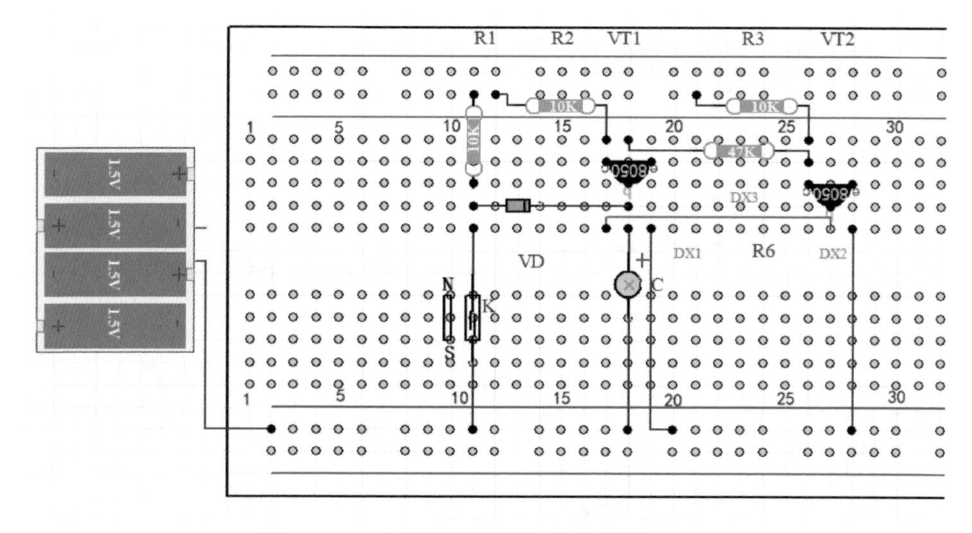

图2-148　开门报警器步骤1面包板装配图

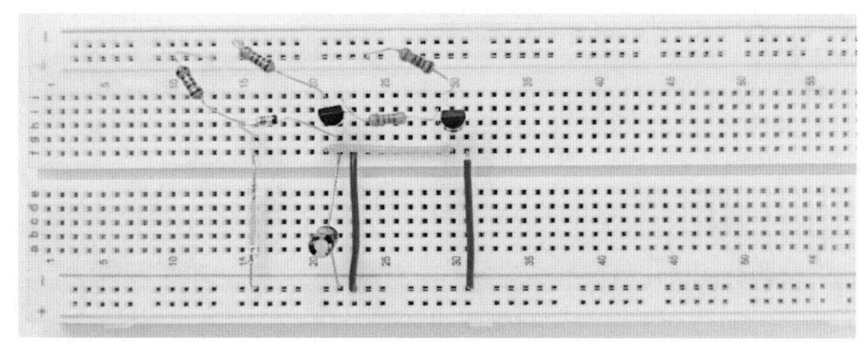

图2-149　开门报警器步骤1实物布局图

步骤 2

面包板装配图以及实物布局图见图 2-150、图 2-151。安装 VT3，导线 DX4，电阻 R4～R5，蜂鸣器 HA。

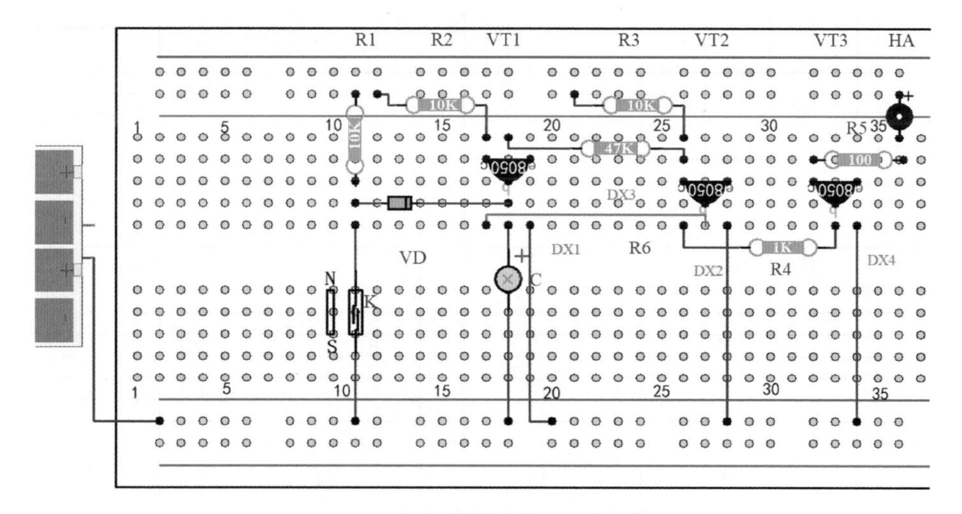

图2-150　开门报警器步骤2面包板装配图

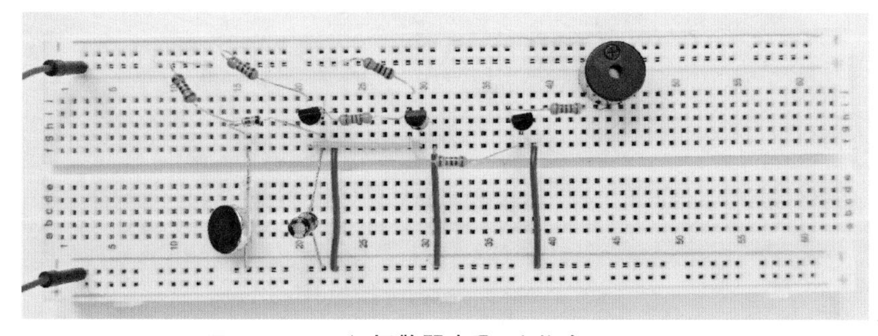

图2-151　开门报警器步骤2实物布局图

开门报警器

知识加油站：干簧管

干簧管是具有磁力感应而使内部接点闭合的一种开关，见图 2-152，干簧管与磁铁相互依存。

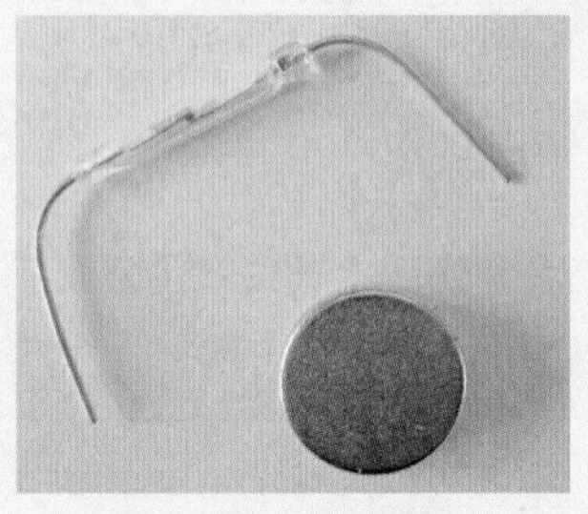

图2-152 **干簧管**

干簧管的工作原理非常简单，玻璃壳内部有两片可磁化的簧片，间隔仅约几微米，玻璃壳中装填有高纯度的惰性气体，没有足够的磁力时，两片簧片并未接触，处于常开状态；当外加的磁场使两个簧片端点位置具有不同的极性时，不同极性的簧片将互相吸引而闭合。干簧管可以作为传感器，用于计数、限位等。干簧管相对于一般的机械开关，具有结构简单、体积小、速度快、工作寿命长等优点。在做实验时注意干簧管引脚的整形，当需要弯曲时，打弯的地方不能靠近玻璃壳，否则有可能使玻璃破损，这点一定要注意。

干簧管控制 LED 的具体情形见图 2-153、图 2-154。

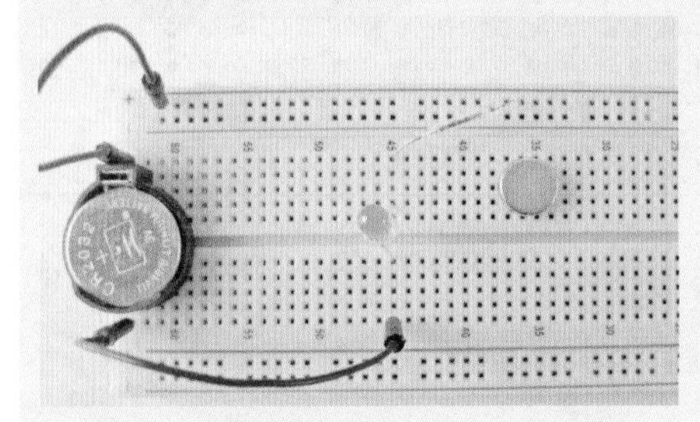

图2-153 **磁铁远离干簧管，LED熄灭**

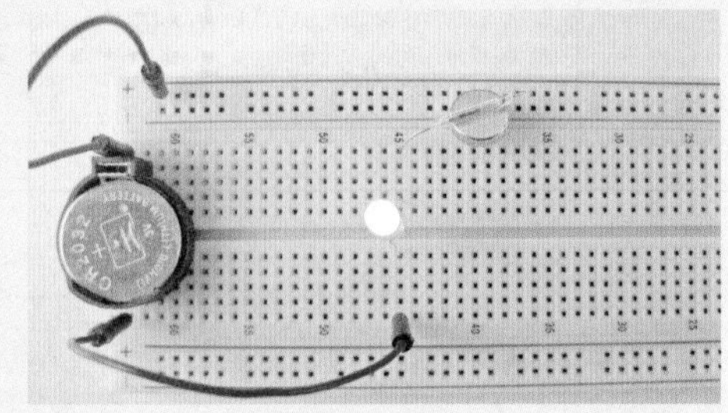

图2-154 **磁铁靠近干簧管，LED点亮**

干簧管的图形符号如图 2-155，用字母 K 表示。

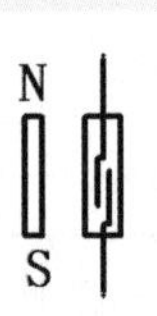

图2-155 **干簧管图形符号**

第三章

电子制作提高：电子制作的举一反三

本章精心设计了一系列与“光”“水”紧密相关的电子制作项目，尽管这些小制作在功能上看似有所相似，但实则各具特色，旨在通过多样化的形式帮助大家深入学习电子基础知识。

第一节 与光有关的小实验

在第二章的“光控小夜灯”项目中，若仅将光敏电阻直接与LED串联，我们会发现光线亮时LED点亮，光线暗时LED熄灭，这显然与我们的设计初衷相悖。为此，我们引入了“三极管”作为关键元件，它在这里起到了“导向”的作用，成功实现了我们的设计目标：**光线暗时LED点亮，光线亮时LED熄灭**。

以下我们精心设计了一系列与“光”紧密相关的电子制作项目，核心元件包括“光敏电阻”和“三极管”等。旨在让大家体会如何用不同的元器件、不同的设计，实现相似的功能。

- “节能延时LED”项目侧重于节能设计。这款小巧的床头灯只需轻轻一按，LED就能持续点亮一段时间，然后自动熄灭，既方便又节能。
- “高灵敏光控LED”项目与“光控小夜灯”电路结构相似，但为了提高灵敏度，我们特别设计了多级放大电路。这一设计不仅深化了三极管的使用方法，还明显提升了电路的响应速度。
- “视力保护仪”项目旨在帮助我们监测环境光线的亮暗情况，通过两个LED分别在光线充足与光线过暗时发出提醒。有一定电子基础的爱好者还可以进一步优化这个电路，例如增加蜂鸣器，在光线不足时发出报警声，为视力保护提供双重保障。
- “天亮报警器”项目与“视力保护仪”有相似之处，它采用了PNP与NPN两种类型的三极管综合使用，通过实验，我们可以深入掌握PNP三极管在电路中的实际应用方法。
- “环境光线检测仪”项目则更为复杂，它不仅能区分光线的亮暗程度，还能根据光线的不同强度点亮不同数量的LED。这一设计综合运用了光敏电阻、三极管等元件，展现了电子制作的魅力。
- “光控与手动延时LED”项目是一款综合型小制作，它结合了电容、按键、光敏电阻、三极管等多种元件，实现了光控与手动两种模式下的延时LED功能。

一、节能延时小夜灯

晚上需要起床时，只需按一下按键，小夜灯就会被点亮，并且在工作一段时间后，自动熄灭。节能延时小夜灯高清图如图 3-1。

电路原理浅析

当按键 S 按下时，电流从电源正极出发，经过按键 S 分成两路：一路经过电阻 R1，加到三极管 VT1 的基极，基极获得电压而导通，由于 VT2 是 PNP 型三极管，VT1 的集电极与 VT2 的基极相连，VT2 也符合导通条件，LED 点亮；另一路给电解电容 C 充电，待 S 释放后，电解电容 C 继续为三极管 VT1 提供“能量”，LED 继续点亮，随着时间的延长，C 放电完毕，LED 熄灭。改变电解电容 C 的容量，可以调整 LED 的点亮时间。节能延时小夜灯电路原理图如图 3-2。

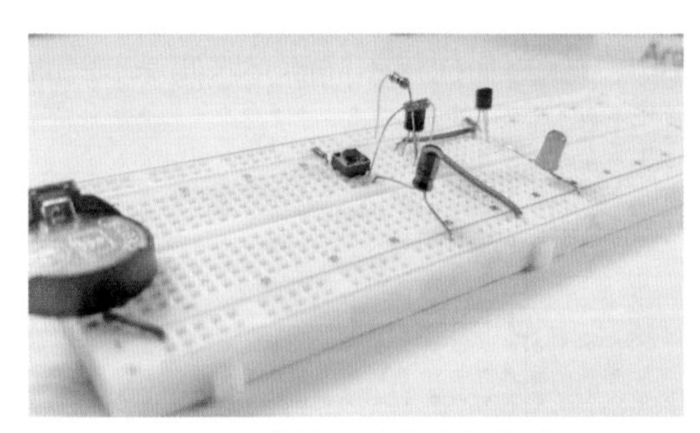

图3-1　节能延时小夜灯高清图

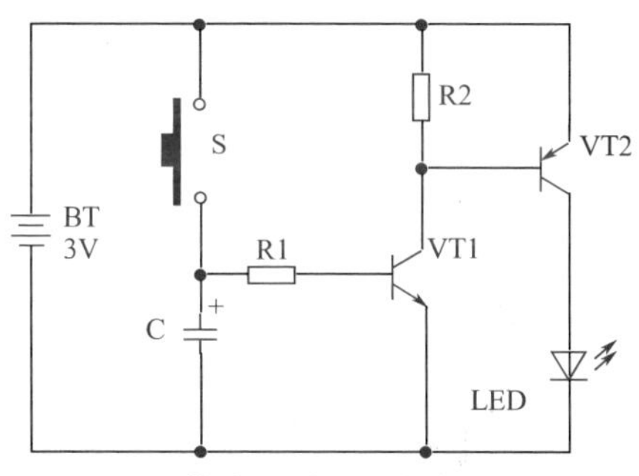

图3-2　节能延时小夜灯电路原理图

所需器材（表 3-1）

表 3-1　节能延时小夜灯所需器材

序号	名称	标号	规格	图例
1	按键	S	两个引脚	
2	发光二极管	LED	5mm	
3	电阻	R1	47kΩ	
4	电阻	R2	10kΩ	
5	电解电容	C	47μF	

续表

序号	名称	标号	规格	图例
6	三极管	VT1	8050	
7	三极管	VT2	8550	
8	电池	BT	3V	

装配与制作

步骤 1

面包板装配图以及实物布局图见图 3-3、图 3-4。安装导线 DX1、按键 S、电解电容 C。

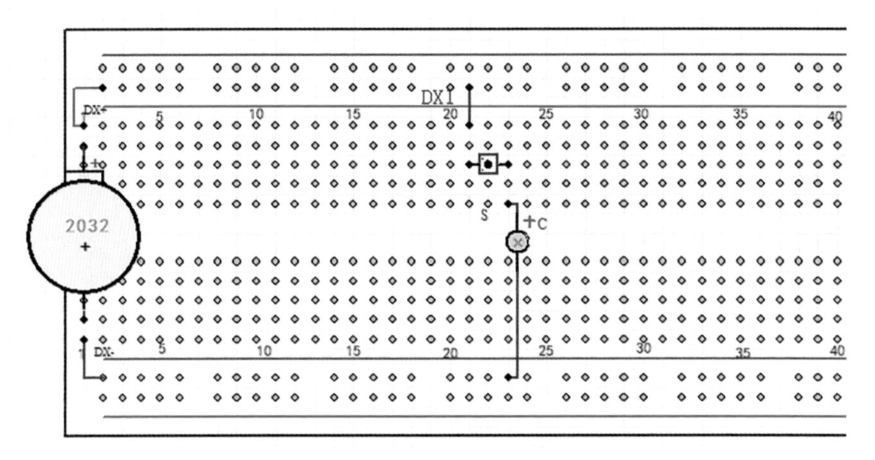

图3-3　节能延时小夜灯步骤1面包板装配图

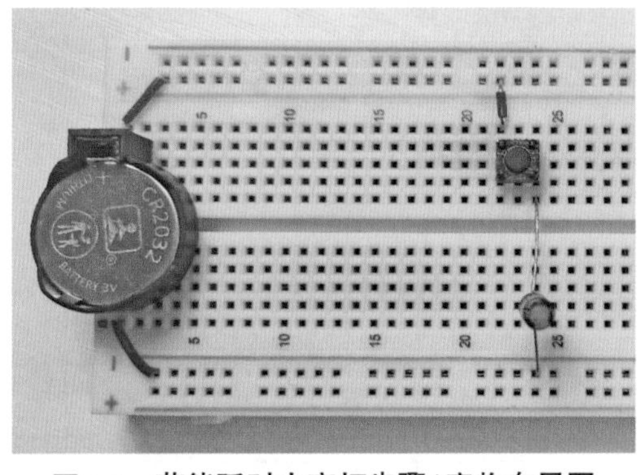

图3-4　节能延时小夜灯步骤1实物布局图

步骤 2

面包板装配图以及实物布局图见图 3-5、图 3-6。安装导线 DX2、DX3、DX4，电阻 R1、R2，三极管 VT1、VT2，发光二极管 LED。

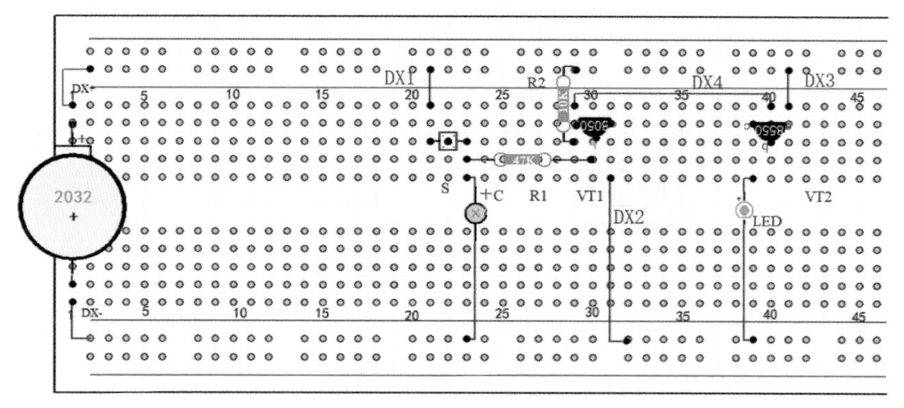

图3-5　**节能延时小夜灯步骤2面包板装配图**

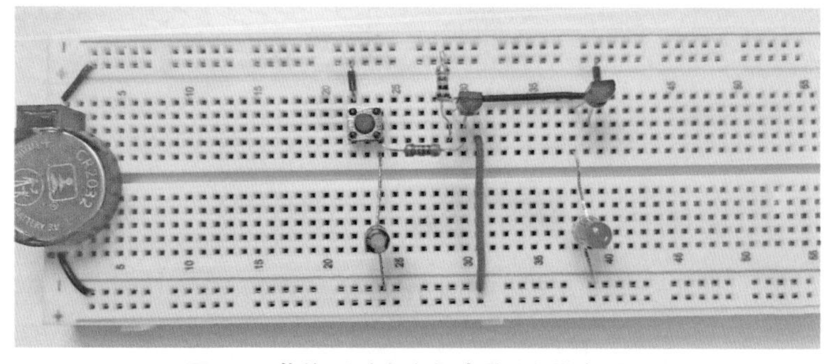

图3-6　**节能延时小夜灯步骤2实物布局图**

节能延时小夜灯

二、高灵敏度光控LED

为了提高光控 LED 的灵敏度，采用多级三极管对信号进行放大。本节带领大家制作高灵敏度光控 LED，如图 3-7 所示。

电路原理浅析

本实验工作原理与第八节光控小夜灯的类似，三极管 VT2、VT3 对信号进一步放大，达到高灵敏度。还可以将电阻 R1、R2，光敏电阻 RG 去掉，直接用手指触碰三极管 VT1 的基极，发光二极管也可以点亮，其原理是人体感应信号，经过多级放大后点亮 LED。一只手触摸 VT1 的基极，另一只手触摸电源的正极，同样也可以点亮 LED。这个实验说明人体是导体，是可以导电的。高灵敏度光控 LED 电路原理图如图 3-8。

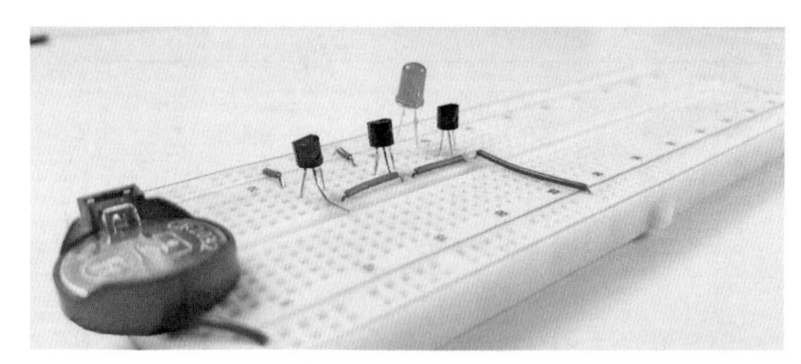

图3-7　高灵敏度光控LED高清图

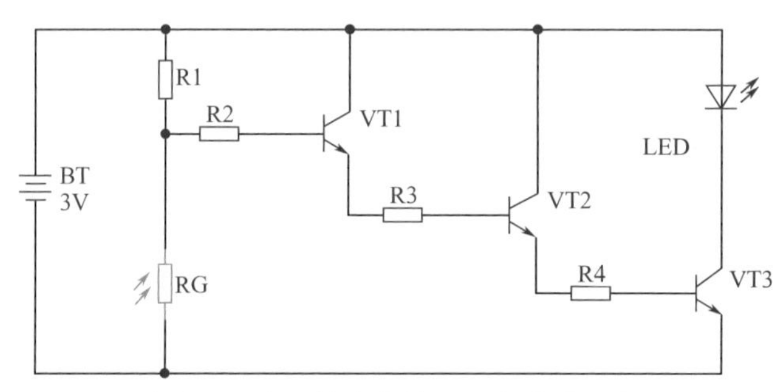

图3-8　高灵敏度光控LED电路原理图

所需器材（表 3-2）

表 3-2　高灵敏度光控 LED 所需器材

序号	名称	标号	规格	图例
1	电阻	R1	100kΩ	
2	电阻	R2～R4	1kΩ	
3	光敏电阻	RG	—	
4	三极管	VT1～VT3	8050	
5	发光二极管	LED	5mm	

装配与制作

面包板装配图以及实物布局图见图 3-9、图 3-10。

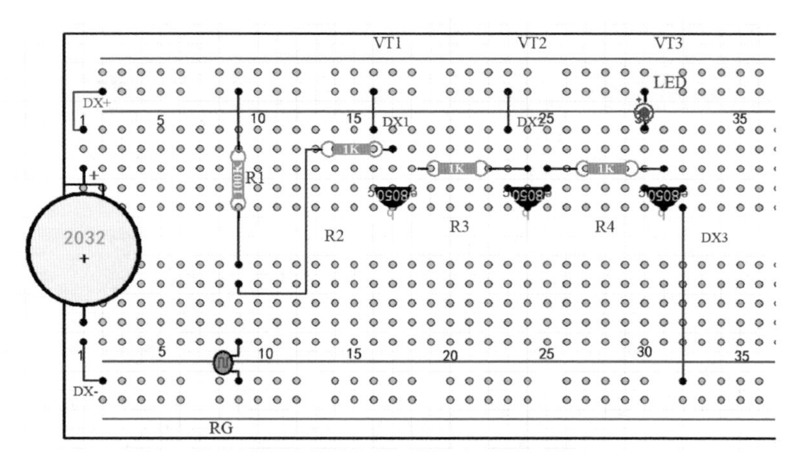

图3-9　**高灵敏度光控LED面包板装配图**

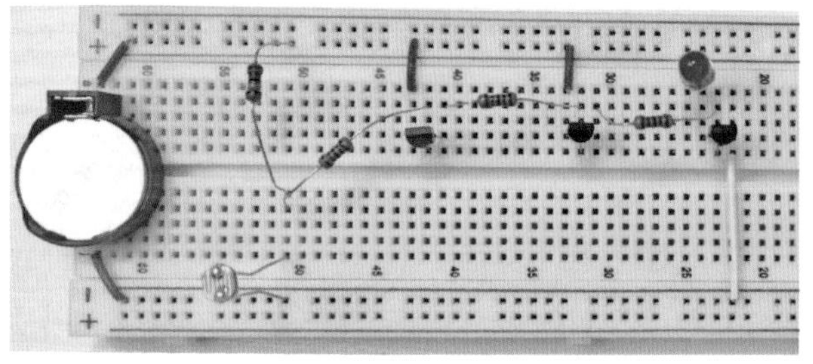

图3-10　**高灵敏度光控LED实物布局图**

高灵敏度
光控 LED

三、视力保护仪

下面请跟着我一起动手制作能感知光线亮度的视力保护仪。将该视力保护仪放置到书桌旁，当光线变暗的时候，它能及时进行提醒。视力保护仪高清图如图 3-11 所示。

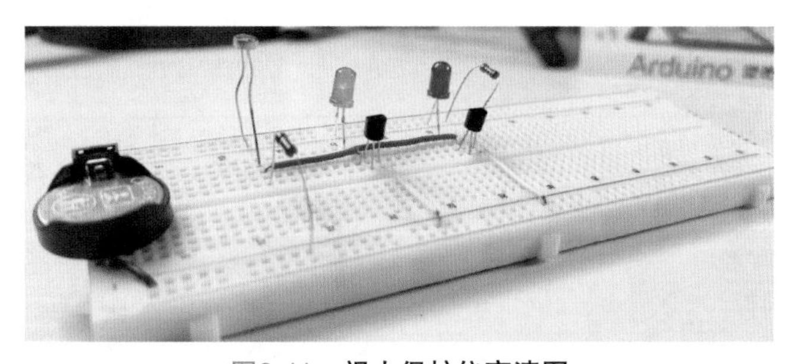

图3-11　**视力保护仪高清图**

电路原理浅析

当光线较亮时，光敏电阻 RG 阻值很小，三极管 VT1 基极电压升高，达到 0.7V 左右时，三极管 VT1 导通，发光二极管 LED1（绿）点亮，指示光线良好。由于 VT2 的基极与 VT1 的集电极接在一起，VT2 截止，LED2（红）熄灭。

当光线变暗时，光敏电阻 RG 阻值增大，三极管 VT1 基极电压降低，三极管 VT1 截止，发光二极管 LED1（绿）熄灭，三极管 VT2 导通，发光二极管 LED2（红）点亮，指示光线变暗，不适合工作学习。在制作中可以将电阻 R1 换为电位器，可以自己调整光线亮到什么程度 LED1 点亮，LED2 熄灭。视力保护仪电路原理图如图 3-12 所示。

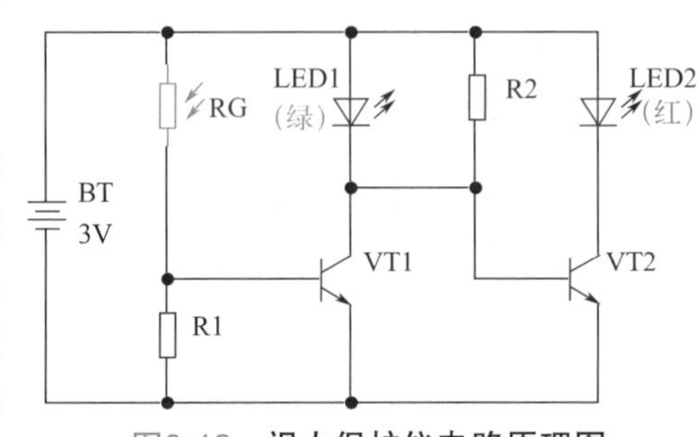

图3-12　视力保护仪电路原理图

所需器材（表 3-3）

表 3-3　视力保护仪所需器材

序号	名称	标号	规格	图例
1	光敏电阻	RG	—	
2	电阻	R1	100kΩ	
3	电阻	R2	10kΩ	
4	三极管	VT1、VT2	8050	
5	发光二极管	LED1	5mm（绿）	
6	发光二极管	LED2	5mm（红）	

装配与制作

面包板装配图以及实物布局图见图 3-13、图 3-14。

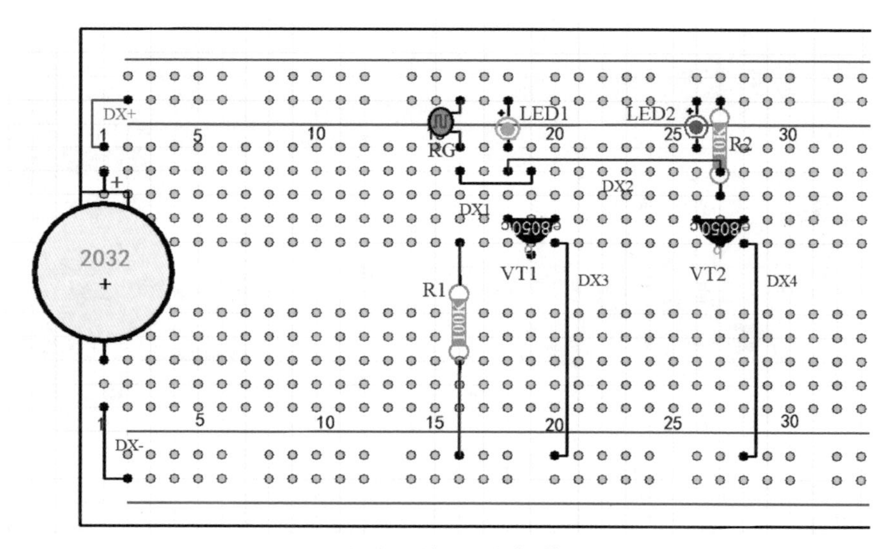

图3-13　**视力保护仪面包板装配图**

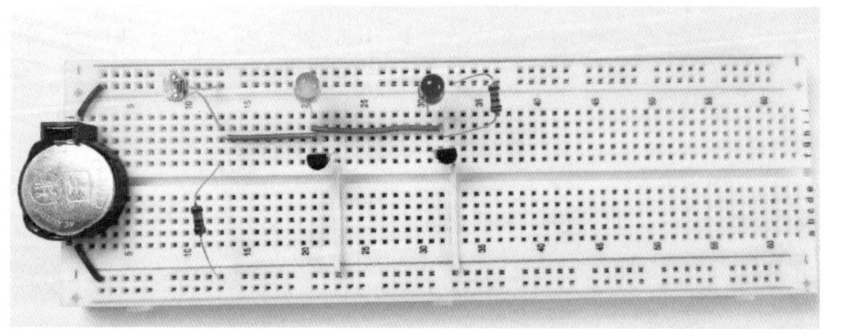

图3-14　**视力保护仪实物布局图**

视力保护仪

知识加油站：音频接口

电脑主机音频接口如图 3-15 所示，对应插入耳机与话筒的 3.5mm 插头。如今在一些笔记本电脑中，耳机与话筒插孔已经合并，如图 3-16。

在一些电脑主机背后还有类似图 3-17 的音频接口，红色接口为话筒输入，绿色接口为音频输出（耳机），蓝色接口为音频输入。

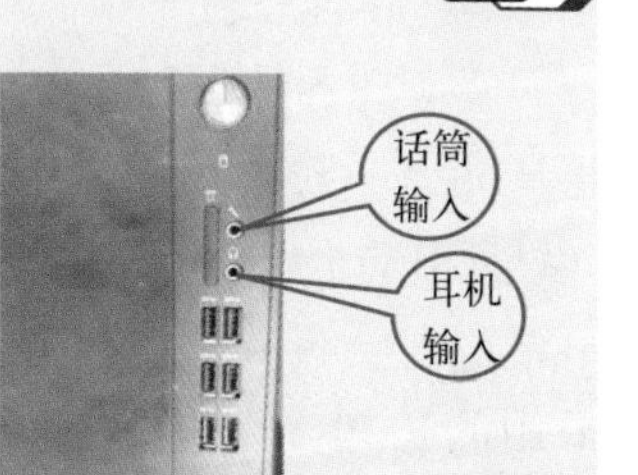

图3-15　**电脑主机音频接口**

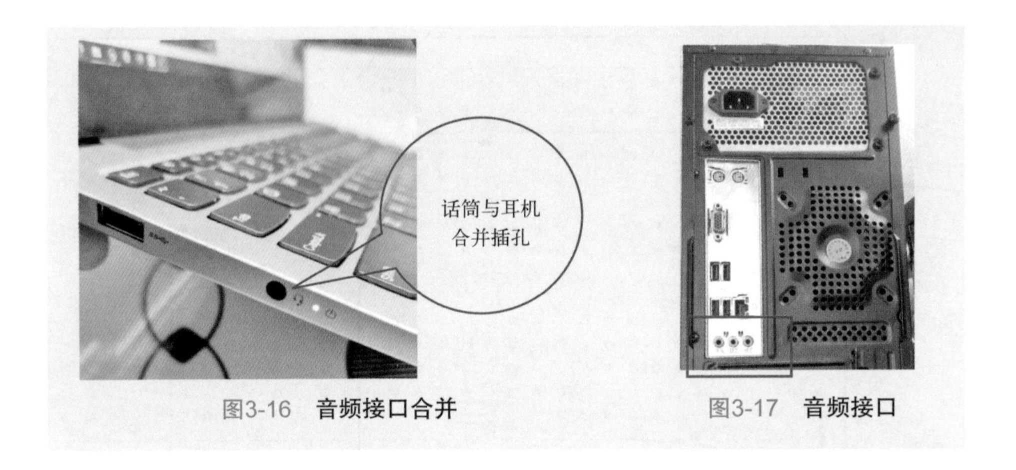

图3-16　音频接口合并　　图3-17　音频接口

四、天亮报警器

将天亮报警器放置到床头，当天亮后，光敏电阻感知到光线变化，能进行声光提醒，见图 3-18。

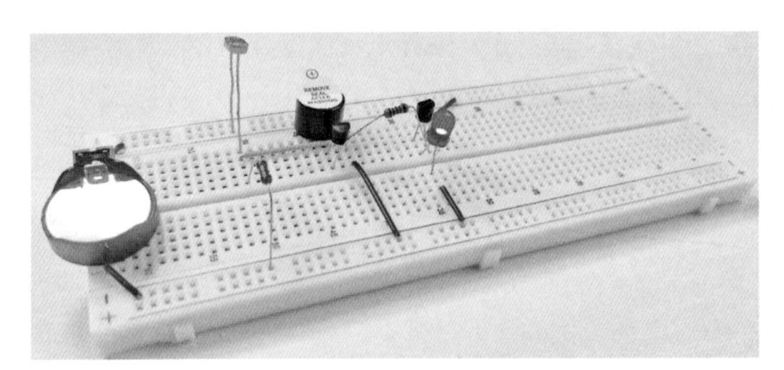

图3-18　天亮报警器高清图

电路原理浅析

当光线变亮时，光敏电阻 RG 阻值减小，三极管 VT1 导通，蜂鸣器 HA 通电发声，当 VT1 导通后，集电极电压接近 0V，由于三极管 VT2 采用的是 PNP 型三极管，继而也导通，LED 点亮。反之，HA 停止发声，LED 熄灭。天亮报警器电路图如图 3-19 所示。

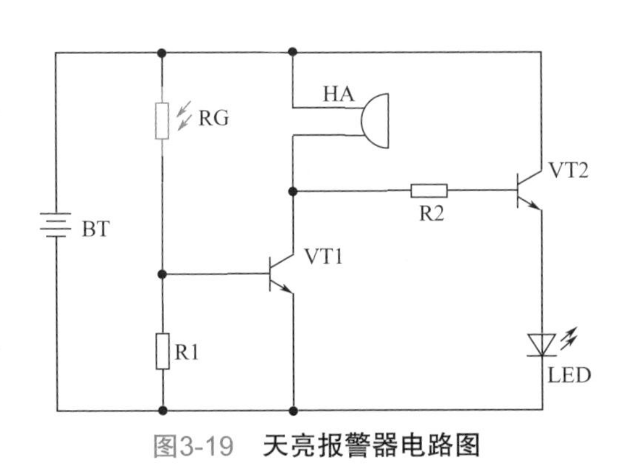

图3-19　天亮报警器电路图

所需器材（表 3-4）

表 3-4　**天亮报警器所需器材**

序号	名称	标号	规格	图例
1	电阻	R1	100kΩ	
2	电阻	R2	1kΩ	
3	光敏电阻	RG	—	
4	三极管	VT1	8050	
5	三极管	VT2	8550	
6	蜂鸣器	HA	有源	
7	发光二极管	LED	5mm	

装配与制作

面包板装配图以及实物布局图见图 3-20、图 3-21。

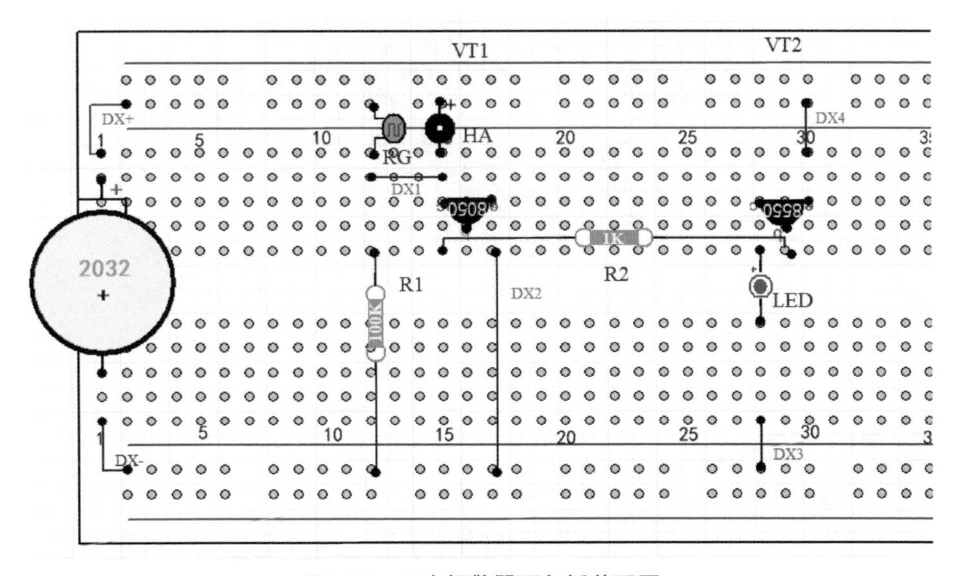

图3-20　**天亮报警器面包板装配图**

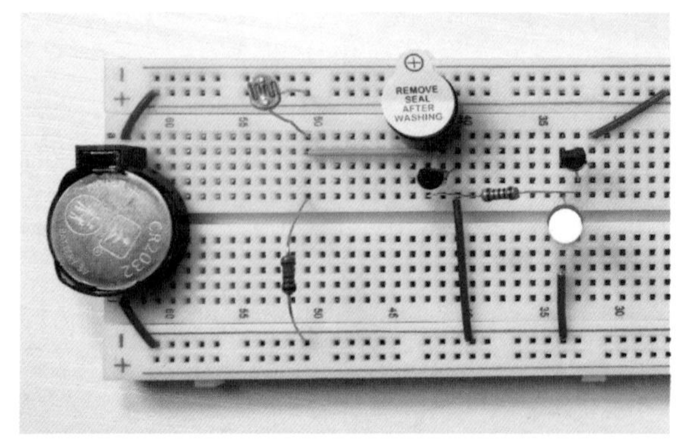

图3-21 天亮报警器实物布局图

天亮报警器

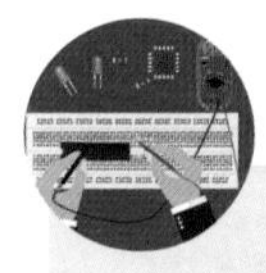

知识加油站：印制电路板

印制电路板（PCB），是大部分电子产品必须用到的电路板，表面有焊盘以及元器件封装丝印，并且按照电路设计将元器件的引脚用铜箔连接起来，代替导线，如图 3-22 所示。绘制 PCB 需要用到 AD、EDA 等软件，有兴趣的同学可以自学这方面的软件。

图3-22 PCB

五、环境光线检测仪

环境光线检测仪是一款能感知光线亮暗的电子制作，按照光线稍暗，光线较暗，光线很暗的顺序，LED 点亮的个数依次增加，如图 3-23 所示。

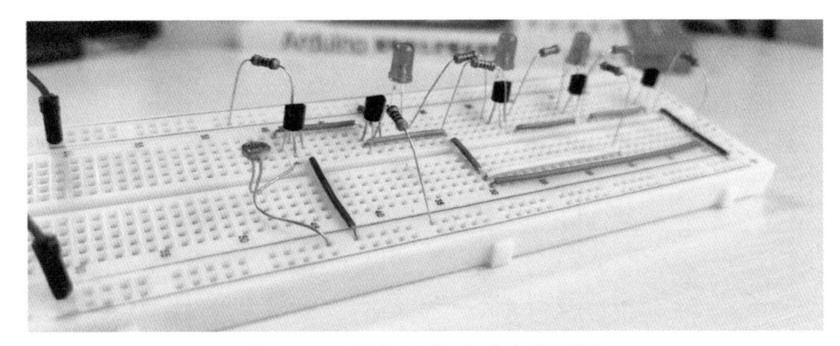

图3-23　环境光线检测仪高清图

电路原理浅析

电阻 R1，光敏电阻 RG，三极管 VT1、VT2 构成光线亮度采集电路，在光线亮度很高时，RG 电阻很小，三极管 VT1 基极电压很低而截止，导致 VT2 也截止，三极管 VT3、VT4、VT5 基极无电压也截止，发光二极管 LED1、LED2、LED3 均处于熄灭状态。

当光线稍暗，VT2 导通，但两端电压较低，电阻 R2 上的电压只能驱动三极管 VT3 导通，LED1 点亮。

当光线较暗，VT2 导通，两端电压较高，电阻 R2 上的电压驱动三极管 VT4、VT3 导通，LED2、LED1 点亮。

当光线很暗，VT2 导通且两端电压最高，电阻 R2 上的电压驱动三极管 VT5、VT4、VT3 导通，LED3、LED2、LED1 点亮。环境光线检测仪电路原理图如图 3-24 所示。

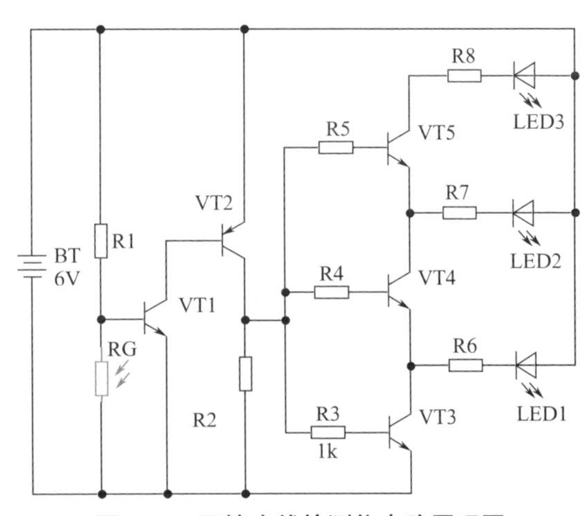

图3-24　环境光线检测仪电路原理图

所需器材（表 3-5）

表 3-5　环境光线检测仪所需器材

序号	名称	标号	规格	图例
1	电阻	R1	100kΩ	
2	光敏电阻	RG	—	
3	电阻	R2	4.7kΩ	
4	电阻	R3、R4、R5	1kΩ	

续表

序号	名称	标号	规格	图例
5	电阻	R6、R7、R8	100Ω	
6	三极管	VT2	8550	
7	三极管	VT1、VT3～VT5	8050	
8	发光二极管	LED1～LED3	5mm	

装配与制作

步骤 1

面包板装配图以及实物布局图见图 3-25、图 3-26。安装三极管 VT1、VT2，电阻 R1、R2，光敏电阻 RG，导线 DX1、DX2、DX3。

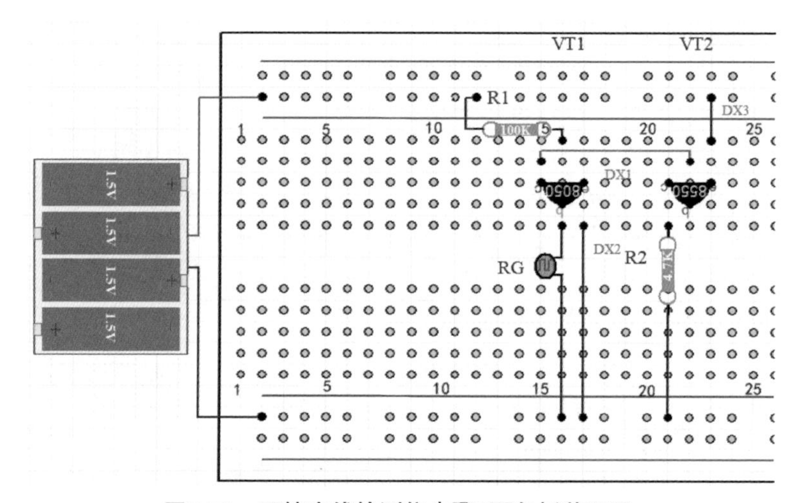

图3-25 环境光线检测仪步骤1面包板装配图

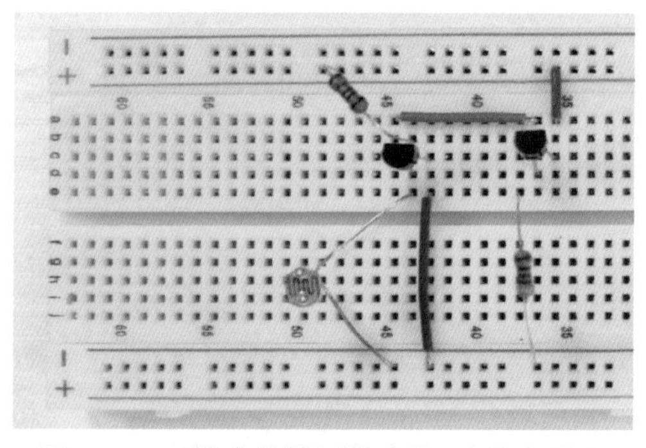
图3-26 环境光线检测仪步骤1实物布局图

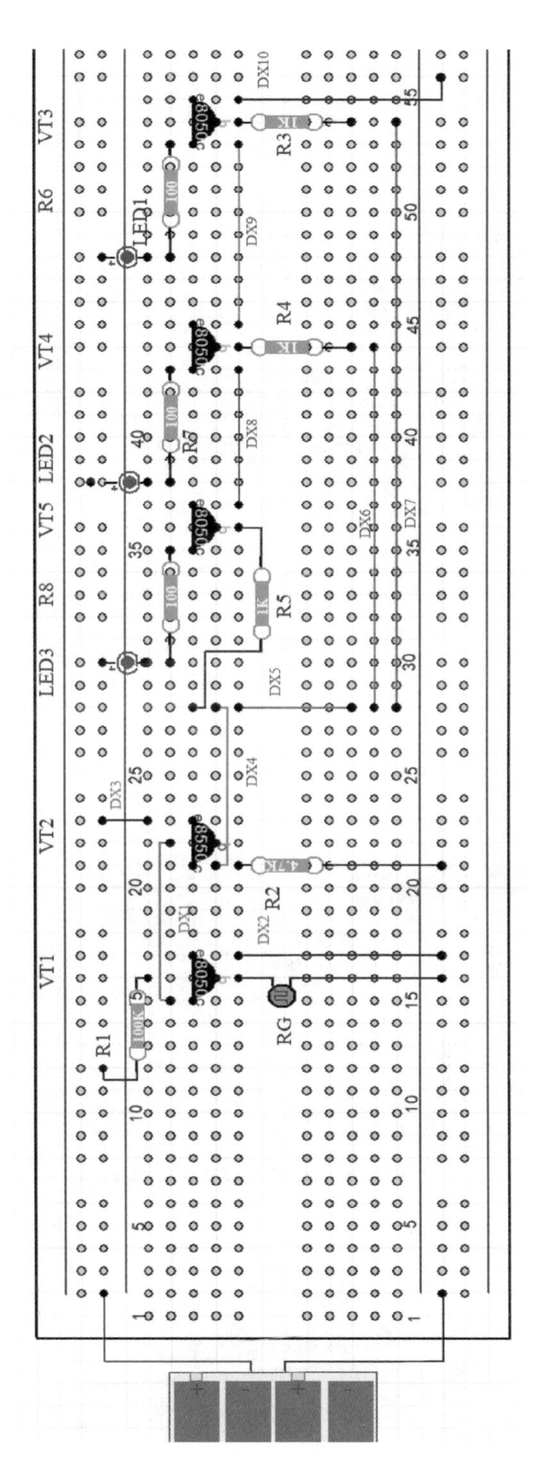

图3-27　环境光线检测仪步骤2面包板装配图

步骤 2

面包板装配图以及实物布局图见图 3-27、图 3-28。安装三极管 VT5、VT4、VT3，电阻 R8、R7、R6，发光二极管 LED3、LED2、LED1，电阻 R5、R4、R3，导线 DX4、DX5、DX6、DX7、DX8、DX9、DX10。

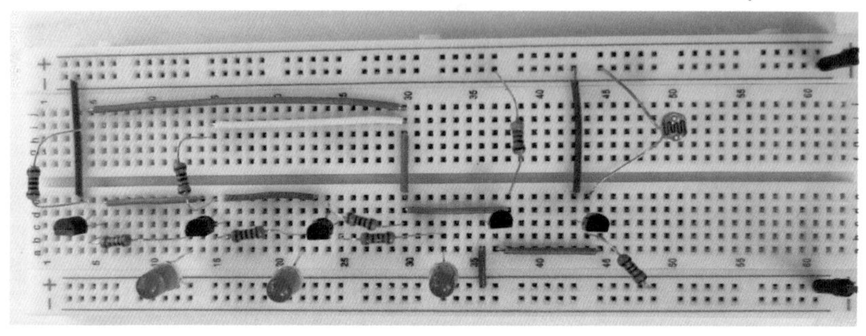

图3-28　环境光线检测仪步骤2实物布局图

环境光线检测仪

六、光控与手动延时LED

本节带领大家制作一款光控与手动延时 LED，当房间大灯关闭后，LED 能点亮一段时间，延时长短与电阻 R1 的阻值以及电容 C 的容量有关，见图 3-29。

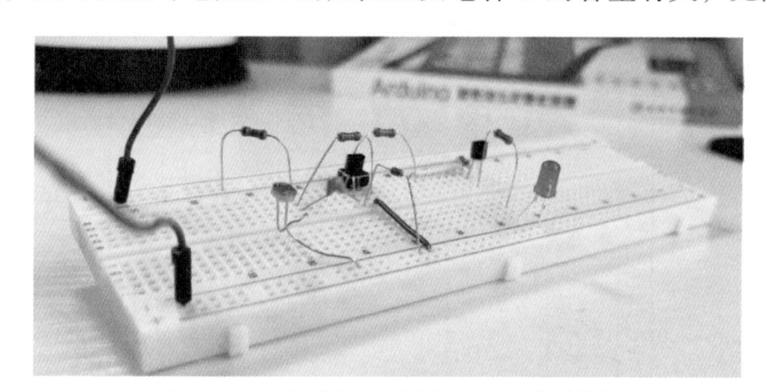

图3-29　光控与手动延时LED高清图

电路原理浅析

光控与手动延时 LED 电路原理图如图 3-30 所示。在光线亮时，光敏电阻 RG 电阻值很小，三极管 VT1、VT2 截止，LED 处于熄灭状态。当关灯后，光敏电阻 RG 电阻值变大，电源经过 R1、三极管 VT1 的发射极给电容 C 充电，三极管 VT1 导通，VT2 导通，LED 点亮。随着充电时间的延长，电容 C 充满，没有电流通过，三极管 VT1 截止，VT2 截止，LED 熄灭。

当光线由暗变亮时，光敏电阻阻值变小，电容C经过二极管VD、光敏电阻RG放电，为下一次光线由亮到暗，LED延时点亮做准备。

在光线暗时，按下按键S，电容C两端的电压经过电阻R2放电，当手离开按键S，电容C再次经过电阻R1、三极管VT1发射充电，达到再次延时点亮LED的效果。

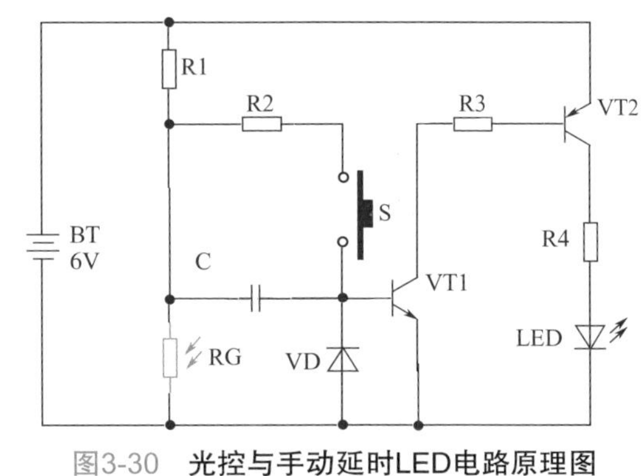

图3-30　光控与手动延时LED电路原理图

所需器材（表3-6）

表3-6　光控与手动延时LED所需器材

序号	名称	标号	规格	图例
1	电阻	R1	100kΩ	
2	电阻	R2、R4	100Ω	
3	电阻	R3	1kΩ	
4	光敏电阻	RG	—	
5	电容	C	10^5pF	
6	二极管	VD	1N4148	
7	三极管	VT1	8050	
8	三极管	VT2	8550	
9	按键	S	两个引脚	
10	发光二极管	LED	10mm	

装配与制作

面包板装配图以及实物布局图见图3-31、图3-32。

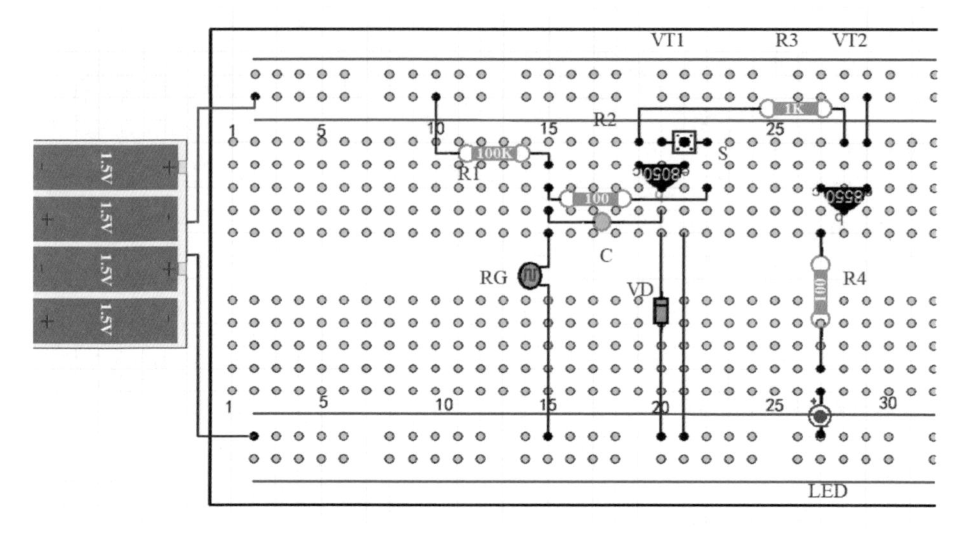

图3-31　光控与手动延时LED面包板装配图

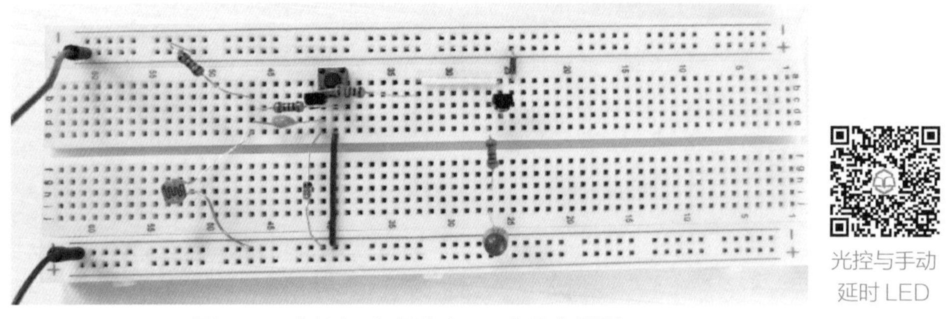

光控与手动延时 LED

图3-32　光控与手动延时LED实物布局图

第二节　与水有关的小实验

本系列电子制作项目聚焦于“缺水”检测的创新与实用性设计，以第二章中“简易花盆缺水检测仪”为起点，该设计巧妙地利用水作为导体的物理特性，仅通过 4 个核心电子元件就实现了对花盆土壤缺水状态的初步监测。随后，在“花盆缺水声光报警检测仪”中，设计了声光报警电路，增强了提醒的直观性。“绿植伴侣”项目则是一次综合性的尝试，它巧妙地结合了 NPN 与 PNP 两类三极管以及 LED 指示灯，虽然功能上与之前的项目有所相似 ，但在电路设计层面却展现出了多样化的可能性，展示了电子制作的无限创意空间。此外，“水塔缺水报警器”与“水满声光报警”项目，不仅在设计思路上与前述项目有着异曲同工之妙，更在细节上有所突破，特别是如何掌握三极管复合使用、三极管控制电路中电源导通或关闭。这一系列项目不仅是对电子基础知识的一次全面实践，更是对未来设计更复杂的电路，甚至在系统中引入编程实现智能化监测的有力铺垫。

一、改进型花盆缺水声光报警检测仪

第二章二十二中的简易花盆缺水检测仪只有 LED 发光提示，是不是有点单调呢？

本节制作的花盆缺水声光报警检测仪不仅有 LED 提示，还有蜂鸣器报警，功能更加完善。

当花盆缺水声光报警检测仪检测到花卉土壤干燥时，能进行声光报警，提示主人尽快浇水，如图 3-33 所示。

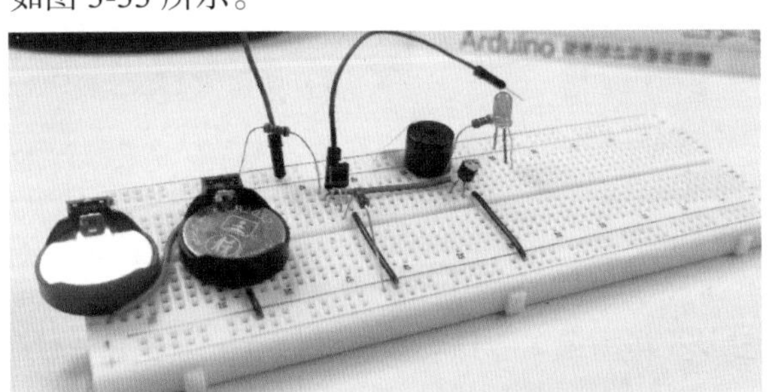

图3-33　花盆缺水声光报警检测仪高清图

电路原理浅析

电路原理图见图 3-34。

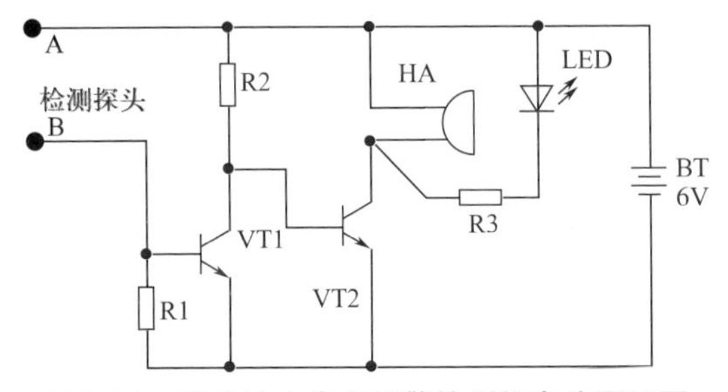

图3-34　花盆缺水声光报警检测仪电路原理图

当探针检测到花盆湿度较大，也就是 A、B 两点之间的电阻很小时，那么加在三极管 VT1 基极的电流足以让它导通，在 VT1 导通后，集电极电压接近 0V，三极管 VT2 的基极由于无电压而截止，发光二极管 LED 熄灭，蜂鸣器 HA 停止工作。

当探针检测到花盆湿度较小（也就是需要浇水时），就是 A、B 两点之间的电阻很大，大到三极管 VT1 基极没有电流而截止，三极管 VT2 导通，发光二极管 LED 点亮，蜂鸣器 HA 工作。

所需器材（表 3-7）

表 3-7　花盆缺水声光报警检测仪所需器材

序号	名称	标号	规格	图例
1	电阻	R1	100kΩ	
2	电阻	R3	470Ω	
3	电阻	R2	10kΩ	
4	发光二极管	LED	5mm	
5	三极管	VT1、VT2	8050	
6	蜂鸣器	HA	有源	

装配与制作

面包板装配图以及实物布局图见图 3-35、图 3-36。

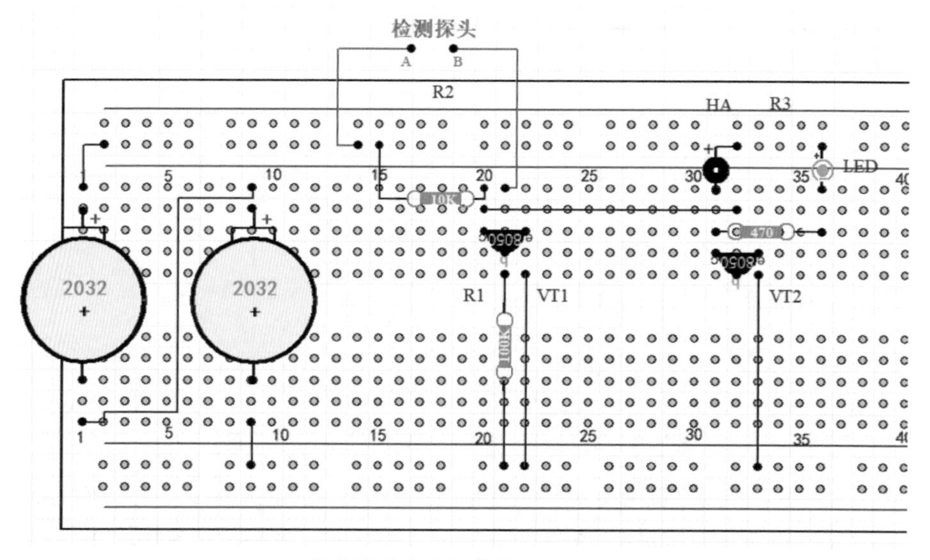

图3-35　花盆缺水声光报警检测仪面包板装配图

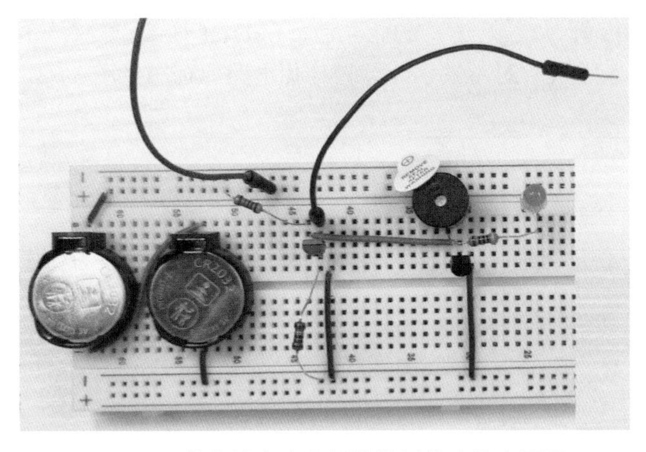

图3-36　**花盆缺水声光报警检测仪实物布局图**

花盆缺水声光报警检测仪

二、绿植伴侣

绿植伴侣可以通过探针检测土壤湿度，土壤湿度正常与干燥时分别点亮不同的 LED，从而保证植物有一个合适的种植条件，见图 3-37。

图3-37　**绿植伴侣高清图**

电路原理浅析

当绿植花盆中的土壤缺水时，插在土壤中的两条检测线之间的电阻增大，分压升高，三极管 VT1 导通，VT2 截止，LED1（红）熄灭，VT3 导通，LED2（蓝）点亮，提示主人花盆缺水。当土壤湿润的时候，两条检测线之间的电阻降低，分压降低，三极管 VT1 截止，VT2 导通，LED1（红）点亮，VT3 截止，LED2（蓝）熄灭，提示主人暂时不缺水。绿植伴侣电路原理图见图 3-38。

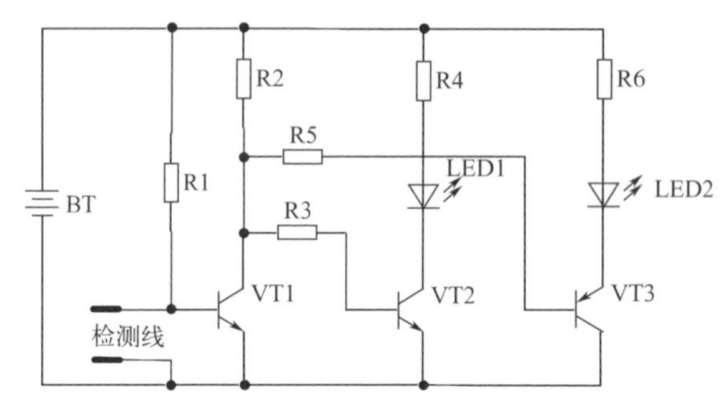

图3-38　绿植伴侣电路原理图

所需器材（表 3-8）

表 3-8　绿植伴侣所需器材

序号	名称	标号	规格	图例
1	电阻	R1、R2	100kΩ	
2	电阻	R3、R5	1kΩ	
3	电阻	R4、R6	100Ω	
4	发光二极管	LED1	5mm	
5	发光二极管	LED2	5mm	
6	三极管	VT3	8550	
7	三极管	VT1、VT2	8050	

装配与制作

面包板装配图以及实物布局图见图 3-39、图 3-40。

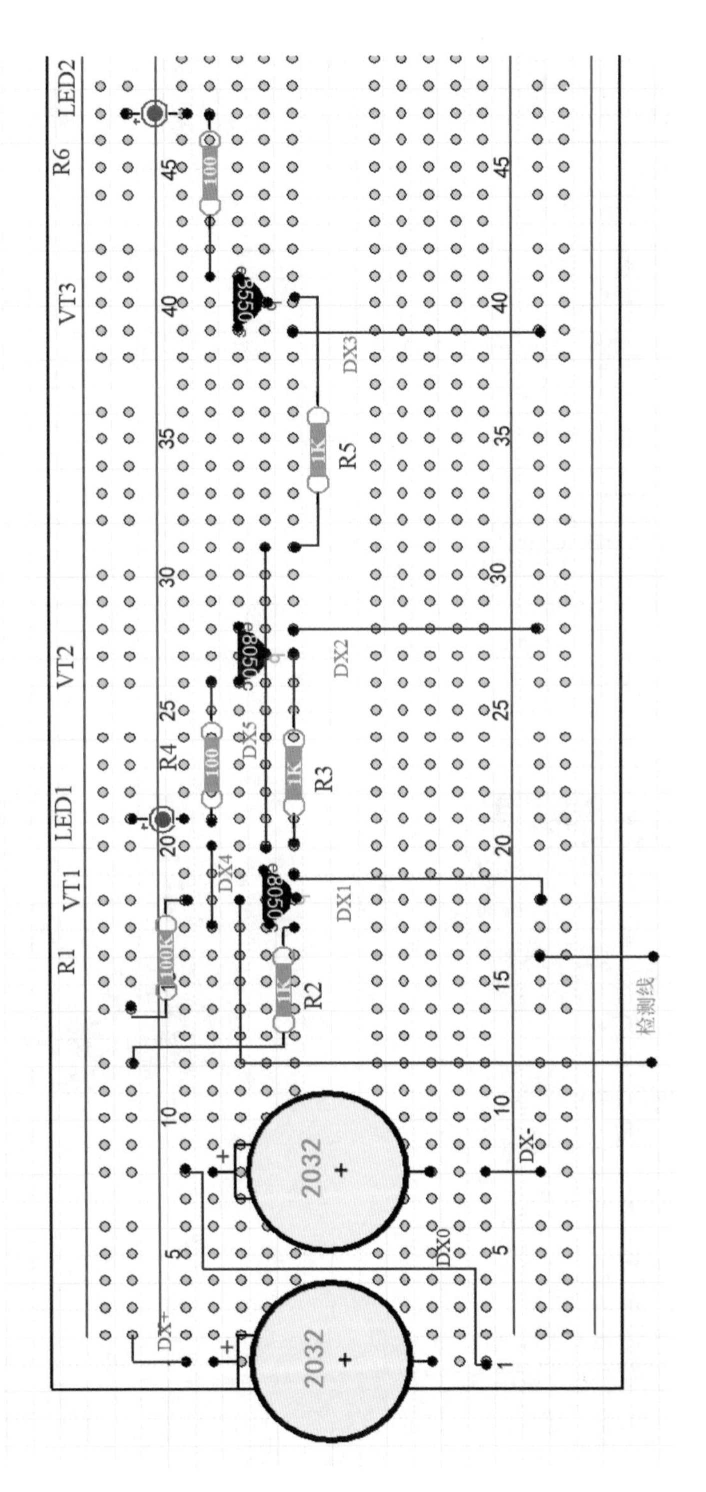

图3-39 绿植伴侣面包板装配图

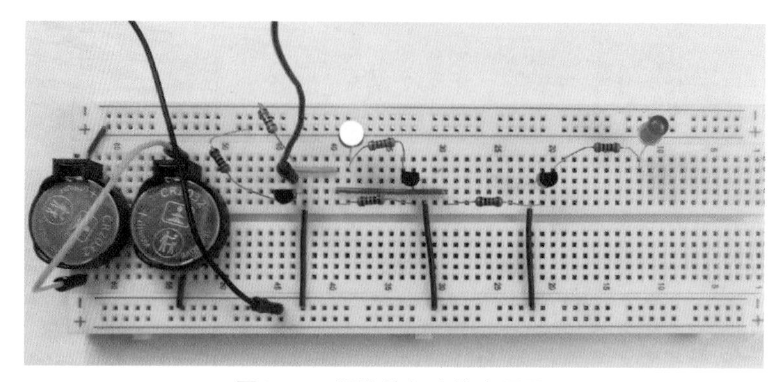

图3-40　**绿植伴侣实物布局图**

绿植伴侣

三、水满声光报警器

下面制作水满声光报警器，水塔上水，当水位达到上限时，报警器会发出声光提示。有兴趣的读者还可以在该电路的基础上拓展，如增加继电器，实现当水位达到上限时能及时切断水泵电源的功能。水满声光报警器高清图如图 3-41 所示。

图3-41　**水满声光报警器高清图**

电路原理浅析

当水面处于 B 点以下时，三极管 VT4 由于基极无电压而截止，后面电路无法通电，LED 熄灭，扬声器不工作。

当水面上升到达 B 点，电流从电源正极流出通过 A 点以及水，到达 B 点，经过电阻 R5 加至三极管 VT4 基极，VT4 达到导通条件。VT3 基极通过电阻 R3 获得电压，VT3 导通，LED 点亮。同时三极管 VT1、VT2 构成的互补振荡器也开始工作，扬声器发声。水满声光报警器电路原理图如图 3-42 所示。

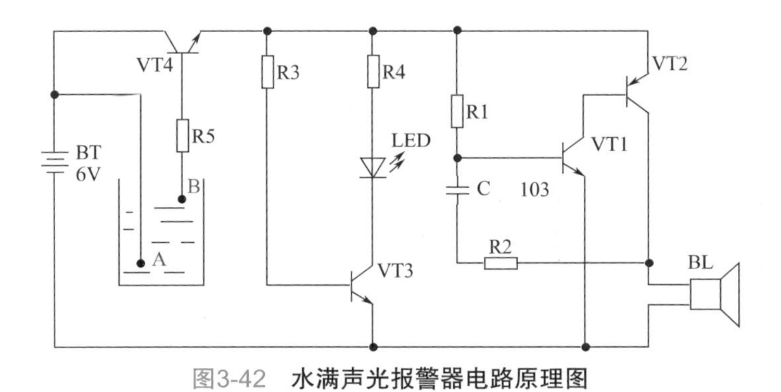

图3-42　水满声光报警器电路原理图

所需器材（表 3-9）

表 3-9　水满声光报警器所需器材

序号	名称	标号	规格	图例
1	电阻	R1	200kΩ	
2	电阻	R2	1kΩ	
3	电阻	R3、R5	10kΩ	
4	电阻	R4	100Ω	
5	电容	C	10^3pF	
6	三极管	VT1、VT3、VT4	8050	
7	三极管	VT2	8550	
8	发光二极管	LED	10mm	
9	扬声器	BL	0.5W 8Ω	

装配与制作

面包板装配图以及实物布局图见图 3-43、图 3-44。

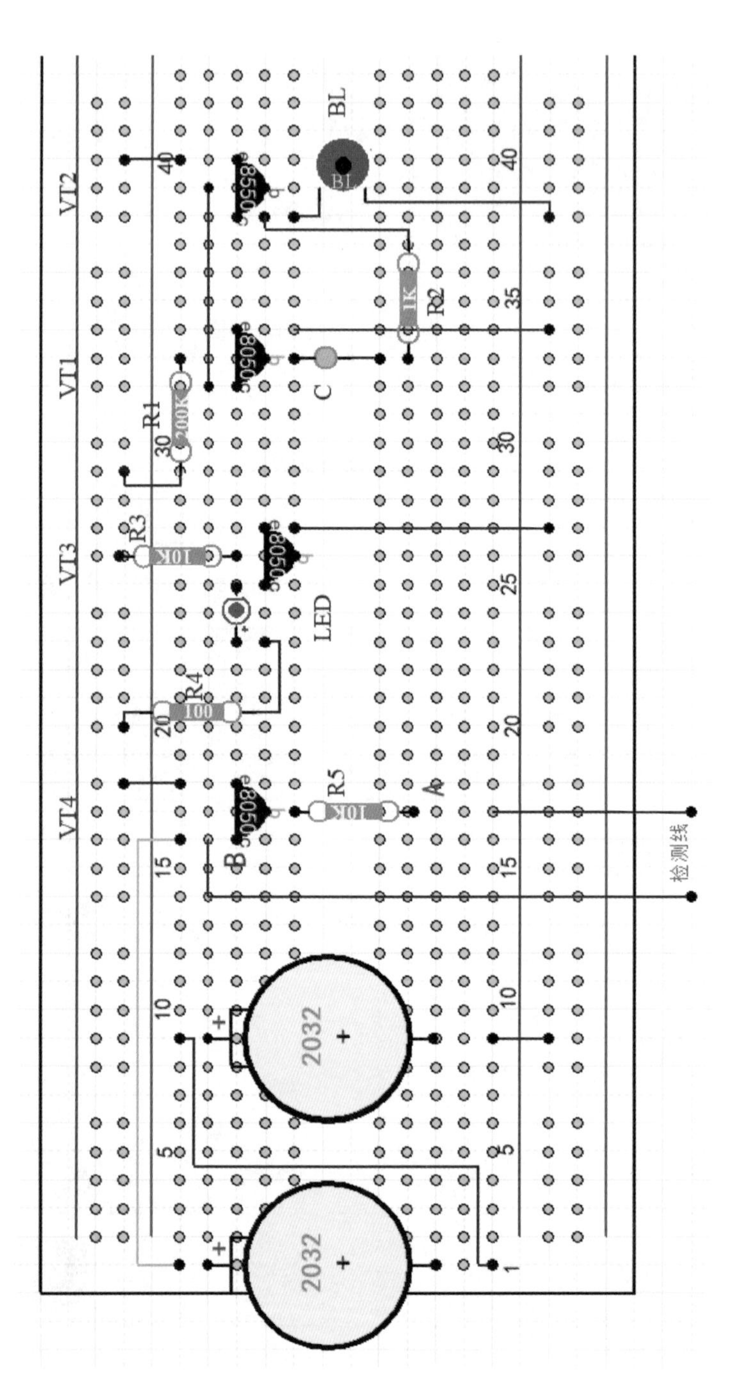

图3-43　水满声光报警器面包板装配图

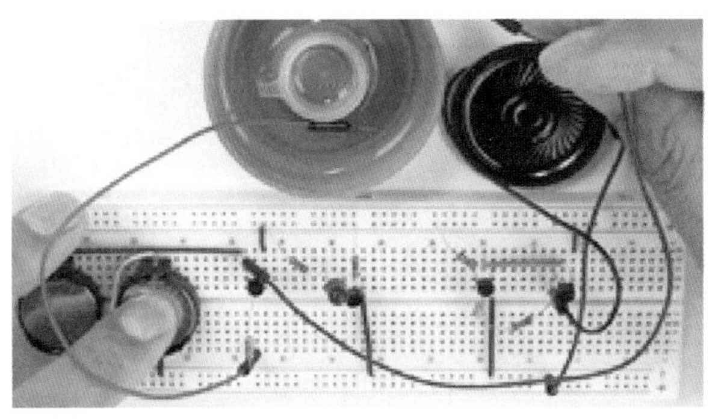

图3-44　**水满声光报警器实物布局图**

水满声光报警器

四、水塔缺水报警器

本节带领大家制作水塔缺水报警器，当检测到水塔缺水后，能及时进行报警，如图 3-45 所示。大家可在此电路的基础上，增加蜂鸣器，实现声光报警功能。

图3-45　**水塔缺水报警器高清图**

电路原理浅析

水塔缺水报警器电路原理图见图 3-46。当水塔中的液面淹没两个电极的时候，三极管 VT1 导通，LED1 点亮，当 VT1 导通后，发射极电压接近 0V，由于 VT1 的发射极与三极管 VT2 的基极连接在一起，VT2 处于截止状态，继而三极管 VT3 也处于截止状态，LED2 熄灭，三极管 VT2 与 VT3 构成复合管，可以驱动继电器。

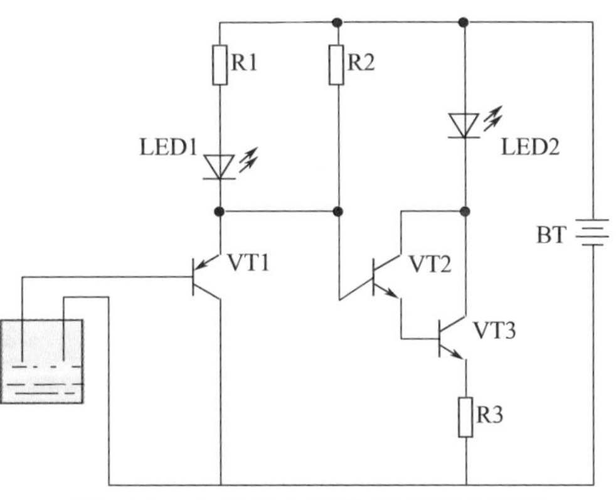

图3-46　**水塔缺水报警器电路原理图**

也可以将图 3-46 中的 LED2 更换为蜂鸣器，或者继电器。

当水塔缺水的时候，VT1 截止，LED1 熄灭，三极管 VT2 与 VT3 导通，LED2 点亮。

所需器材（表 3-10）

表 3-10　水塔缺水报警器所需器材

序号	名称	标号	规格	图例
1	电阻	R1	10kΩ	
2	电阻	R2、R3	470Ω	
3	三极管	VT2、VT3	8050	
4	三极管	VT1	8550	
5	发光二极管	LED1	5mm	
6	发光二极管	LED2	5mm	

装配与制作

面包板装配图以及实物布局图见图 3-47、图 3-48。

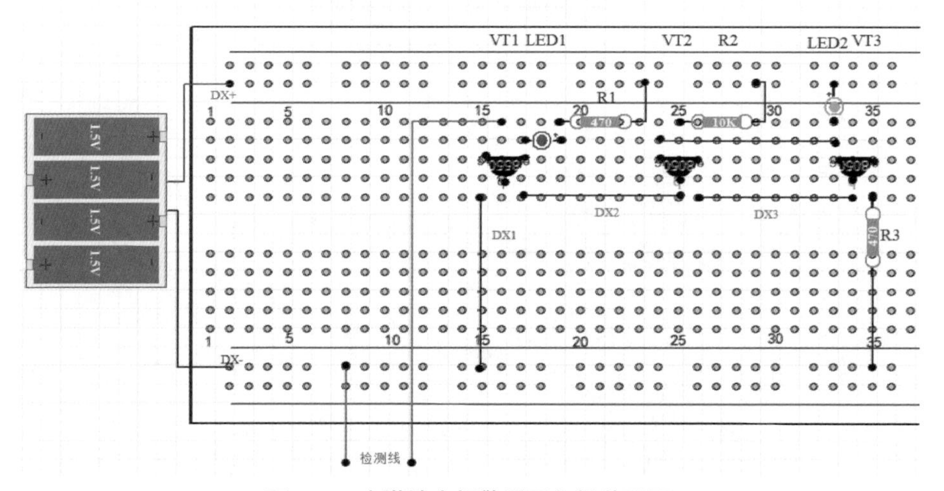

图3-47　水塔缺水报警器面包板装配图

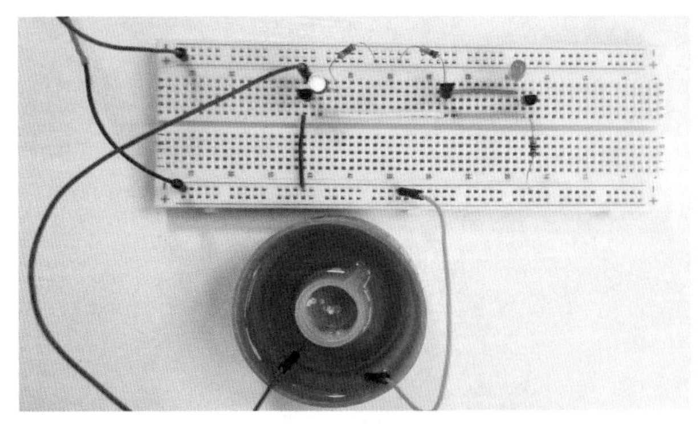

图3-48　水塔缺水报警器实物布局图

水塔缺水
报警器

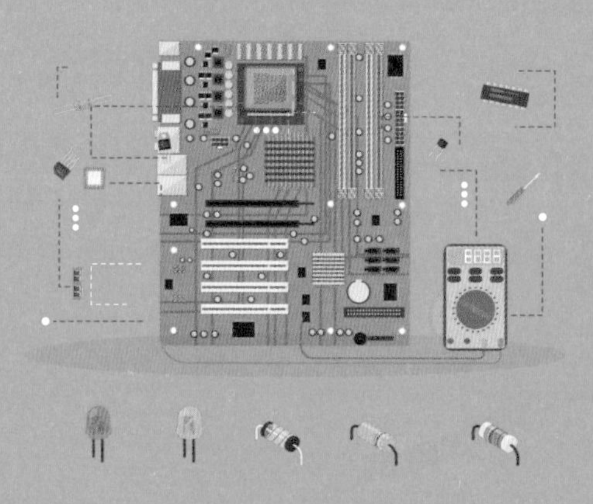

第四章

数字电路制作：设计完成电子制作小项目

本章我们更深入地学习电子知识，包括 NE555、CD4017、CD4026、CD4011、CD4013 等最常见的集成电路，并围绕这些集成电路设计制作一系列比较实用的有趣电子制作。

在正式开始制作前首先介绍一下 NE555 的基础知识。NE555（图 4-1）是一个用途很广且质优价廉的定时集成块，外围只需很少的电阻和电容，即可完成一系列制作，例如无稳态触发器、单稳态触发器、双稳态触发器。NE555 内部由三个 5kΩ 电阻组成的分压器、两个比较器、一个触发器、放电管以及驱动电路组成，内部方框见图 4-2。

图4-1　NE555

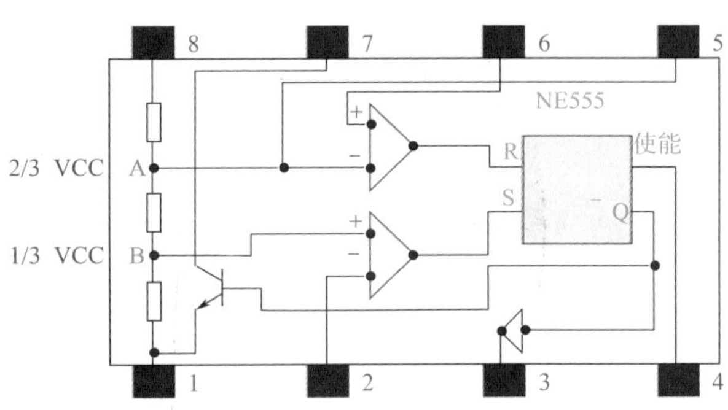

图4-2　NE555内部方框图

NE555 引脚功能（表 4-1）

表 4-1　NE555 引脚功能

序号	标注	功能	序号	标注	功能
1	GND	负极（地）	5	CTRL	控制（一般不用）
2	TRIG	触发	6	THR	阈值
3	OUT	输出	7	DIS	放电
4	RST	复位（使能）	8	V_{CC}	电源正极

注：1.第4引脚接高电平时NE555具备工作条件。

2.第5引脚，控制阈值电压，一般对地接0.01μF（10000pF），防止干扰。

3.第7引脚，用于给电容放电。

NE555 图形符号如图 4-3，用字母 IC 表示。

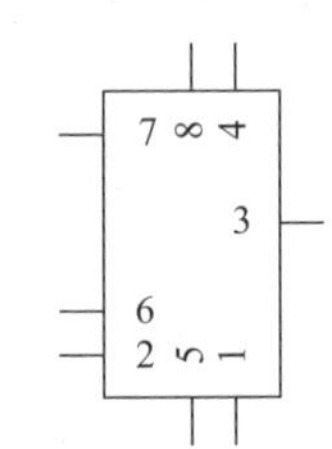

图4-3　NE555图形符号

触发器真值表

参照 NE555 内部方框图，触发器真值表如表 4-2。

表 4-2　触发器真值表

S（置位端）	R（复位端）	Q（输出）	$\overline{Q}$（反向输出）
1	1	不稳定	
0	0	保持上一状态	
1	0	1	0
0	1	0	1

NE555 真值表（表 4-3）

表 4-3　NE555 真值表

NE555 6脚	NE555 2脚	S	R	Q	$\overline{Q}$	NE555 3脚	内部放电管VT
$>\frac{2}{3}V_{CC}$	$>\frac{1}{3}V_{CC}$	0	1	0	1	0	导通
$<\frac{2}{3}V_{CC}$	$>\frac{1}{3}V_{CC}$	0	0	保持上一状态			
$<\frac{2}{3}V_{CC}$	$<\frac{1}{3}V_{CC}$	1	0	1	0	1	截止
$>\frac{2}{3}V_{CC}$	$<\frac{1}{3}V_{CC}$	1	1	不稳定			

今天带领大家进行第一组数据分析：

NE555 6 脚电压$>\frac{2}{3}V_{CC}$，该引脚接在比较器同相输入端，反相输入端由 NE555 内部三个电阻分压组成，参照 NE555 方框图，A 点电压$=\frac{2}{3}V_{CC}$，比较器输出高电平（比较器基本工作原理：同相输入端电压>反相输入端电压，输出高电平，反之输出低电平）。由于比较器输出端与触发器的 R 端连接，所以触发器 R 端也为高电平。

NE555 2 脚电压$>\frac{1}{3}V_{CC}$，该引脚接在比较器反相输入端，该比较器的同相输入端经过电阻分压后，B 点电压$=\frac{1}{3}V_{CC}$，根据比较器工作原理，比较器输出低电平。由于比较器输出端与触发器的 S 端连接，所以触发器 S 端也为低电平。

根据触发器真值表，R=1，S=0，输出 Q=0，$\overline{Q}=1$。触发器 $\overline{\mathrm{Q}}$ 端输出分为两个

支路：其一接在 NE555 内部放电三极管的基极，基极获得高电平，放电三极管导通；其二通过与 NE555 3 脚连接的反相器，将$\bar{Q}$电平取反，也就是 NE555 3 输出低电平。

读者自行简要分析第 2、3 组数据，熟练掌握 NE555 基本工作原理。

第二组数据分析：____

____

____

第三组数据分析：____

____

____

一、NE555无稳态电路

NE555 无稳态电路又称多谐振荡器（图 4-4）。无稳态：输出状态不能稳定，其输出一直在高低电平轮流变化。

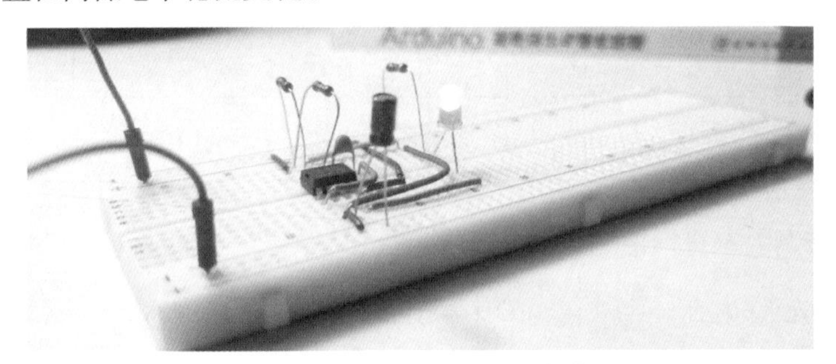

图4-4　NE555无稳态电路高清图

电路原理浅析

如按照本节元器件参数，LED 大约每秒闪烁一次，对计算公式有兴趣的同学可以百度查找了解。NE555 无稳态电路原理图如图 4-5 所示，工作原理详解如下：

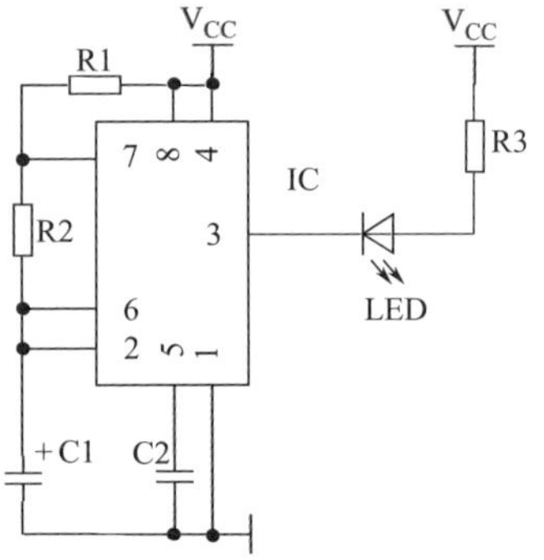

图4-5　NE555无稳态电路原理图

① 刚上电时，由于电容 C1 两端的电压不能突变，2 脚电压$<\frac{1}{3}V_{CC}$时，比较器输出高电平，触发器 S 端为高电平；6 脚电压$<\frac{2}{3}V_{CC}$时，比较

器输出低电平，触发器 R 端为低电平，触发器$\bar{Q}$输出低电平，再经过反向后，3 脚输出高电平，LED 熄灭，与此同时 IC 内部放电三极管 VT 处于截止状态。

输入		输出	
NE555 6脚	NE555 2脚	NE555 3脚	内部放电三极管VT
$<\frac{2}{3}V_{CC}$	$<\frac{1}{3}V_{CC}$	1	截止

② 电源通过电阻 R1、R2 对电容 C1 继续充电，随着时间的延长，当$\frac{1}{3}V_{CC}<$电容 C1 电压$<\frac{2}{3}V_{CC}$时，2 脚所连的比较器输出低电平，S 为低电平，6 脚所连的比较器输出低电平，R 为低电平，触发器输出状态保持不变，3 脚输出高电平，LED 熄灭，与此同时 IC 内部放电三极管 VT 处于截止状态。

输入		输出	
NE555 6脚	NE555 2脚	NE555 3脚	内部放电三极管VT
$<\frac{2}{3}V_{CC}$	$>\frac{1}{3}V_{CC}$	维持上一状态	不变维持

③ 当 C1 充电电压$>\frac{2}{3}V_{CC}$，此时 2 脚电压$>\frac{1}{3}V_{CC}$，2 脚所连的比较器输出低电平，S 为低电平，6 脚电压$>\frac{2}{3}V_{CC}$，6 脚所连的比较器输出高电平，R 为高电平，触发器$\bar{Q}$输出高电平，再经过反向后，3 脚输出低电平，LED 点亮。由于触发器$\bar{Q}$为高电平，NE555 内部放电三极管导通，电容 C1 经过 R2 内部三极管放电。

输入		输出	
NE555 6脚	NE555 2脚	NE555 3脚	内部放电三极管VT
$>\frac{2}{3}V_{CC}$	$>\frac{1}{3}V_{CC}$	0	导通

④ 当$\frac{1}{3}V_{CC}<$C1 电压$<\frac{2}{3}V_{CC}$时，2 脚所连的比较器输出低电平，S 为低电平，6 脚所连的比较器输出低电平，R 为低电平，触发器输出状态保持不变，3 脚继续输出低电平，LED 点亮。

输入		输出	
NE555 6脚	NE555 2脚	NE555 3脚	内部放电三极管VT
$<\frac{2}{3}V_{CC}$	$>\frac{1}{3}V_{CC}$	维持上一状态	不变维持

⑤ 当 C1 电压降到$<\frac{1}{3}V_{CC}$，2 脚电压$<\frac{1}{3}V_{CC}$，比较器输出高电平，触发器 S 端为高电平；6 脚电压$<\frac{2}{3}V_{CC}$，比较器输出低电平，触发器 R 端为低电平，触发器 $\bar{Q}$ 输出低电平，再经过反向后，3 脚输出高电平，LED 熄灭，与此同时 IC 内部放电三极管 VT 处于截止状态。

输入		输出	
NE555 6脚	NE555 2脚	NE555 3脚	内部放电三极管VT
$<\frac{2}{3}V_{CC}$	$<\frac{1}{3}V_{CC}$	1	截止

3 脚高低电平转换时间长短与电阻 R1、R2，电容 C1 有关。周而复始电容不断充放电，2 脚与 6 脚电压随之变化，3 脚输出方波信号。

所需器材（表 4-4）

表 4-4　NE555 无稳态电路所需器材

序号	名称	标号	规格	备注
1	集成块	IC	NE555	
2	电阻	R1、R2	10kΩ	
3	电阻	R3	470Ω	
4	电容	C1	47μF	
5	电容	C2	10^3pF	
6	发光二极管	LED	5mm	

装配与制作

面包板装配图以及实物布局图见图 4-6、图 4-7。

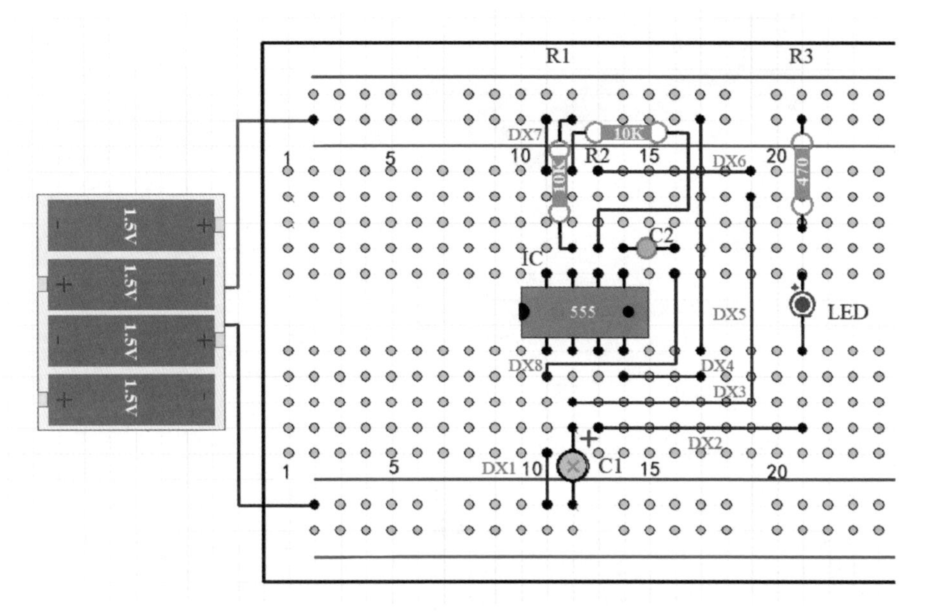

图4-6　NE555无稳态电路面包板装配图

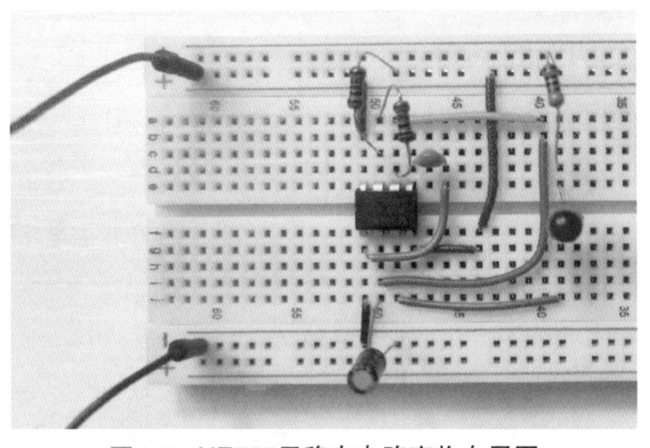

图4-7　NE555无稳态电路实物布局图

NE555无稳态电路

二、NE555单稳态电路

单稳态电路一般用于整形与延时电路中，有稳态与暂稳态两种状态。当没有触发时，电路处于稳态，触发后，电路将从稳态翻转到暂稳态，经过一段时间，电路自动返回到原来的稳态。NE555单稳态电路高清图如图4-8所示。

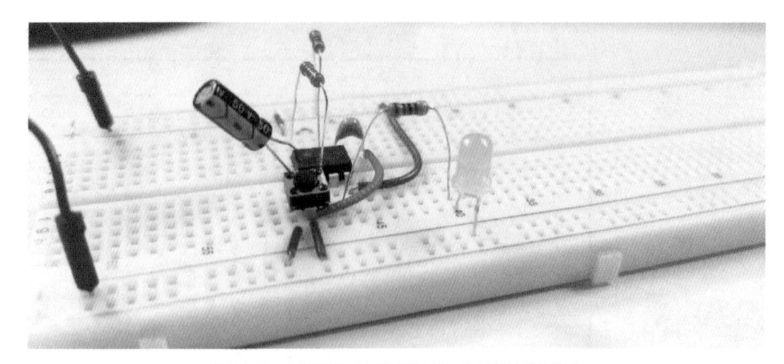

图4-8 NE555单稳态电路高清图

电路原理浅析

NE555 单稳态电路原理图见图 4-9。

① 通电后电路处于稳定状态，3 脚输出低电平，LED 熄灭。三极管处于导通状态。2 脚由于接上拉电阻 R3 为高电平，当按下按键，2 脚瞬间变为低电平，2 脚电压 $<\frac{1}{3}V_{CC}$，比较器输出高电平，触发器 S 端为高电平。电容 C1 开始充电，6 脚电压 $<\frac{2}{3}V_{CC}$，6 脚所连的比较器输出低电平，R 为低电平。3 脚输出高电平，LED 点亮。IC 内部放电三极管 VT 截止。

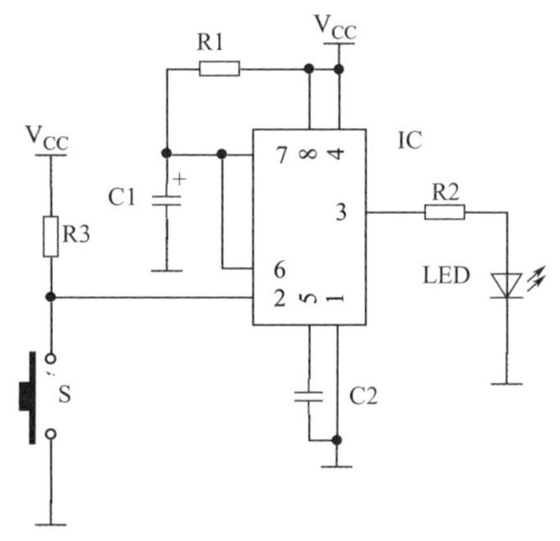

图4-9 NE555单稳态电路原理图

输入		输出	
NE555 6脚	NE555 2脚	NE555 3脚	内部放电三极管VT
$<\frac{2}{3}V_{CC}$	$<\frac{1}{3}V_{CC}$	1	截止

② 释放按键，2 脚电压 $>\frac{1}{3}V_{CC}$，比较器输出低电平，触发器 S 端为低电平，电容继续充电，6 脚电压 $<\frac{2}{3}V_{CC}$ 时，6 脚所连的比较器输出低电平，R 为低电平。3 脚继续输出高电平，LED 点亮。IC 内放电三极管 VT 截止。

输入		输出	
NE555 6脚	NE555 2脚	NE555 3脚	内部放电三极管VT
$<\frac{2}{3}V_{CC}$	$>\frac{1}{3}V_{CC}$	维持上一状态	截止

③ 电容继续充电，6 脚电压>$\frac{2}{3}V_{CC}$时，6 脚所连的比较器输出高电平，R 为高电平。2 脚电压>$\frac{1}{3}V_{CC}$，比较器输出低电平，触发器 S 端为低电平，3 脚输出低电平，LED 熄灭。IC 内放电三极管 VT 导通。

输入		输出	
NE555 6脚	NE555 2脚	NE555 3脚	内部放电三极管VT
>$\frac{2}{3}V_{CC}$	>$\frac{1}{3}V_{CC}$	0	导通

④ 由于 IC 内放电三极管 VT 导通，电容 C1 电压经过 VT 放电，当 6 脚电压<$\frac{2}{3}V_{CC}$时，6 脚所连的比较器输出低电平，R 为低电平。2 脚电压>$\frac{1}{3}V_{CC}$，比较器输出低电平，触发器 S 端为低电平，3 脚继续输出低电平，LED 熄灭。IC 内放电三极管 VT 导通。

输入		输出	
NE555 6脚	NE555 2脚	NE555 3脚	内部放电三极管VT
<$\frac{2}{3}V_{CC}$	>$\frac{1}{3}V_{CC}$	维持上一状态	导通

所需器材（表 4-5）

表 4-5　NE555 单稳态电路所需器材

序号	名称	标号	规格	备注
1	集成块	IC	NE555	
2	电阻	R1	200kΩ	
3	电阻	R2	470Ω	
4	电容	C1	10μF	
5	电容	C2	0.01μF	

续表

序号	名称	标号	规格	备注
6	发光二极管	LED	5mm	
7	电阻	R3	10kΩ	
8	按键开关	S	两个引脚	

装配与制作

面包板装配图以及实物布局图见图 4-10、图 4-11。

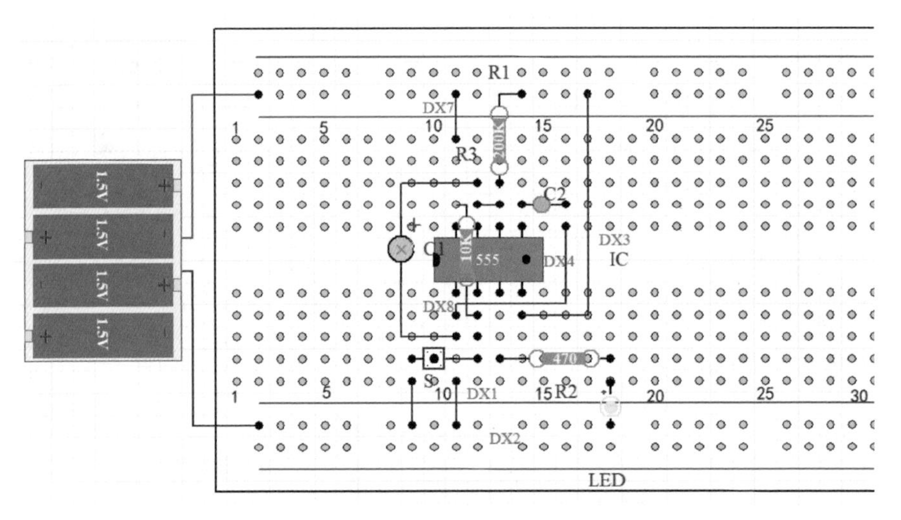

图4-10　NE555单稳态电路面包板装配图

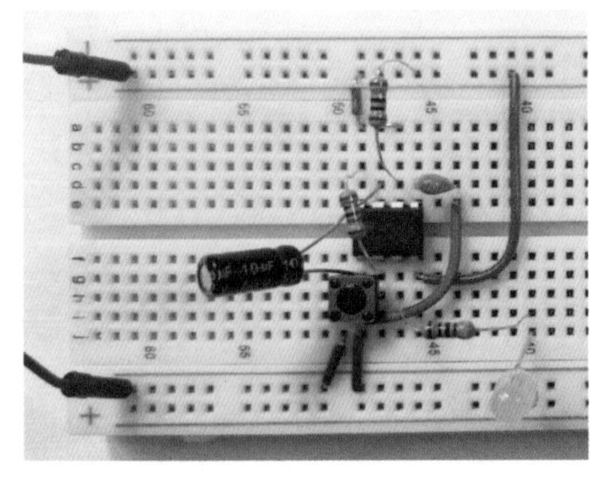

图4-11　NE555单稳态电路实物布局图

NE555单稳态电路

三、NE555双稳态电路

双稳态电路具备两种稳定状态，触发后，稳定在一种状态，受到下一次触发以后，再翻转成另一种状态，如图 4-12 所示。

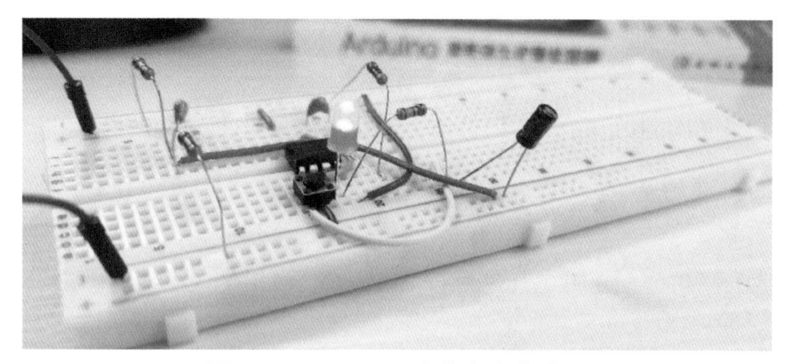

图4-12　NE555双稳态电路高清图

电路原理浅析

NE555 双稳态电路原理图如图 4-13。

图 4-13 是一个按键实现双稳态的电路，每次按键的时间不能过长，控制在 1s 内。

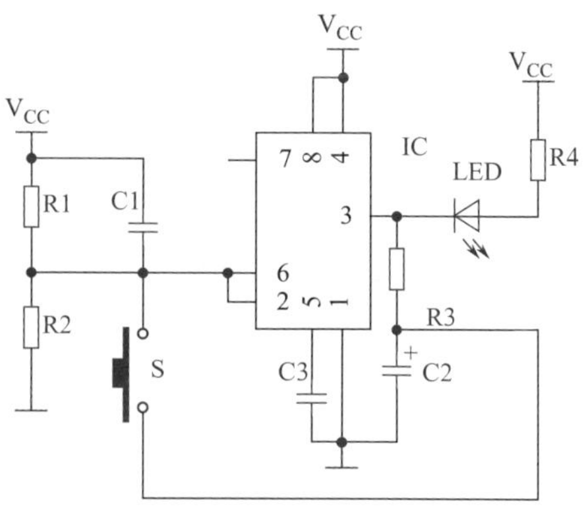

图4-13　NE555双稳态电路原理图

① 由于 C1 的存在，刚上电时，2 脚与 6 脚电压接近电源电压，2 脚电压 $>\frac{1}{3}V_{CC}$，2 脚所连的比较器输出低电平，S 为低电平，6 脚电压 $>\frac{2}{3}V_{CC}$，6 脚所连的比较器输出高电平，R 为高电平，触发器 $\overline{Q}$ 输出高电平，再经过反向后，3 脚输出低电平，LED 点亮。

输入		输出	
NE555 6脚	NE555 2脚	NE555 3脚	内部放电三极管VT
$>\frac{2}{3}V_{CC}$	$>\frac{1}{3}V_{CC}$	0	导通

② 随着时间推移，电容 C1 充满，2 脚与 6 脚电压此时等于电阻 R1 与 R2 的分压，等于 $\frac{1}{2}V_{CC}$，2 脚电压 $>\frac{1}{3}V_{CC}$，2 脚所连的比较器输出低电平，S 为低电平，

6脚电压$<\frac{2}{3}V_{CC}$，比较器输出低电平，触发器R端为低电平。输出状态维持不变，LED持续点亮。

输入		输出	
NE555 6脚	NE555 2脚	NE555 3脚	内部放电三极管VT
$<\frac{2}{3}V_{CC}$	$>\frac{1}{3}V_{CC}$	维持上一状态	维持上一状态

③ 由于3脚输出低电平，此时按下微动开关，电容C2两端无电压，也就是0V，电压通过S加至IC的第2（6）引脚，2脚电压$<\frac{1}{3}V_{CC}$，比较器输出高电平，触发器S端为高电平；6脚电压$<\frac{2}{3}V_{CC}$，比较器输出低电平，触发器R端为低电平，触发器$\overline{Q}$输出低电平，再经过反向后，3脚输出高电平，LED熄灭。三极管截止，电容C2开始充电。

输入		输出	
NE555 6脚	NE555 2脚	NE555 3脚	内部放电三极管VT
$<\frac{2}{3}V_{CC}$	$<\frac{1}{3}V_{CC}$	1	截止

④ 按键释放后，2脚与6脚电压此时等于R1与R2的分压，等于$\frac{1}{2}V_{CC}$，2脚电压$>\frac{1}{3}V_{CC}$，2脚所连的比较器输出低电平，S为低电平，6脚电压$<\frac{2}{3}V_{CC}$，比较器输出低电平，触发器R端为低电平。输出状态维持不变，LED保持熄灭状态。

输入		输出	
NE555 6脚	NE555 2脚	NE555 3脚	内部放电三极管VT
$<\frac{2}{3}V_{CC}$	$>\frac{1}{3}V_{CC}$	维持上一状态	维持上一状态

⑤ 再次按键，将电容C2刚才充的电压加至2（6）脚，并且该电压接近电源电压，2脚电压$>\frac{1}{3}V_{CC}$，2脚所连的比较器输出低电平，S为低电平，6脚电压$>\frac{2}{3}V_{CC}$，6脚所连的比较器输出高电平，R为高电平，触发器$\overline{Q}$输出高电平，再

经过反向后，3 脚输出低电平，LED 点亮。电容 C2 开始放电。

输入		输出	
NE555 6脚	NE555 2脚	NE555 3脚	内部放电三极管VT
$>\frac{2}{3}V_{CC}$	$>\frac{1}{3}V_{CC}$	0	导通

⑥ 按键释放后，2 脚与 6 脚电压此时等于 R1 与 R2 的分压，等于$\frac{1}{2}V_{CC}$，2 脚电压$>\frac{1}{3}V_{CC}$，2 脚所连的比较器输出低电平，S 为低电平，6 脚电压$<\frac{2}{3}V_{CC}$，比较器输出低电平，触发器 R 端为低电平。输出状态维持不变，LED 持续点亮。

输入		输出	
NE555 6脚	NE555 2脚	NE555 3脚	内部放电三极管VT
$<\frac{2}{3}V_{CC}$	$>\frac{1}{3}V_{CC}$	维持上一状态	维持上一状态

所需器材（表 4-6）

表 4-6　NE555 双稳态电路所需器材

序号	名称	标号	规格	备注
1	集成块	IC	NE555	
2	电阻	R1、R2	10kΩ	
3	电阻	R3	1MΩ	
4	电阻	R4	470Ω	
5	电容	C1、C3	10^3pF	
6	电容	C2	1μF	
7	按键开关	S	两个引脚	
8	发光二极管	LED	5mm	

装配与制作

面包板装配图以及实物布局图见图 4-14、图 4-15。

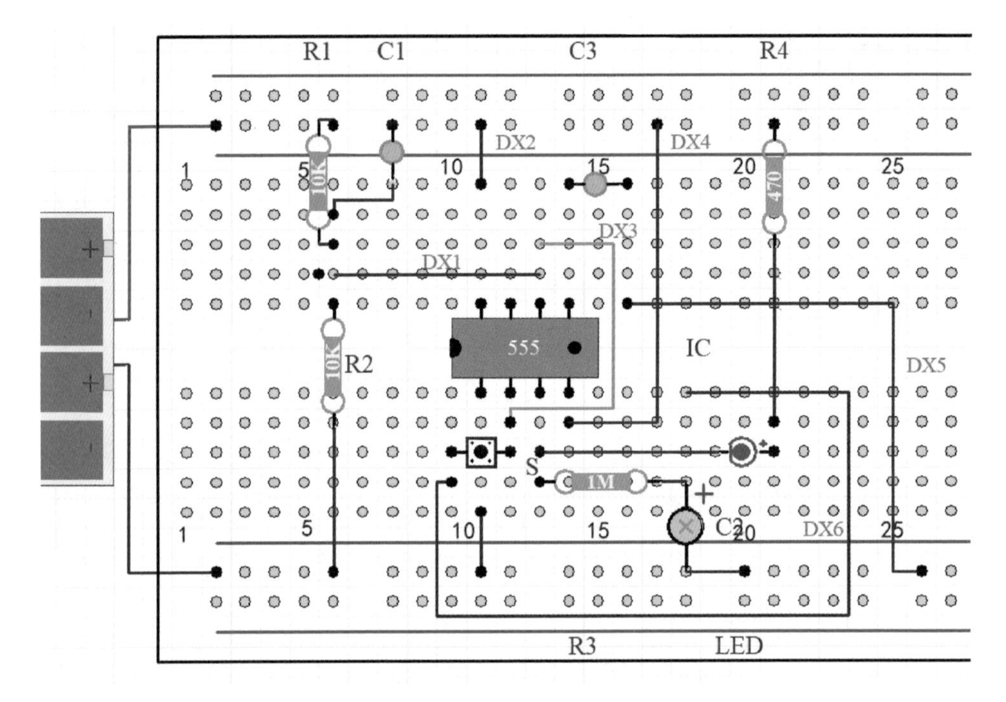

图4-14　NE555双稳态电路面包板装配图

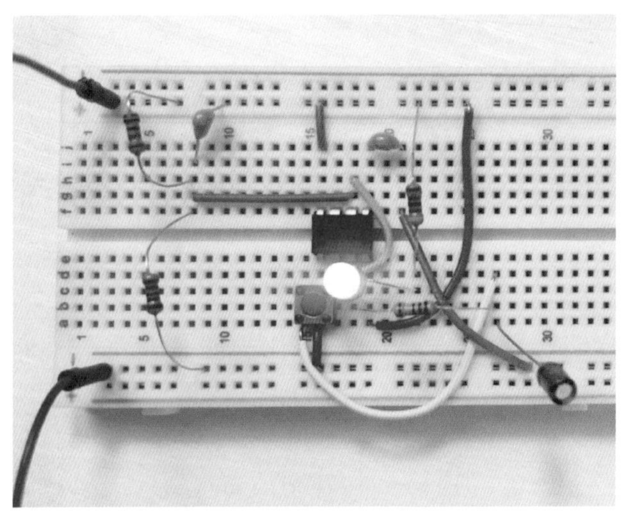

图4-15　NE555双稳态电路实物布局图

NE555双稳态电路

四、NE555防盗报警器

采用NE555制作一款防盗报警器，只要防盗报警线断了，防盗报警器就会发出报警信号进行提醒，见图4-16。

图4-16　NE555防盗报警器高清图

电路原理浅析

当NE555的第4引脚是高电平的时候，NE555正常工作，当第4引脚是低电平时，NE555强制复位，电路不工作。将第4引脚通过细导线接到电源的负极，细导线作为警戒线围绕在门窗等需要设防的地方，当不法分子碰断导线，NE555的4脚获得高电平，电路工作，蜂鸣器报警。电路原理图见图4-17。

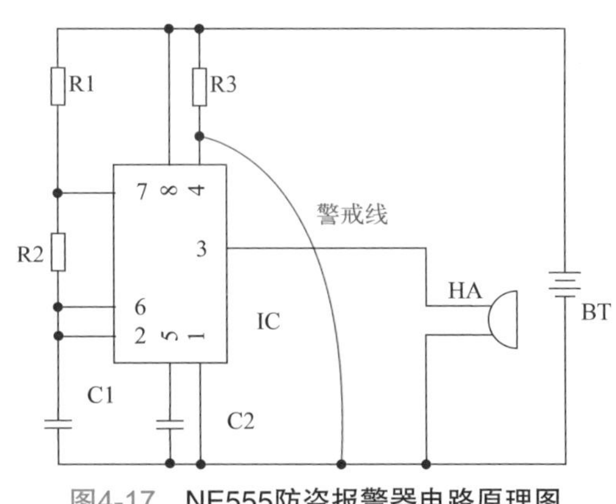

图4-17　NE555防盗报警器电路原理图

所需器材（表4-7）

表4-7　NE555防盗报警器所需器材

序号	名称	标号	规格	图例
1	电阻	R1、R2	10kΩ	
2	电阻	R3	47kΩ	
3	集成块	IC	NE555	
4	电容	C1、C2	10^3pF	
5	蜂鸣器	HA	—	

装配与制作

面包板装配图以及实物布局图见图 4-18、图 4-19。

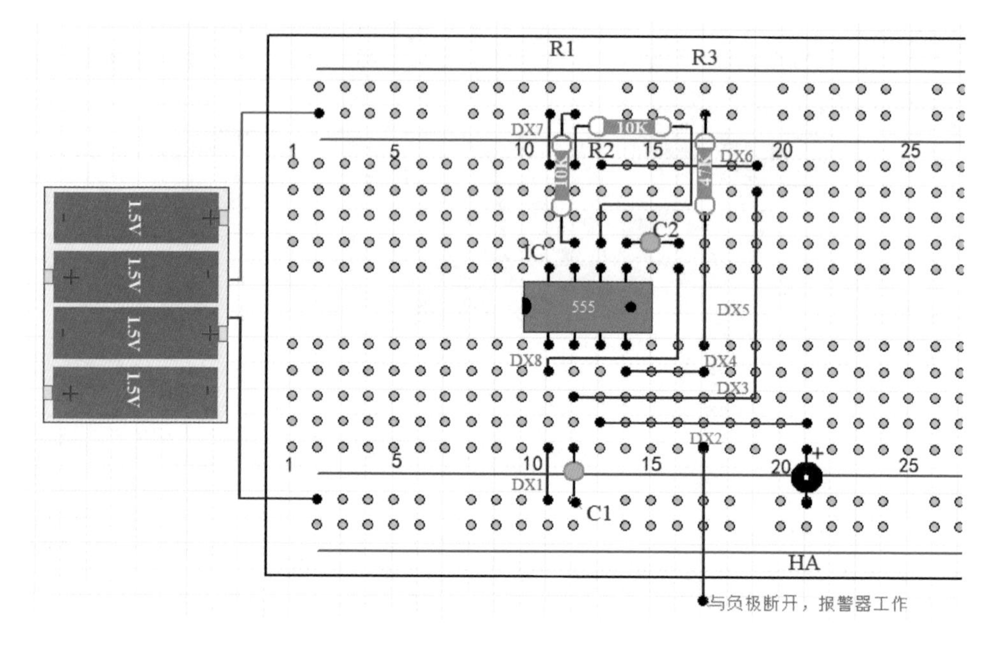

图4-18　NE555防盗报警器面包板装配图

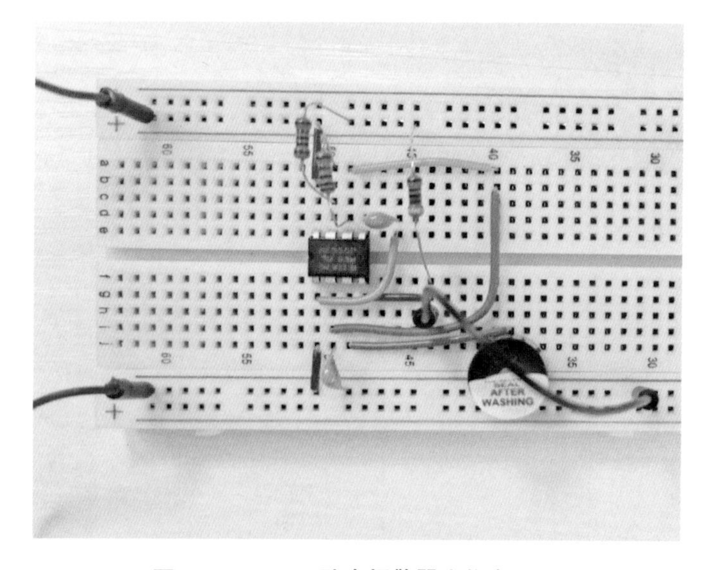

图4-19　NE555防盗报警器实物布局图

NE555
防盗报警器

五、NE555光控路灯

NE555 光控路灯，白天熄灭，晚上自动点亮，见图 4-20。

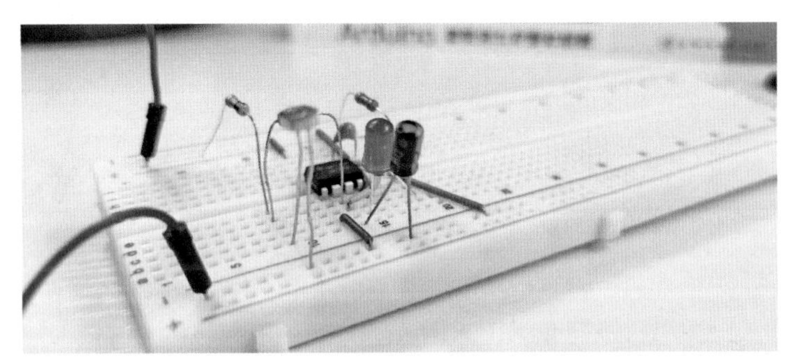

图4-20　NE555光控路灯高清图

电路原理浅析

NE555 光控路灯电路原理图见图 4-21。白天光线亮的时候，RG 电阻变小，分压很低，2 脚与 6 脚输入低电平，3 脚输出高电平，LED 熄灭。晚上光线暗的时候，RG 电阻变大，分压增加，2 脚与 6 脚输入高电平，3 脚输出低电平，LED 点亮。可以将电路中的 LED 更换为继电器，从而控制 220V 电路。

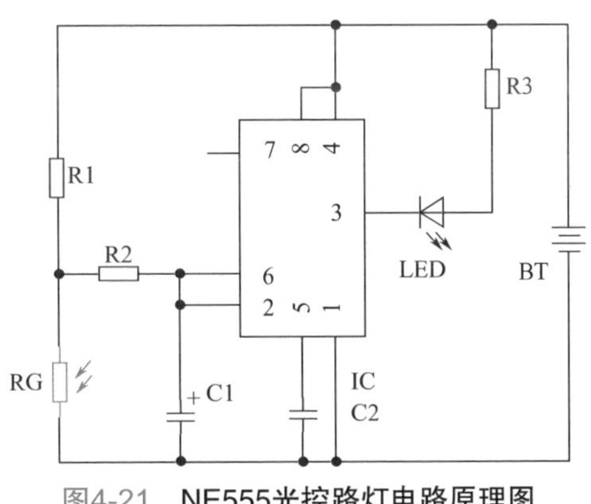

图4-21　NE555光控路灯电路原理图

所需器材（表 4-8）

表 4-8　NE555 光控路灯所需器材

序号	名称	标号	规格	图例
1	电阻	R1	10kΩ	
2	电阻	R2	100kΩ	
3	电阻	R3	470Ω	
4	光敏电阻	RG	—	

续表

序号	名称	标号	规格	图例
5	集成块	IC	NE555	
6	电容	C1	1μF	
7	电容	C2	10^3pF	
8	发光二极管	LED	5mm	

装配与制作

面包板装配图以及实物布局图见图 4-22、图 4-23。

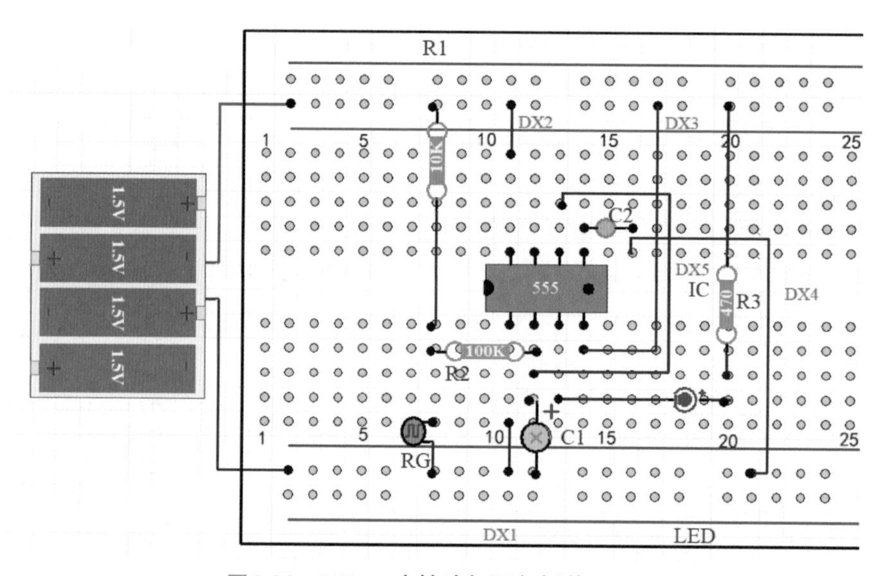

图4-22　NE555光控路灯面包板装配图

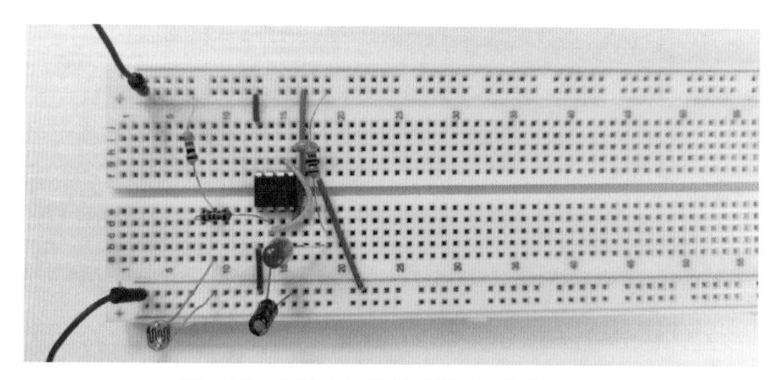

图4-23　NE555光控路灯实物布局图

NE555
光控路灯

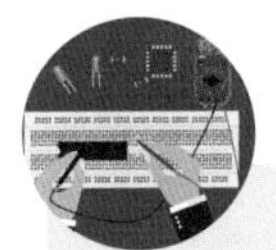

知识加油站：超声波模块

机器人要用到避障的传感器、测距的传感器、亮度判断的传感器等。在电子制作中经常用的一款超声波模块见图 4-24。

图4-24　**超声波模块**

超声波是一种振动频率超过 20kHz 的机械波，沿直线传播，传播的方向性好，传播的距离也较远，在介质中传播时遇到障碍物就会产生反射波。由于超声波的以上特点，所以超声波被广泛地应用于物体距离的测量。

HC-SR04 超声波模块，是一款较好的超声波模块，其设计有超声波发射、接收探头，信号放大集成电路，等等，直接采用该模块，可简化设计电路。

模块共 4 个引脚，V_{CC} 为 5V 供电，Trig 为触发信号输入，Echo 为回响信号输出，GND 为电源地。

模块超声波时序图见图 4-25。

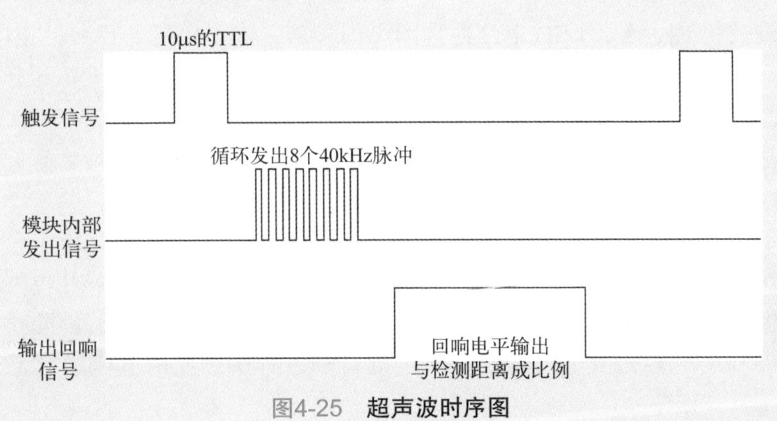

图4-25　**超声波时序图**

从图 4-25 可以看出，只要单片机给超声波模块 Trig 引脚 10μs 以上的脉冲触发信号，模块内部自动发送 8 个 40kHz 的脉冲，一旦检测到反射信号，即输出回响信号（Echo 引脚），回响信号脉冲宽度与被测的距离成正比。

使用模块注意事项，被测物物理面积不小于 $0.5m^2$，并且表面平整，否则影响被测距离的精度。

六、按键控制追逐流水LED

本节带领大家制作一款按键控制追逐流水 LED，通过按键开关，控制 LED 实现流水灯追逐效果，见图 4-26。

图4-26　**按键控制追逐流水LED高清图**

电路原理浅析

按键控制追逐流水 LED 电路原理图见图 4-27。先不要接电容 C 与电阻 R10，每按压一次按键，相当于 IC 的 14 引脚获得一个从 0V 到 6V 的跳变电压，符合上升沿波形条件，理想状态下每按压一次，发光二极管 LED0～LED9 依次循环点亮。但是在实际操作时，不是依次点亮，而是随机点亮，这是为什么呢？要了解其中的缘由，还需了解按键消抖。

由于微动开关内部是金属弹片，当按下或者释放微动开关时，由于金属弹片的弹性作用，开关在闭合时不能立刻稳定地接通，在释放时金属弹片也不能立马断开，也就是在闭合与断开的一瞬间，出现一系列不稳定的抖动。消除抖动的方法：可以利用电容充放电的特性，对按键抖动过程中产生的电压进行毛刺平滑处理。

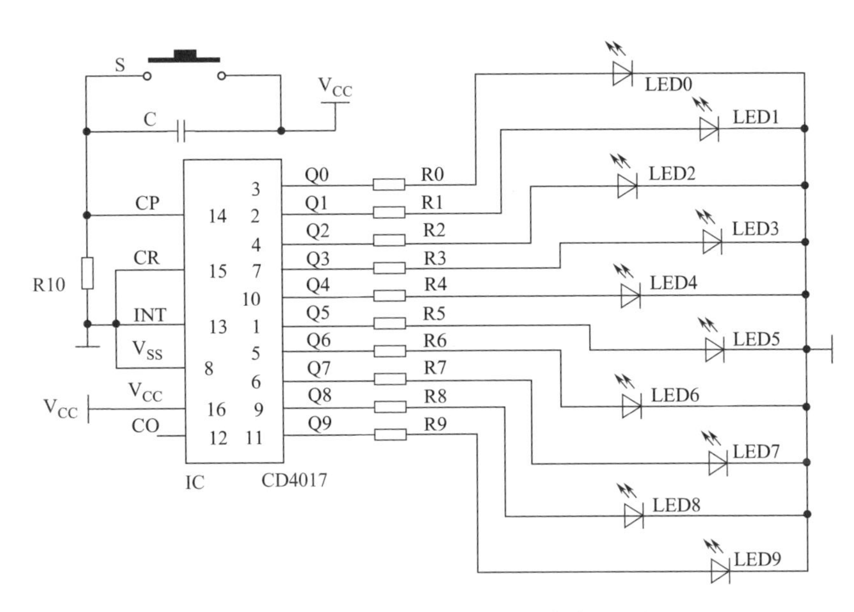

图4-27　按键控制追逐流水LED电路原理图

将电容 C 与电阻 R10 接上，再次进行试验，每按压一次按键，LED 就会依次循环点亮。

所需器材（表 4-9）

表 4-9　按键控制追逐流水 LED 所需器材

序号	名称	标号	规格	备注
1	电阻	R0～R9	470Ω	
2	电阻	R10	10kΩ	
3	电容	C	10^4pF	
4	按键开关	S	两脚	
5	发光二极管	LED0～LED9	5mm	
6	集成块	IC	CD4017	

装配与制作

步骤 1

面包板装配图以及实物布局图见图 4-28、图 4-29。安装 IC，电阻 R0～R9，LED0～LED9。

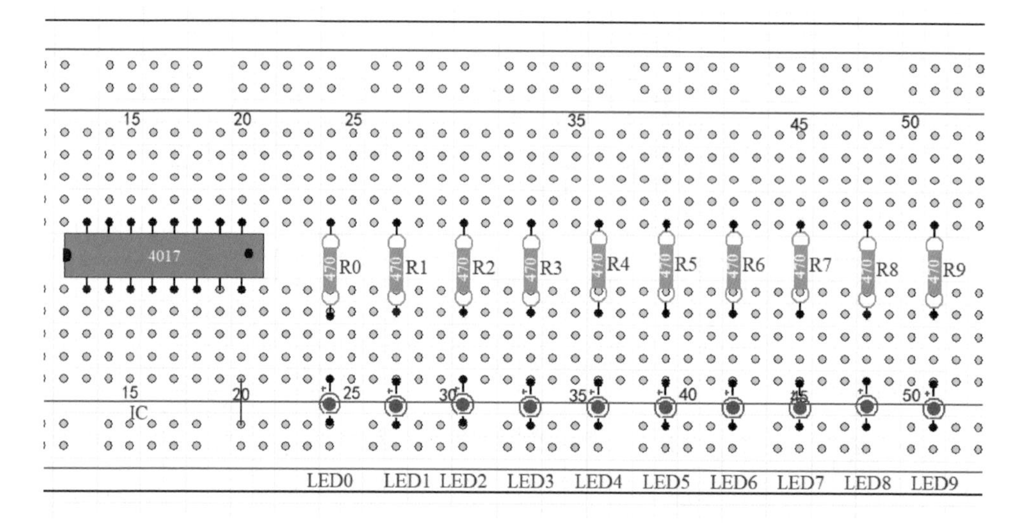

图4-28　按键控制追逐流水LED步骤1面包板装配图

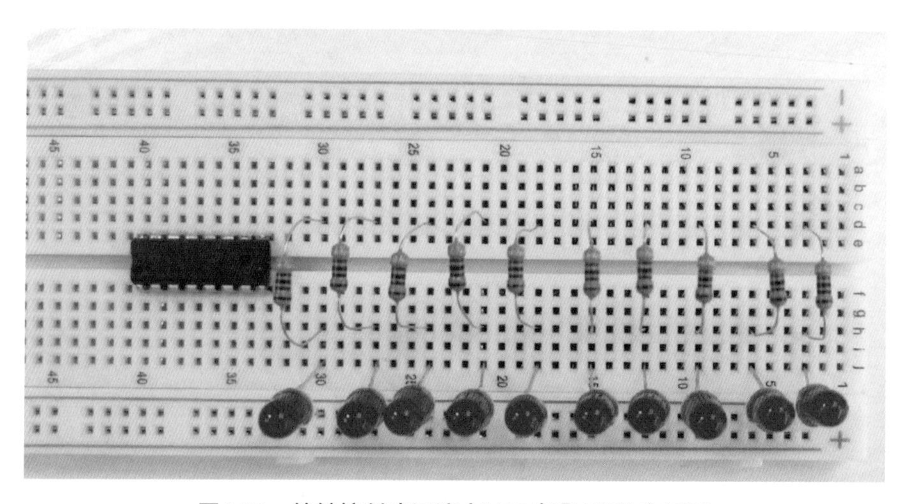

图4-29　按键控制追逐流水LED步骤1实物布局图

步骤 2

面包板装配图以及实物布局图见图 4-30、图 4-31。安装导线 DX0～DX14。

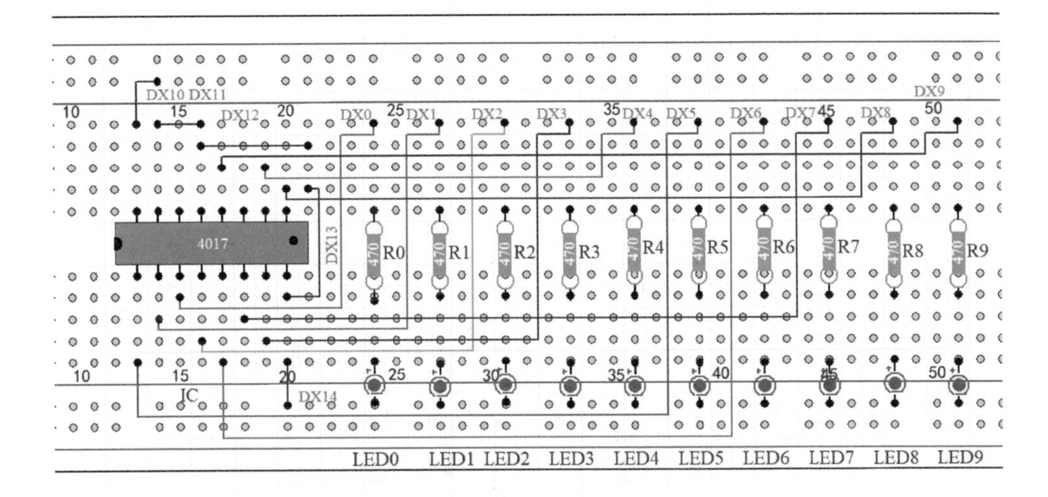

图4-30　按键控制追逐流水LED步骤2面包板装配图

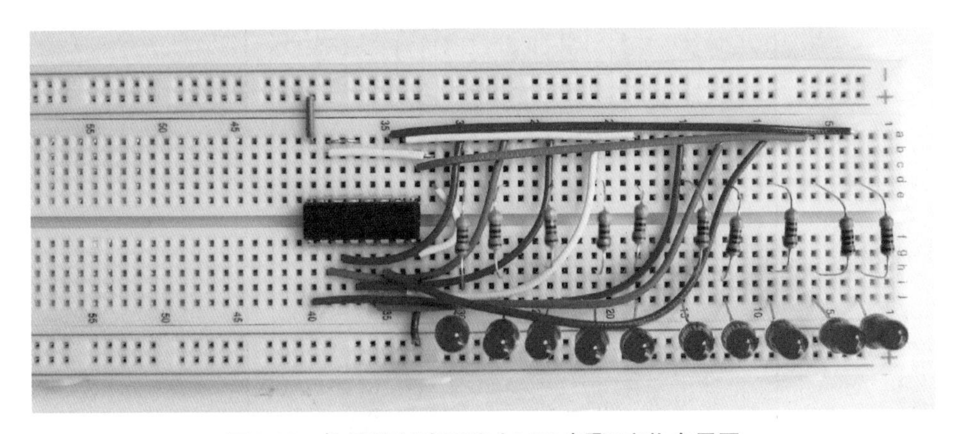

图4-31　按键控制追逐流水LED步骤2实物布局图

步骤 3

面包板装配图以及实物布局图见图 4-32、图 4-33。安装电阻 R10，按键 S，电容 C，导线 DX15～DX16。

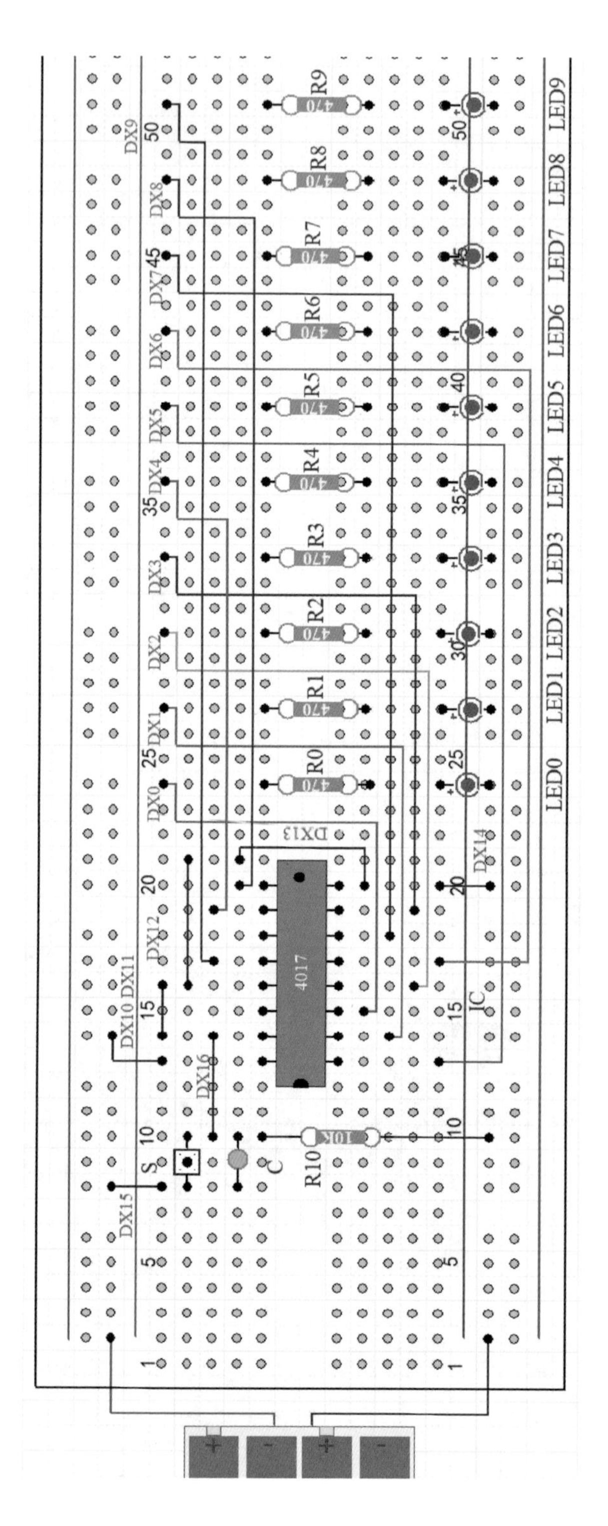

图4-32 按键控制追逐流水LED步骤3面包板装配图

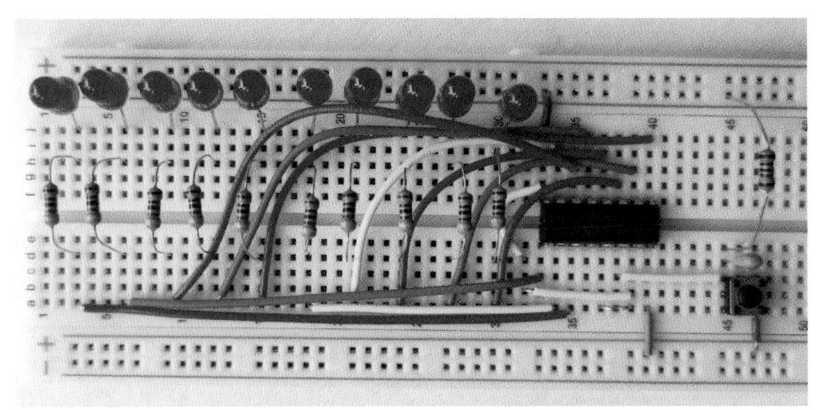

图4-33　**按键控制追逐流水LED步骤3实物布局图**

按键控制追逐流水 LED

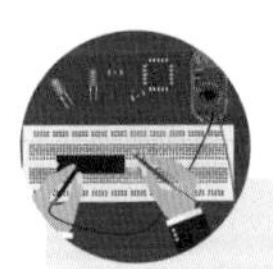

知识加油站：CD4017 计数器

CD4017 是一个计数器，有 10 个译码输出端。CP 是信号输入端。INH 为低电平时，计数器在时钟脉冲的上升沿计数；反之，计数功能无效。CR 为高电平时，计数器清零。CD4017 的外观见图 4-34。

图4-34　**CD4017**

CD4017 的引脚功能，如表 4-10。

表 4-10　**CD4017 各引脚功能**

序号	标注	功能	序号	标注	功能
1	Q5	输出	9	Q8	输出
2	Q1	输出	10	Q4	输出
3	Q0	输出	11	Q9	输出
4	Q2	输出	12	CO	进位脉冲输出
5	Q6	输出	13	INT	禁止端
6	Q7	输出	14	CP	脉冲信号输入
7	Q3	输出	15	CR	清除端
8	V_{SS}	电源负极	16	V_{CC}	电源正极

注：1.INT 低电平时，计数器在脉冲上升沿计数，正常工作需要接低电平。

2.CR为清除（复位）端，正常工作时接低电平，当CR接高电平时，Q0输出高电平，其余Q1～Q9输出全为低电平。

3.CP 是信号输入端，在脉冲上升沿开始计数。

4.输出Q0～Q9，当计数器计到哪一位，哪一位相应输出高电平，其余输出低电平。

5.CO是进位端，当计数器计十个脉冲之后，CO端输出脉冲。

CD4017 图形符号见图 4-35，用字母 IC 表示 。

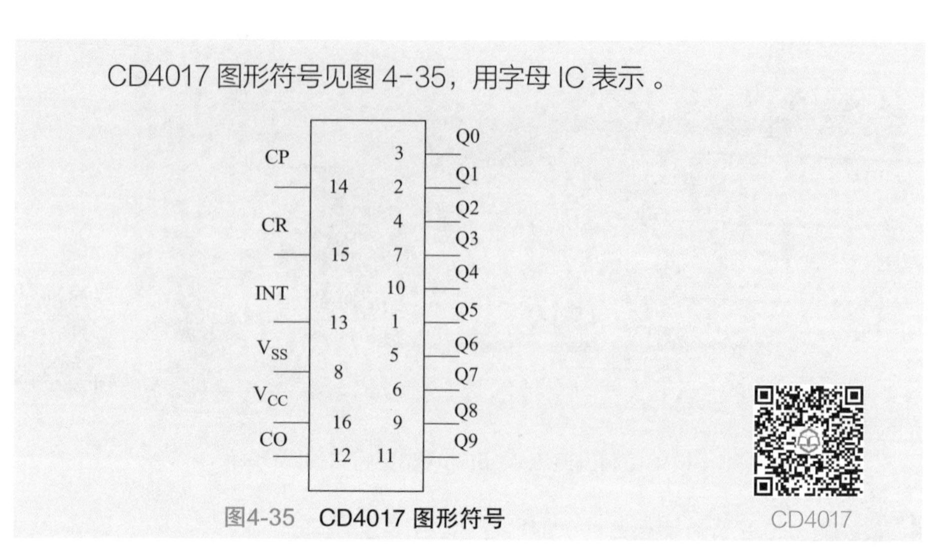

图4-35 **CD4017 图形符号**

七、自动循环流水灯

本节带领大家制作一款自动循环流水灯。其采用 NE555 输出方波信号，将该信号加至 CD4017 集成块的 CP 端，使 CD4017 输出端依次循环输出高电平，将 LED 循环点亮，呈现追逐流水效果，见图 4-36。

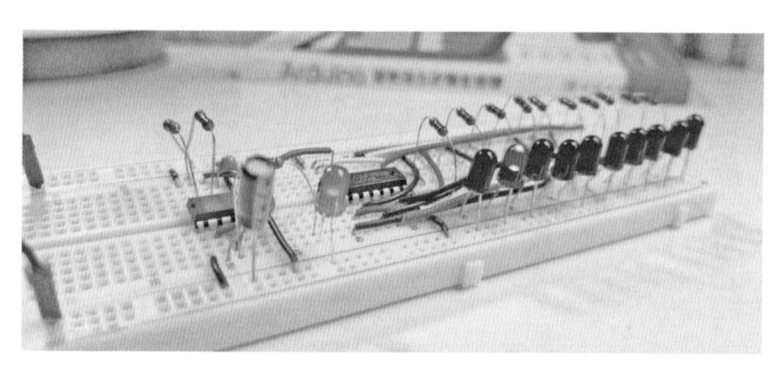

图4-36 **自动循环流水灯高清图**

电路原理浅析

自动循环流水灯电路原理图见图 4-37。在图 4-37 中 NE555 为无稳态状态，当 R11 为 10kΩ、R12 为 10kΩ、电容 C1 为 47μF 时，NE555 的 3 脚输出频率约为 1Hz 的方波信号。该方波信号加至 CD4017 的 14 脚，每一个上升沿依次驱动一个 LED，CD4017 上所接的 LED 按固定时间间隔（1s）依次点亮。可以将 C1 更换为不同容量的电容，或者将电阻 R12 更换为可调电阻，调整可调电阻，观看 LED

点亮效果。

总结一下电容容量越大，LED 被点亮的速度是越快还是越慢呢？

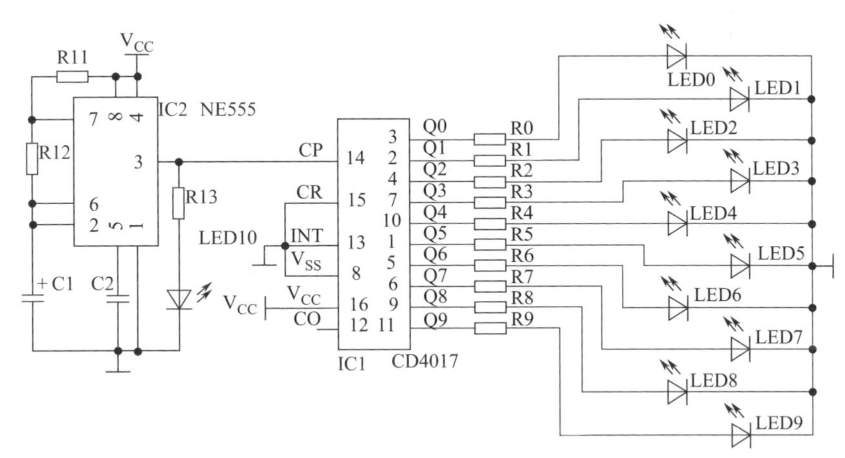

图4-37　自动循环流水灯电路原理图

所需器材（表 4-11）

表 4-11　自动循环流水灯所需器材

序号	名称	标号	规格	备注
1	电阻	R0～R9，R13	470Ω	
2	电阻	R11、R12	10kΩ	
3	发光二极管（红）	LED0～LED9	5mm	
4	发光二极管（绿）	LED10	5mm	
5	电容	C1	10μF	
6	电容	C2	10^3pF	
7	集成块	IC1	CD4017	
8	集成块	IC2	NE555	

装配与制作

面包板装配图以及实物布局图见图 4-38、图 4-39。

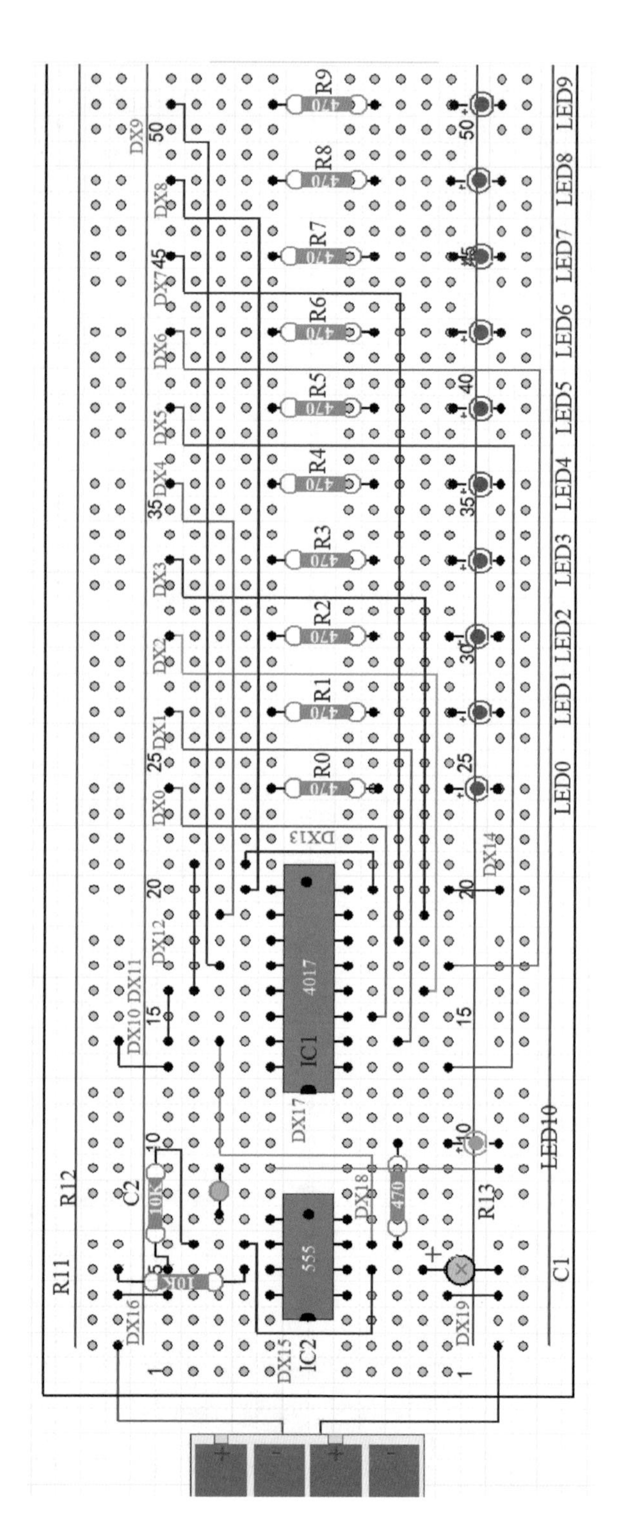

图4-38 自动循环流水灯面包板装配图

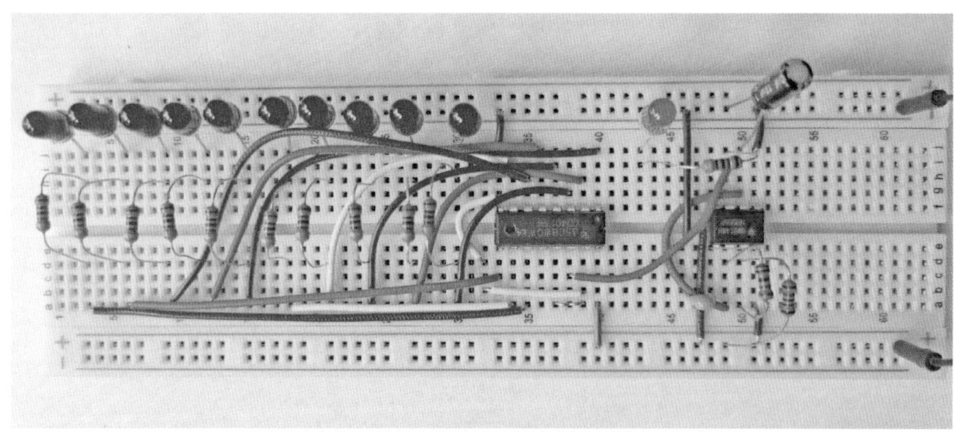

图4-39　**自动循环流水灯实物布局图**

自动循环流水灯

八、CD4017遥控开关

本节采用CD4017制作遥控开关控制LED的亮灭。不需专用遥控器，可用家中电视遥控器进行遥控操作，能非常方便地控制LED亮灭，见图4-40。

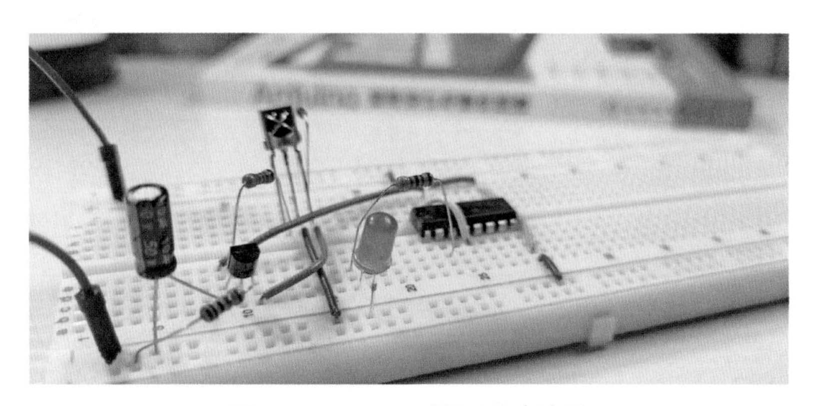

图4-40　**CD4017遥控开关高清图**

电路原理浅析

CD4017遥控开关电路原理图见图4-41。当按压电视遥控器任意一个按键，一体化接收头输出一串负极性信号，经过三极管VT倒相后输出一串正极性信号，经过电容C平滑滤波，加到CD4017的14脚，Q1输出高电平，LED点亮；再次按压遥控器时，CD4017 的 14 脚又得到一个高电平，Q1 输出低电平，LED 熄灭，Q2 输出高电平，Q2 输出的高电平同时加到 CR 端，CD4017 复位。

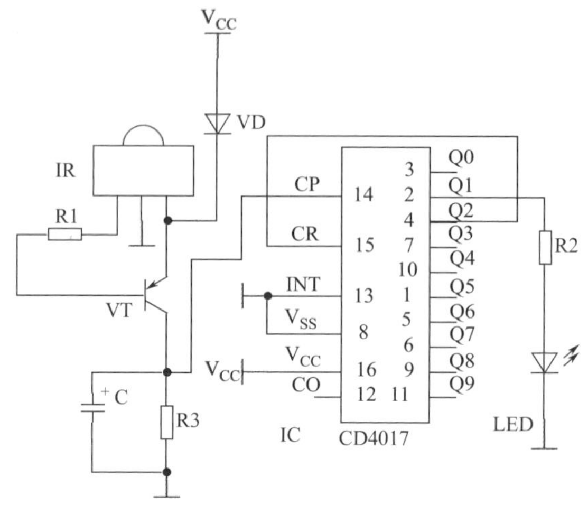

图4-41　CD4017遥控开关电路原理图

所需器材（表 4-12）

表4-12　CD4017遥控开关所需器材

序号	名称	标号	规格	备注
1	电阻	R1、R3	10kΩ	
2	电阻	R2	470Ω	
3	电容	C	10μF	
4	三极管	VT	8550	
5	发光二极管	LED	5mm	
6	一体化接收头	IR	—	
7	集成块	IC	CD4017	

装配与制作

面包板装配图以及实物布局图见图 4-42、图 4-43。

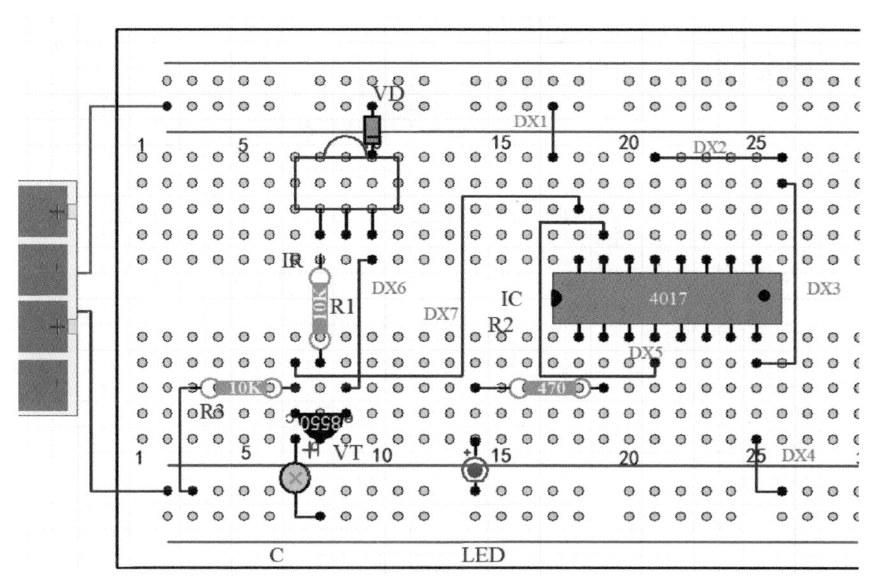

图4-42　CD4017遥控开关面包板装配图

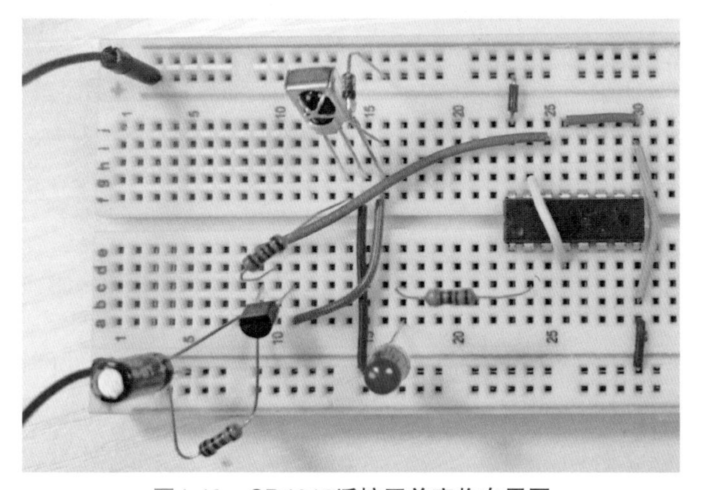

图4-43　CD4017遥控开关实物布局图

CD4017
遥控开关

九、CD4017调光台灯

本节制作的 CD4017 调光台灯由按键以及 CD4017 计数电路组成，通过按键控制 LED 的亮度，见图 4-44。

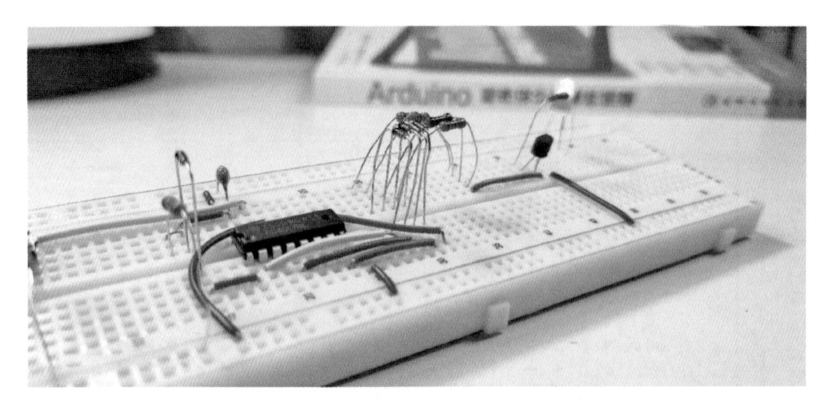

图4-44　CD4017调光台灯高清图

电路原理浅析

CD4017 调光台灯电路原理图见图 4-45。刚通电时，V_{CC} 经电容 C2 充电，瞬间高电平加至计数器复位脚，计数器复位，Q0 输出高电平，其它输出端为低电平，三极管 VT1 基极无电压而截止，LED 熄灭。

当按压微动开关 S 一次，Q1 输出高电平，由于电阻 R3 的阻值很大，三极管基极获得的电压很低，导通能力很弱，LED 发光较暗。当再按压一次，Q2 输出高电平，由于电阻 R4 阻值较大，三极管导通能力增强，LED 发光较亮。原理类似，由于 R3、R4、R5、R6 电阻阻值越来越小，三极管导通能力越来越强，LED 越来越亮。当第五次按压时，Q5 输出的高电平加至计数器的复位端而使计数器复位。实现了不断按压按键，LED 由“暗 - 较亮 - 亮 - 特亮 - 熄灭”循环。

在本电路中二极管 VD1～VD5 主要起隔离作用。

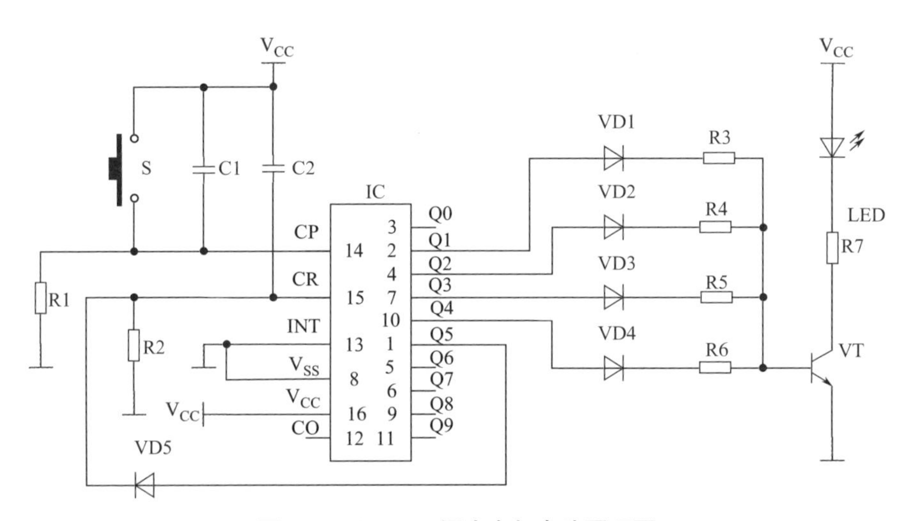

图4-45　CD4017调光台灯电路原理图

所需器材（表 4-13）

表 4-13　CD4017 调光台灯所需器材

序号	名称	标号	规格	备注
1	电阻	R1、R2	10kΩ	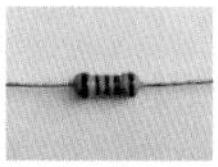
2	电阻	R3	1MΩ	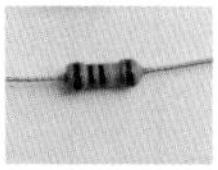
3	电阻	R4	470kΩ	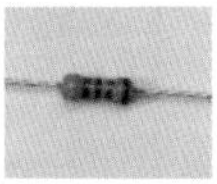
4	电阻	R5	100kΩ	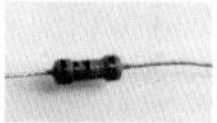
5	电阻	R6	47kΩ	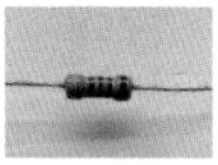
6	电阻	R7	100Ω	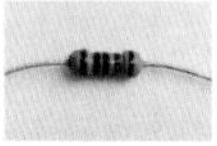
7	电容	C1、C2	10^4pF	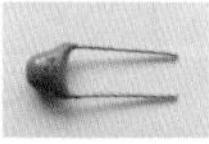
8	二极管	VD1～VD5	1N4148	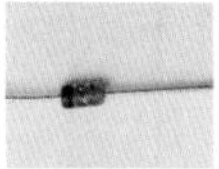
9	集成块	IC	4017	
10	发光二极管	LED	5mm	
11	三极管	VT	8050	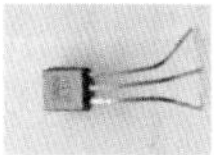
12	按键开关	S	两个引脚	

装配与制作

面包板装配图以及实物布局图见图 4-46、图 4-47。

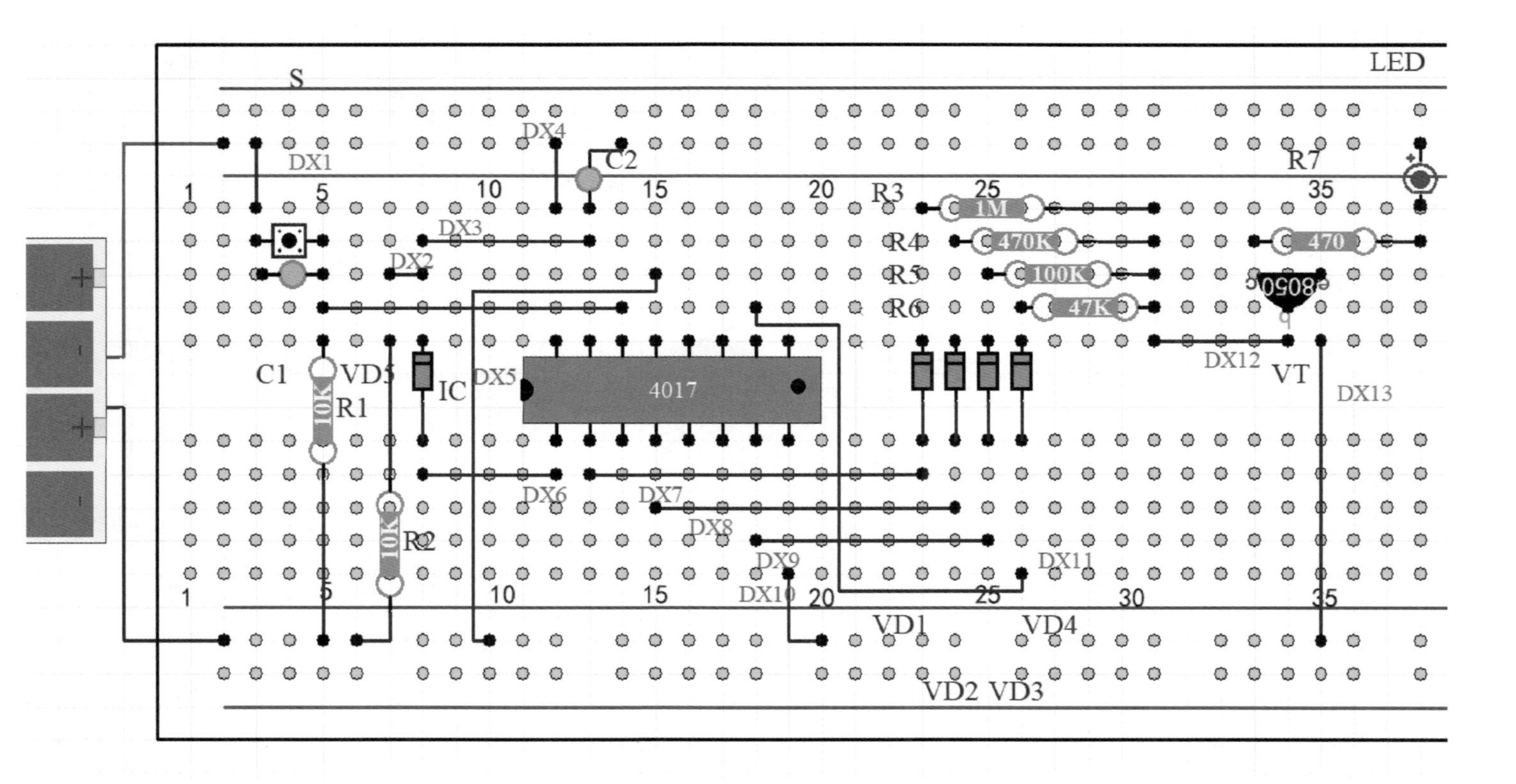

图4-46　CD4017调光台灯面包板装配图

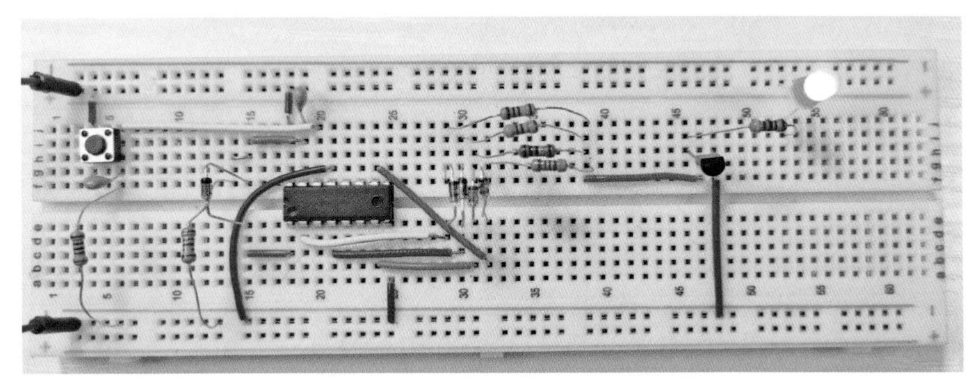

图4-47　CD4017调光台灯实物布局图

CD4017
调光台灯

十、CD4026按键计数器

CD4026 兼备十进制计数与七段译码功能，CD4026 输出的段码可以直接驱动共阴极数码管。本节带领大家制作一款 CD4026 按键计数器，见图 4-48。

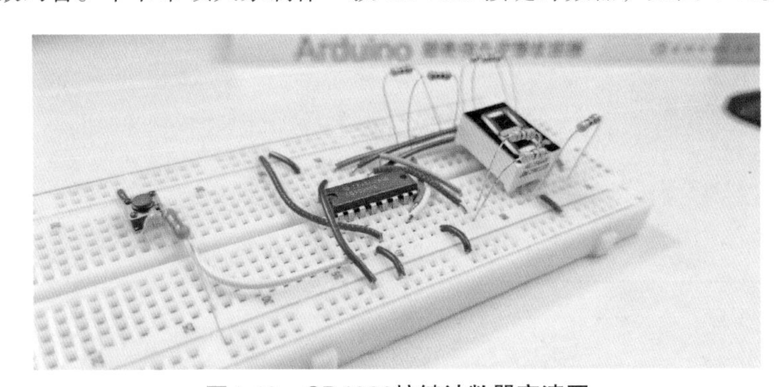

图4-48　CD4026按键计数器高清图

电路原理浅析

CD4026 按键计数器电路原理图如图 4-49。通过按键产生上升沿脉冲信号，将该信号输入到 CD4026 引脚 1，DS 为共阴极数码管，能显示 0～9 数字。每按压一次按键，数字递增一次，数码管显示递增数字。

也可以用 NE555 电路输出方波信号，电路图如图 4-50（电路自行搭建），自动循环显示 0～9 数字。

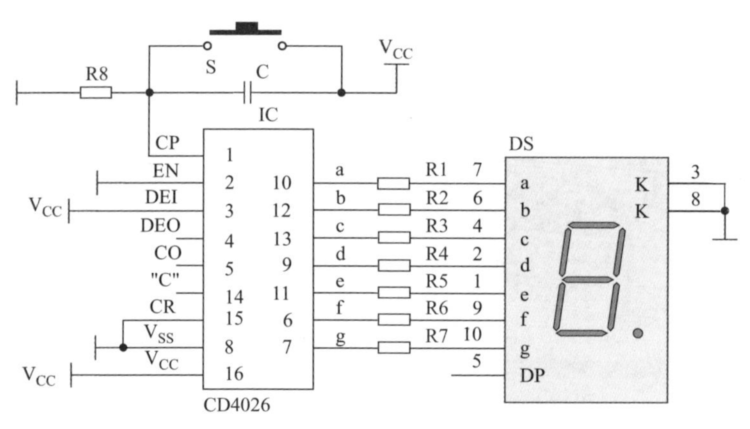

图4-49　CD4026按键计数器电路原理图

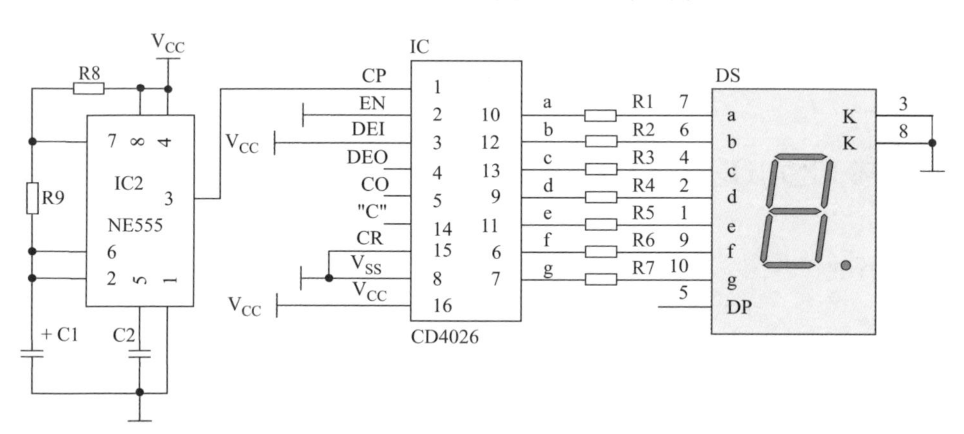

图4-50　CD4026自动显示数字电路图

所需器材（表 4-14）

表 4-14　CD4026按键计数器所需器材

序号	名称	标号	规格	备注
1	电阻	R1～R7	470Ω	
2	电阻	R8	10kΩ	
3	集成块	IC	CD4026	
4	数码管	DS	0.56in共阴极	
5	电容	C	10^4pF	
6	按键	S	两个引脚	

装配与制作

步骤 1

面包板装配图以及实物布局图见图 4-51、图 4-52。安装 IC，电阻 R1～R7。

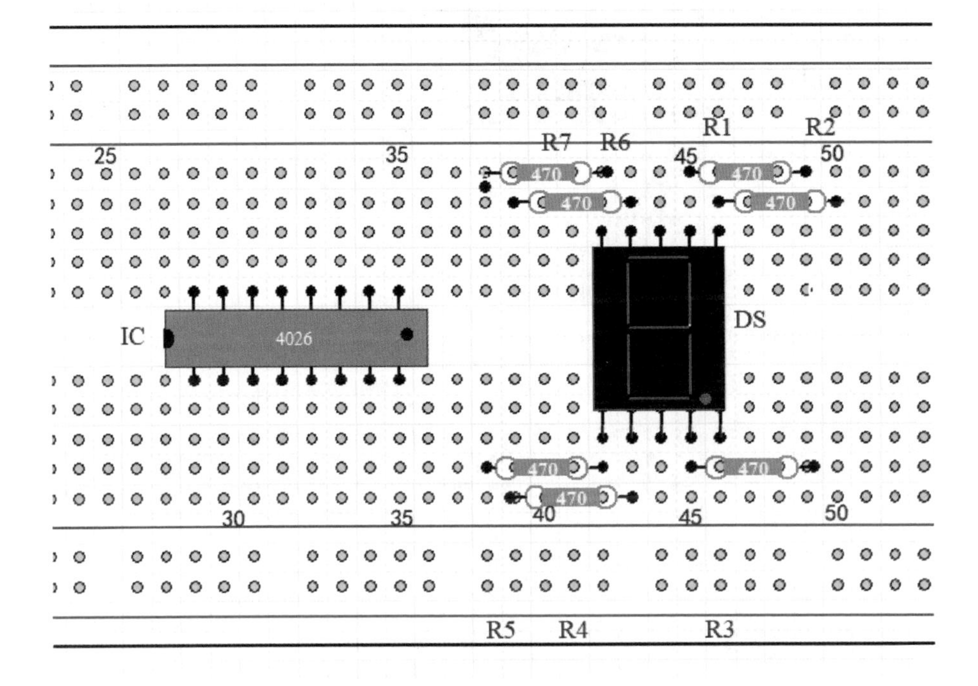

图4-51　CD4026按键计数器步骤1面包板装配图

图4-52　CD4026按键计数器步骤1实物布局图

步骤 2

面包板装配图以及实物布局图，见图 4-53、图 4-54。安装按键 S，电容 C，电阻 R8，导线 DX1～DX14。

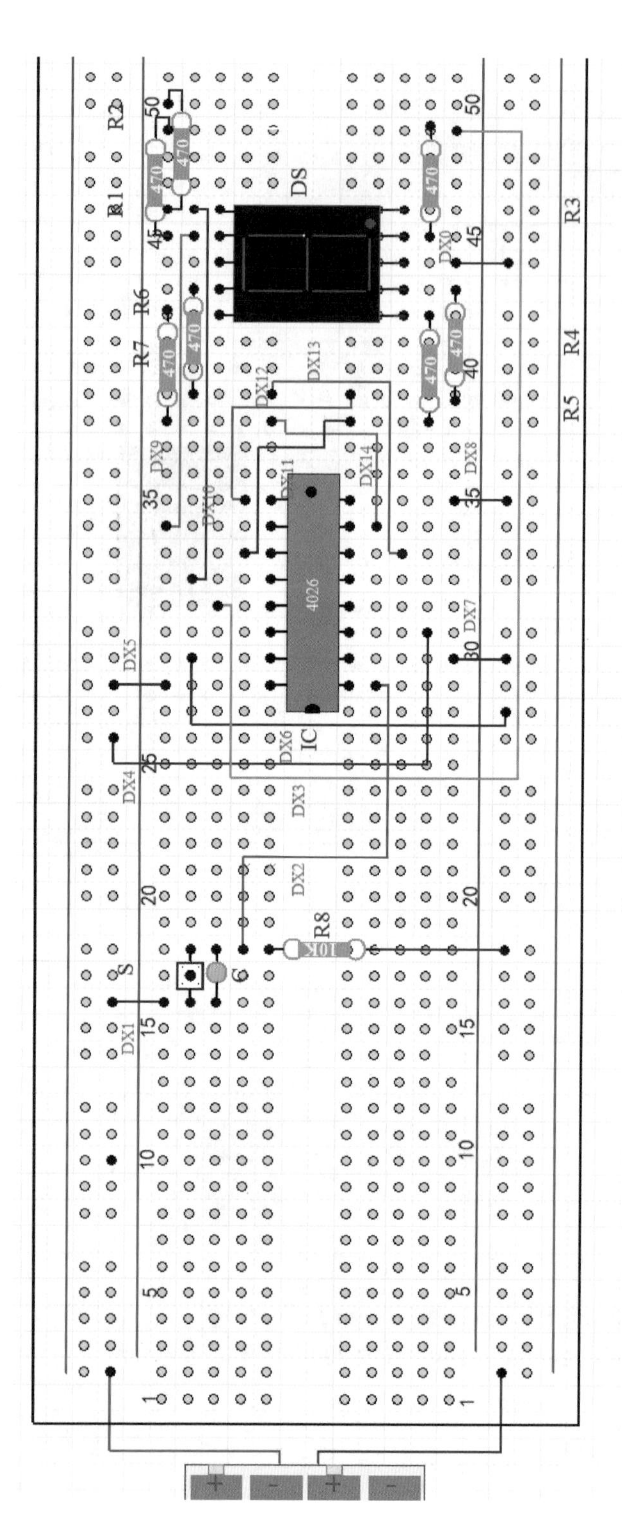

图4-53　CD4026按键计数器步骤2面包板装配图

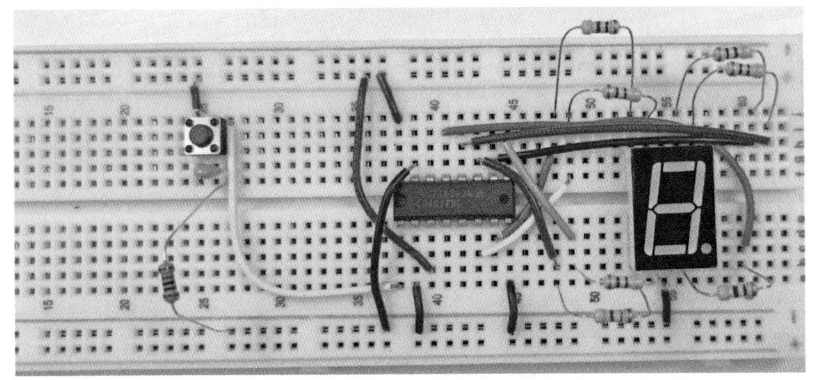

图4-54　CD4026按键计数器步骤2实物布局图

CD4026 按键计数器

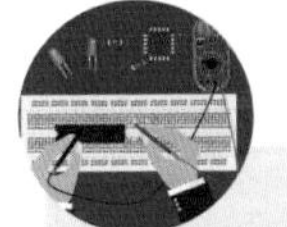

知识加油站：CD4026 与可显示亮度级别的调光台灯

1.CD4026

CD4026，它同时具备计数与译码功能，它的外观如图 4-55。

CD4026 的图形符号如图 4-56，用 IC 表示。

引脚功能见表 4-15。

表 4-15　CD4026 各引脚功能

序号	标注	功能	序号	标注	功能
1	CP	脉冲信号输入端	9	d	段码
2	EN（INT）	闸门信号输入端	10	a	段码
3	DEI	显示输入控制端	11	e	段码
4	DEO	显示输出控制端	12	b	段码
5	CO	溢出端	13	c	段码
6	f	段码	14	"C"	数字“2”输出端
7	g	段码	15	CR（RST）	复位
8	V_{SS}	电源负极	16	V_{CC}	电源正极

注

1.EN（INT）闸门信号输入端，低电平计数，高电平停止计数，但是数据保持。

2.CP脉冲信号输入端，在脉冲上升沿计数。

3.DEI显示输入控制端，高电平显示，低电平熄灭。

4.DEO显示输出控制端，数码管显示时输出高电平，数码管熄灭时输出低电平。

5.CR（RST）复位端，正常时接低电平，该引脚接高电平时计数清零。

CD4026

图4-55 CD4026

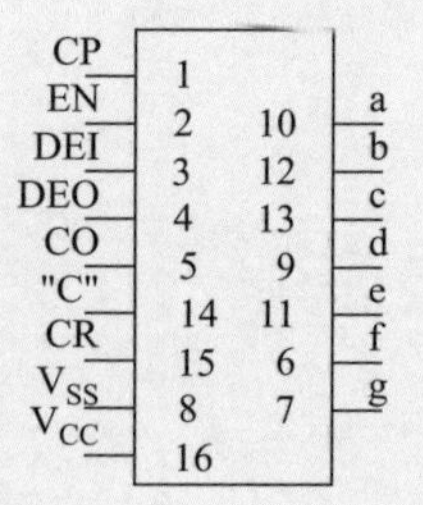

图4-56 CD4026图形符号

2. 创意制作：制作能显示亮度级别的调光台灯

能显示亮度级别的调光台灯

电路原理见图 4-57，将 CD4017 调光台灯与 CD4026 按键计数器两个电路进行组装，通过按键提供上升沿信号，并分别加至两个集成块的信号输入端。LED 显示 4 级亮度，同时在数码管显示数字 1～4。当按键按压第 5 次的时候，CD4017 集成块 Q5 输出高电平，并分别加至 CD4017 与 CD4026 的复位端，进行复位，使 LED 熄灭，数码管显示数字 0。

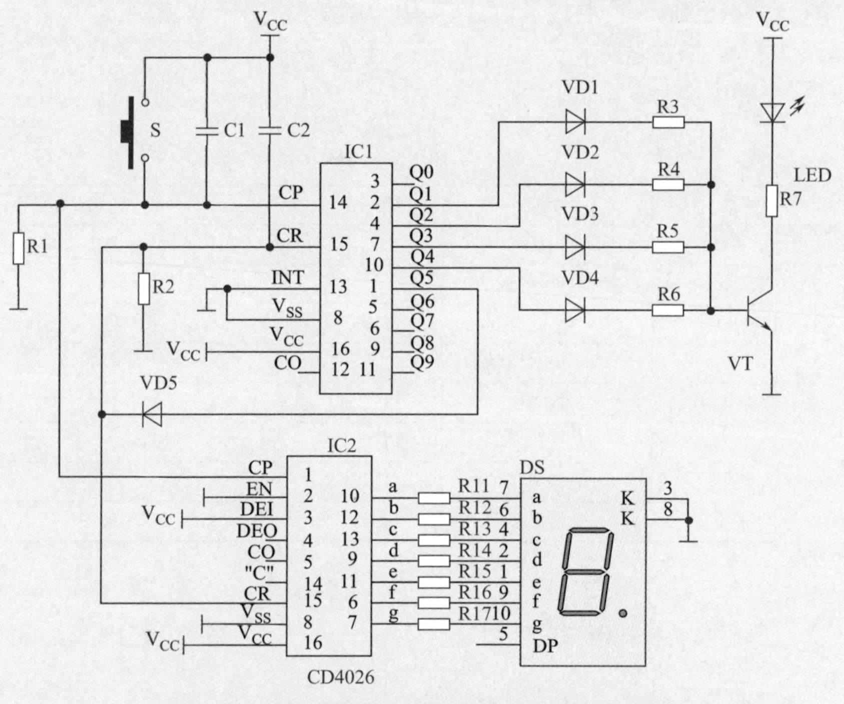

图4-57 能显示亮度级别的调光台灯电路原理图

实物是用两块面板包制作完成的，如图 4-58，读者在制作中可以将所有的器材集中在一块面包板上，配书器材为 1 块面包板。

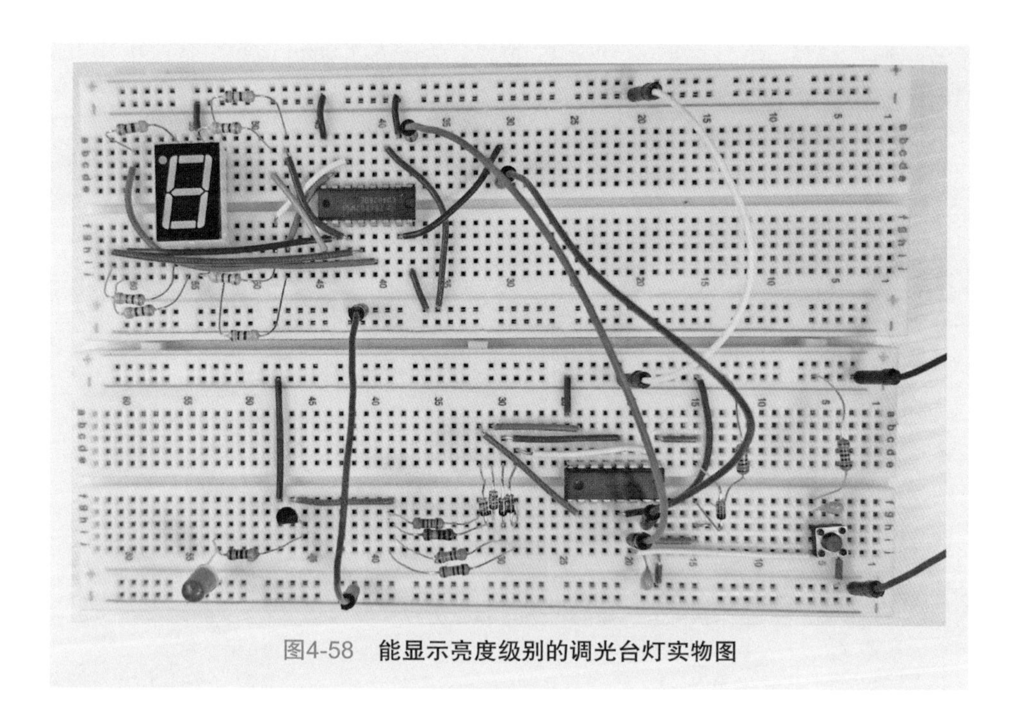

图4-58　**能显示亮度级别的调光台灯实物图**

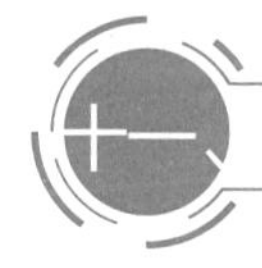

十一、LM393温控报警器

采用LM393比较器与继电器制作一款高性能温控报警器，见图4-59。

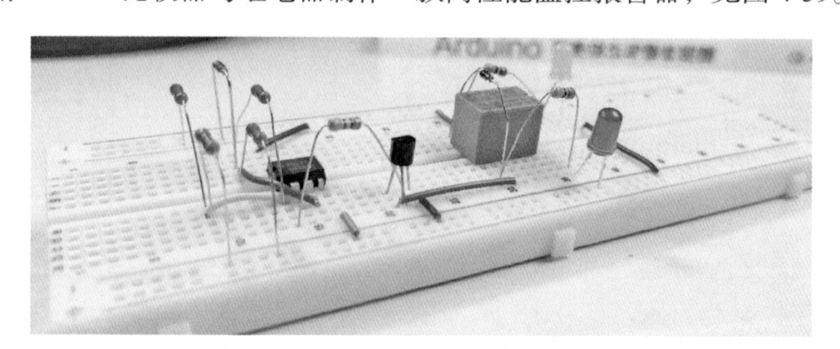

图4-59　**LM393温控报警器高清图**

电路原理浅析

LM393温控报警器电路原理图如图4-60。电源电压经过R1与R2分压后，加至IC A的2脚，电压为电源电压的一半。热敏电阻阻值随温度变化而变化，当温度升高，它的阻值减小，IC A的3脚电压升高，当电压大于2脚电压，IC A的1脚输出高电平，三极管VT导通，继电器K常开触头闭合，LED1发光，继电器常闭触头断开，LED2 熄灭。当温度降低，IC A 的 3 脚电压小于 2 脚电压，IC A 的 1 脚输出低电平，三极管 VT 截止，继电器常闭触头闭合，LED2 发光，常开触点断开，LED1 熄灭。

可以将 R3 换为 100kΩ 的可调电阻，当温度上升到一定值继电器吸合。

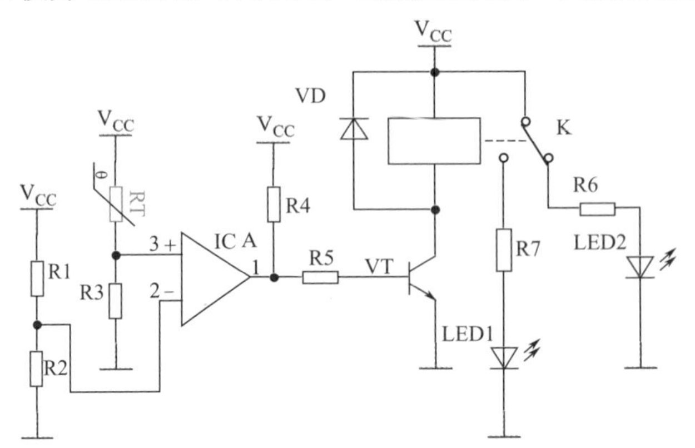

图4-60　LM393温控报警器电路原理图

所需器材（表 4-16）

表 4-16　LM393 温控报警器所需器材

序号	名称	标号	规格	备注
1	电阻	R1～R4	10kΩ	
2	电阻	R5～R7	470Ω	
3	热敏电阻	RT	—	
4	发光二极管	LED1	5mm	
5	发光二极管	LED2	5mm	
6	三极管	VT	8050	
7	继电器	K	5V	
8	二极管	VD	1N4148	
9	集成块	IC	LM393	

装配与制作

面包板装配图以及实物布局图见图 4-61、图 4-62。

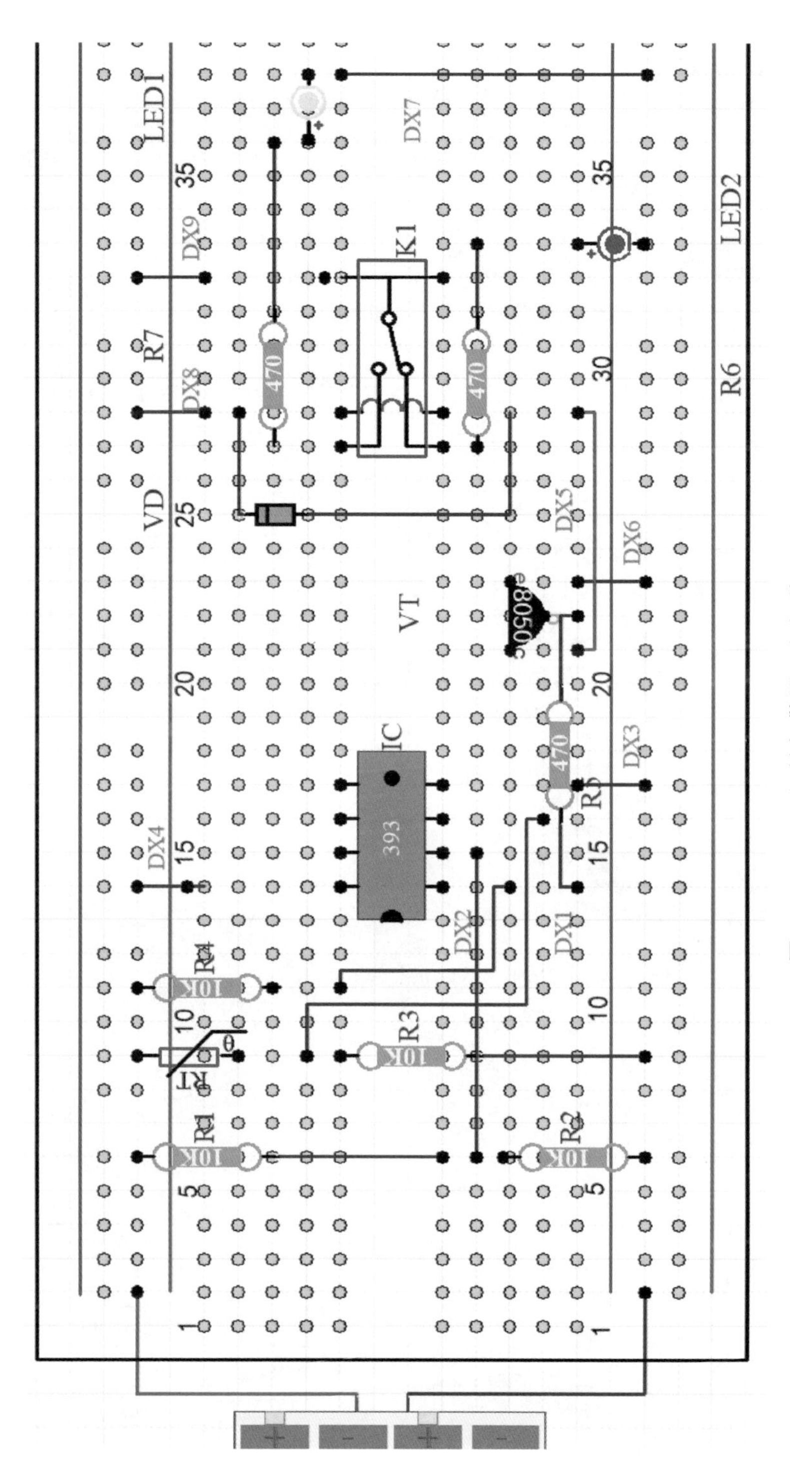

图4-61　LM393温控报警器面包板装配图

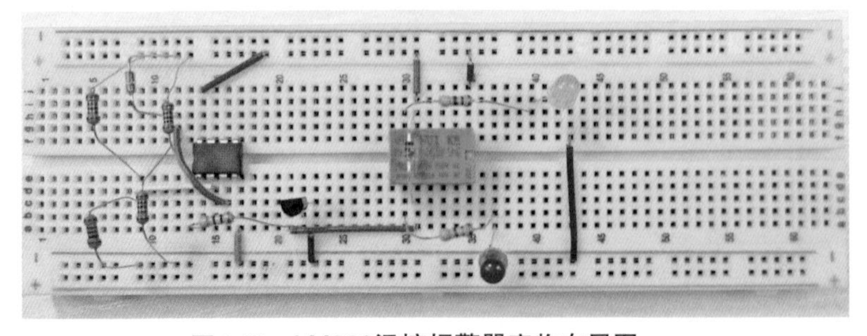

图4-62　**LM393温控报警器实物布局图**

LM393 温控
报警器

知识加油站：LM393 电压比较器与继电器

1. LM393

LM393 是电压比较器，将一个模拟电压信号与一个基准电压相比较。LM393 内部有两个完全相同的精密电压比较器，如图 4-63。

比较器的图形符号如图 4-64。

图4-63　**LM393**

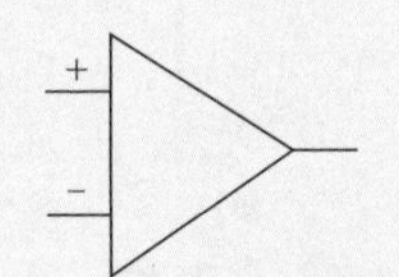

图4-64　**比较器图形符号**

比较器一共有 3 个引脚，包括反向输入端（−）、正向输入端（+）、输出端。当正向输入端电压大于反向输入端电压，输出高电平；当反向输入端电压大于正向输入端电压，输出低电平。LM393 引脚排列见图 4-65。

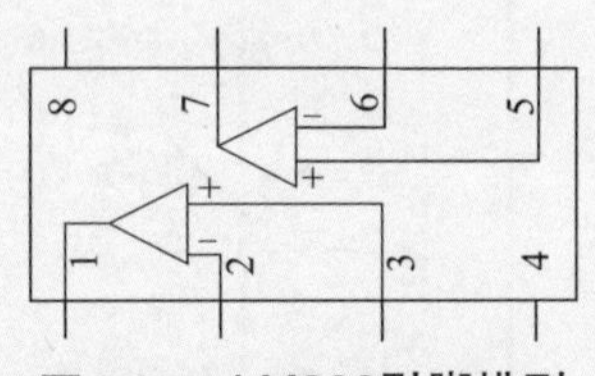

图4-65　**LM393引脚排列**

LM393 引脚功能如表 4-17。

表 4-17　**LM393 引脚功能**

序号	标注	功能	序号	标注	功能
1	OUT1	比较器1输出	5	IN2+	比较器2正向输入
2	IN1−	比较器1反向输入	6	IN2−	比较器2反向输入
3	IN1+	比较器1正向输入	7	OUT2	比较器2输出
4	V_{SS}	负极	8	V_{CC}	正极

注意：比较器在使用时输出端需要接上拉电阻 R，电阻 R 一般取值 4.7～10kΩ，见图 4-66。

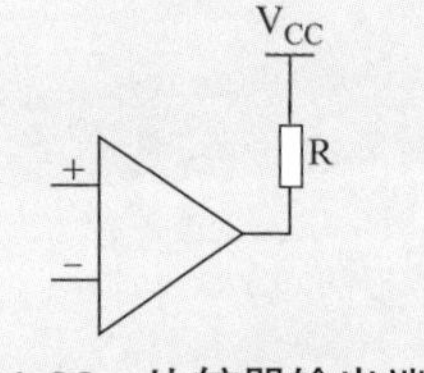

图4-66　**比较器输出端接上拉电阻**

2. 继电器

电磁继电器简称继电器，属于控制元件，“以弱控强”是它的特性，继电器线圈供电有交流与直流之分，本书制作采用直流 5V 继电器，见图 4-67。

图4-67　**5V继电器**

继电器图形符号见图 4-68，用 K 表示。

继电器的内部结构示意见图 4-69。

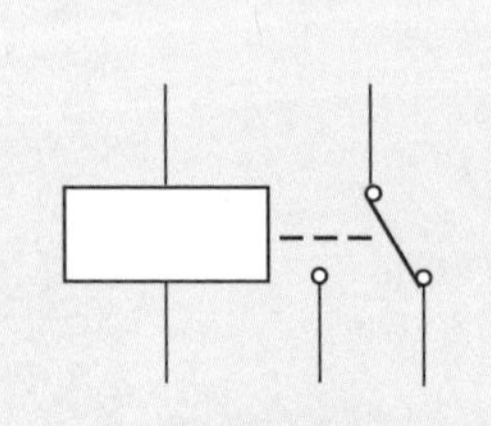
图4-68　**继电器图形符号**

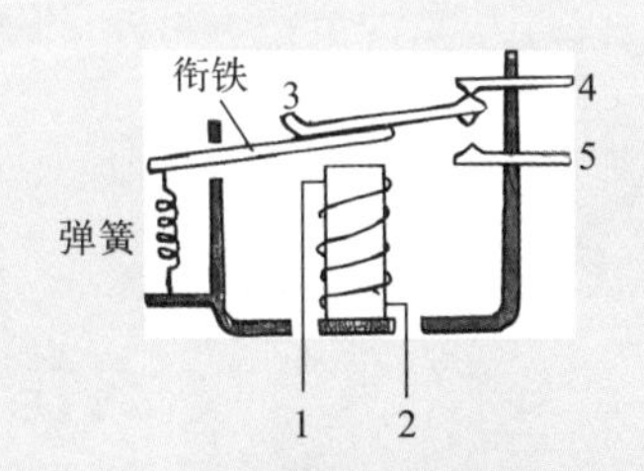

图4-69　**继电器内部结构示意图**

当线圈（即 1 脚与 2 脚）通电，电磁铁产生电磁力，将衔铁吸住，引脚 3 与引脚 4 断开（常闭触头），引脚 3 与引脚 5 闭合（常开触头）；当线圈失电后，电磁力消失，在弹簧的作用下，恢复到初始状态，常开触头断开，常闭触头闭合。

为了便于大家理解，将在制作中用到的继电器引脚排列绘制成图，见图 4-70。

继电器驱动电路见图 4-71，采用 NPN 三极管，也可以用 PNP 三极管。

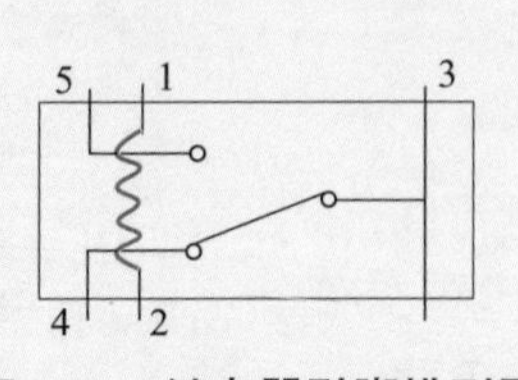

图4-70 继电器引脚排列图
（图中有两个引脚公共端）

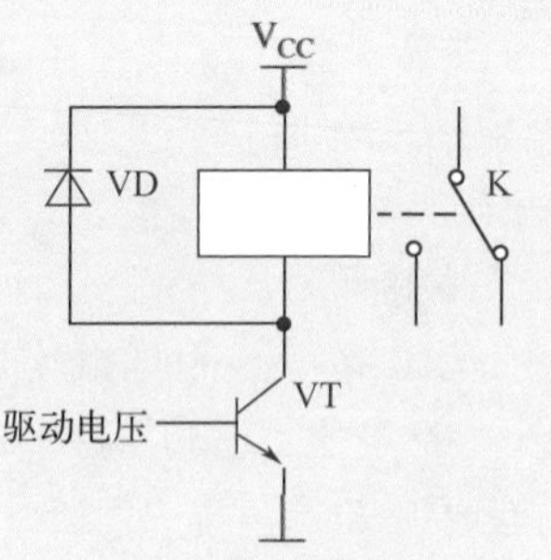

图4-71 继电器驱动电路

驱动电路中，二极管VD主要起保护三极管VT的作用，当三极管VT导通，继电器K线圈电压“上正下负”，二极管VD承受反偏电压而截止。但是当三极管VT截止时，继电器线圈瞬间产生一个“下负上正”的感应电压，该电压较高，有可能损坏三极管VT，但是由于二极管VD的存在，该感应电压通过VD而释放。

继电器

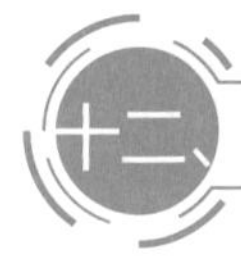

十二、CD4013触摸延时LED

采用CD4013实现单稳态电路，制作触摸延时LED，见图4-72。

图4-72 CD4013触摸延时LED高清图

电路原理浅析

CD4013触摸延时LED电路原理图如图4-73，图形符号画法如图4-74。将CD4013内部触发器1接成单稳态，当用手触摸一下CD4013的第3脚［触摸二极管VD（1N4148）的负极引线即可］，人体感应的杂波信号，进入CP，电路进入暂时稳定状态，1（Q）输出高电平，该高电平通过R1向电容C充电，4脚电压上升至复位电压，触发器1恢复到当初状态，每触摸一次，触发器1都输出一个高电平，LED点亮一段时间，点亮时间的长短与电容C1的容量有关。

二极管VD的主要作用是，给过高的反电压以及积累的电荷提供放电回路。

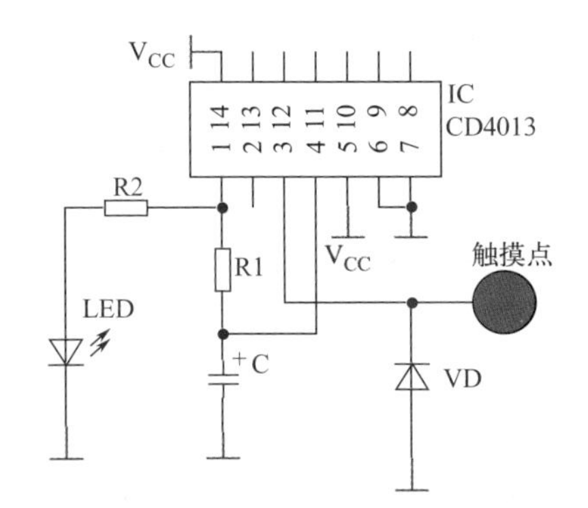

图4-73　CD4013触摸延时LED电路原理图

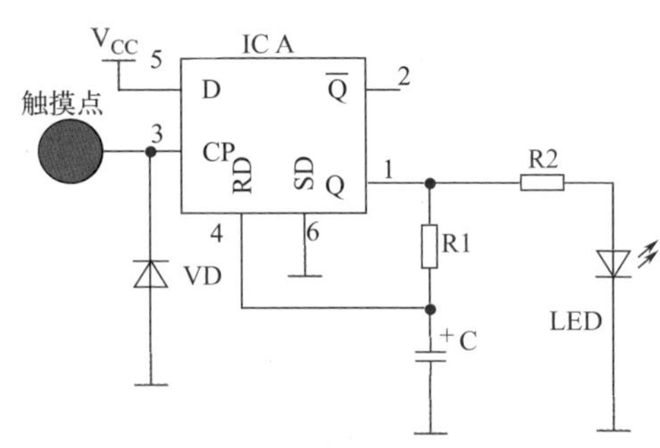

图4-74　CD4013触摸延时LED的图形符号画法

所需器材（表4–18）

表4-18　CD4013触摸延时LED所需器材

序号	名称	标号	规格	备注
1	电阻	R1	1MΩ	
2	电阻	R2	470Ω	
3	二极管	VD	1N4148	
4	电容	C	10μF	
5	发光二极管	LED	5mm	
6	集成块	IC	CD4013	

装配与制作

面包板装配图以及实物布局图见图4-75、图4-76。

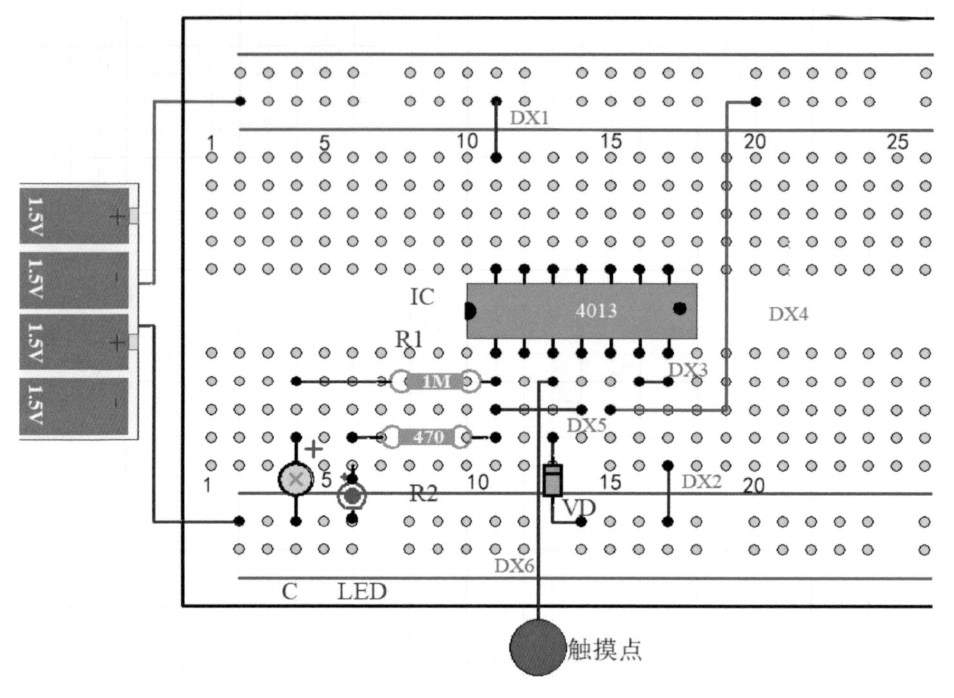

图4-75　CD4013触摸延时LED面包板装配图

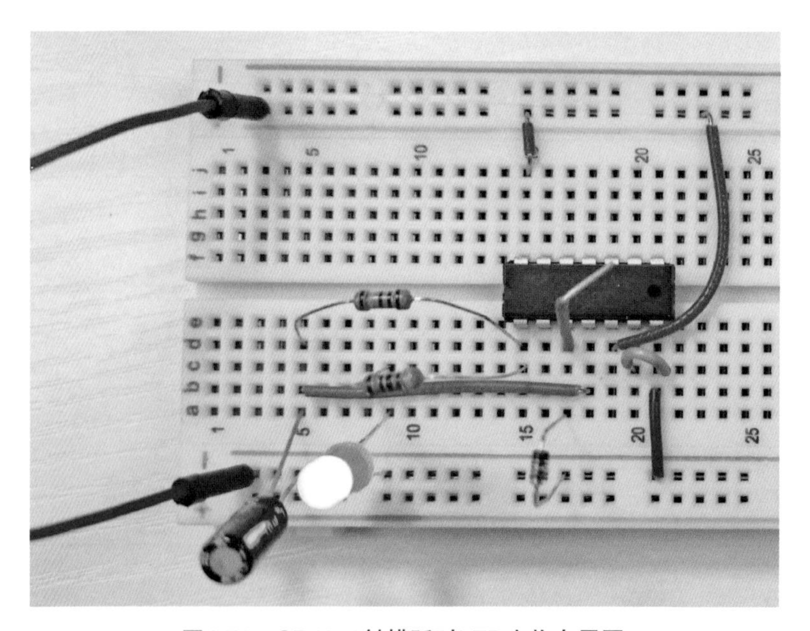

CD4013 触摸延时 LED

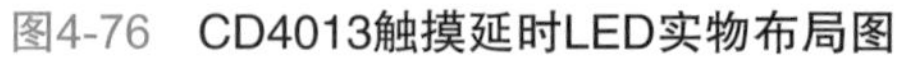

图4-76　CD4013触摸延时LED实物布局图

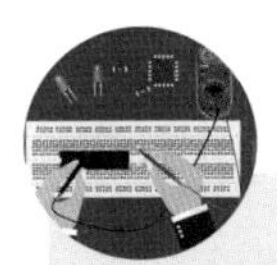

知识加油站：CD4013

CD4013 内部包含两个相同且相互独立的触发器，每个触发器都有数据、置位、复位、脉冲输入、输出与反相输出引脚，见图 4-77。

CD4013 内部触发器图形符号见图 4-78。

图4-77　CD4013

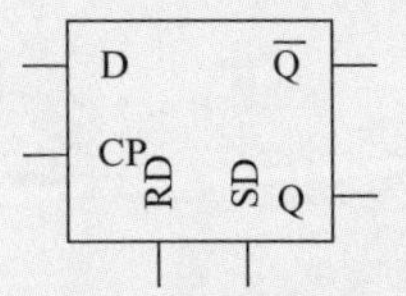

图4-78　CD4013内部触发器图形符号

CD4013 引脚功能如表 4-19。

表 4-19　CD4013引脚功能

序号	标注	功能	序号	标注	功能
1	1Q	输出	8	2SD	置位
2	$1\overline{Q}$	反相输出	9	2D	数据
3	1CP	脉冲输入	10	2RD	复位
4	1RD	复位	11	2CP	脉冲输入
5	1D	数据	12	$2\overline{Q}$	反相输出
6	1SD	置位	13	2Q	输出
7	V_{SS}	负极	14	V_{CC}	正极

CD4013 真值表如表 4-20。

表 4-20　CD4013真值表

RD	SD	Q
1	1	X
1	0	0
0	1	1
0	0	D

注：只有RD与SD同时为低电平时，数据D的电平才能通过Q输出。

CD4013

十三、CD4013触摸开关

本节带领大家用CD4013制作一款触摸开关，见图4-79。CD4013内部两个触发器，一个设计为单稳态一个设计为双稳态。

图4-79　CD4013触摸开关高清图

电路原理浅析

两个触发器分别接为单稳态电路与双稳态电路，触发器1为单稳态，每触摸一次，1Q输出一个高电平，该高电平加至2CP，由于触发器2为双稳态，2CP每接收到一个高电平，2Q输出电平都会翻转，当2Q输出高电平时，VT导通，LED点亮，2Q输出低电平时，VT截止，LED熄灭。

触摸开关是依靠人体感应电来完成其开关功能的，开关工作情况与周围环境有关。CD4013触摸开关电路原理图见图4-80和图4-81。

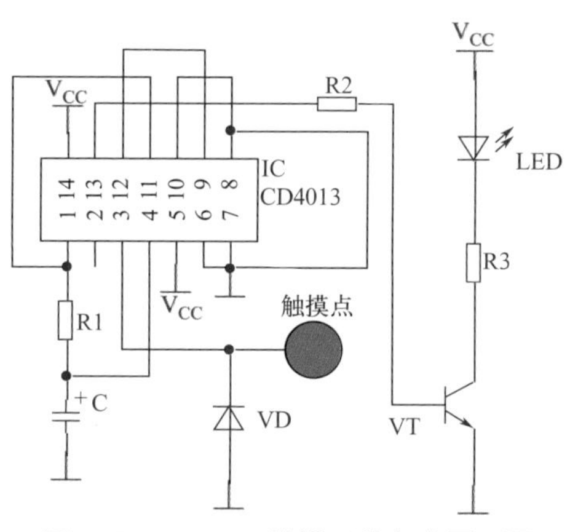

图4-80　CD4013触摸开关电路原理图

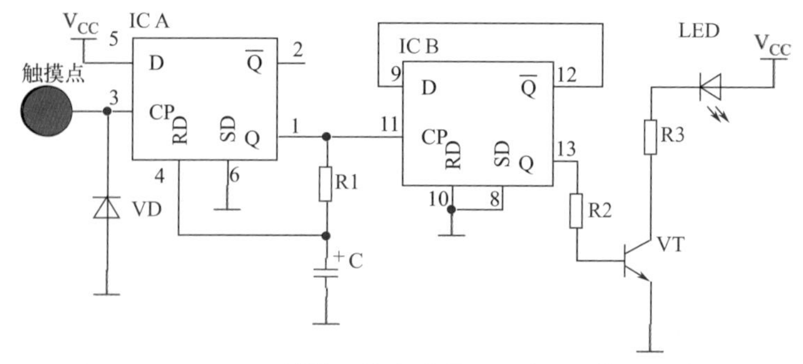

图4-81　CD4013触摸开关电路原理图（图形符号画法）

图 4-81 所示画法，没有画电源引脚，在制作中请注意。

所需器材（表 4-21）

表 4-21　CD4013 触摸开关所需器材

序号	名称	标号	规格	备注
1	电阻	R1	1MΩ	
2	电阻	R2	10kΩ	
3	电阻	R3	470Ω	
4	电容	C	1μF	
5	二极管	VD	1N4148	
6	三极管	VT	8050	
7	发光二极管	LED	5mm	
8	集成块	IC	CD4013	

装配与制作

面包板装配图以及实物布局图见图 4-82、图 4-83。

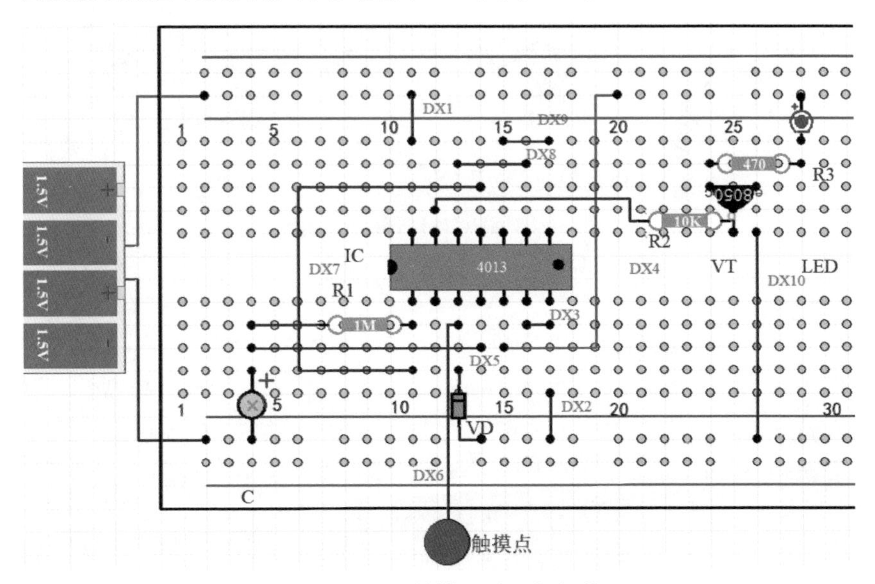

图4-82　CD4013触摸开关面包板装配图

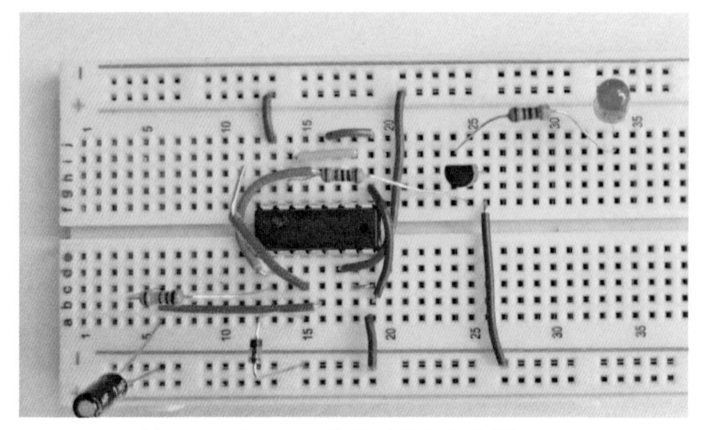

图4-83　CD4013触摸开关实物布局图

CD4013
触摸开关

十四、CD4011报警器

利用水银开关发出触发信号，CD4011组成振荡电路，制作一款报警器，电路制作较简单，见图4-84。

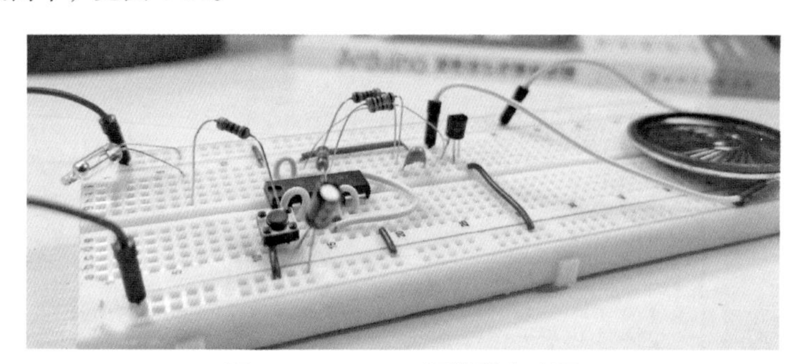

图4-84　CD4011报警器高清图

电路原理浅析

CD4011报警器电路原理图见图4-85。参看CD4011的真值表（表4-24），如两个输入端全部是高电平，则输出端输出低电平；反之，则输出高电平。当水银开关K晃动时，由于水银珠会触碰它内部的两个电极，集成块IC　A的输入端（1脚与2脚）瞬间获得一个高电平，3脚为低电平，5脚与6脚也是低电平，4脚变为高电平。4脚的高电平分为两个支路：其一经过电阻R2反馈到IC A的输入端，即使触发端高电平消失（水银开关没有晃动），反馈的高电平也能继续维持，形成“自锁”功能；其二输入到IC C的8脚，IC C与IC D两个与非门与外围元件构成振荡电路，11 脚输出信号经过三极管 VT 放大后驱动扬声器发声。

当按一下微动开关 S（解除报警），IC A 的输入端变为低电平，经过电平转换，以及“自锁”，4 脚输出低电平，振荡电路停止工作，扬声器不能发声。

电阻 R1 与 C1 主要起延时作用，防止误触发。

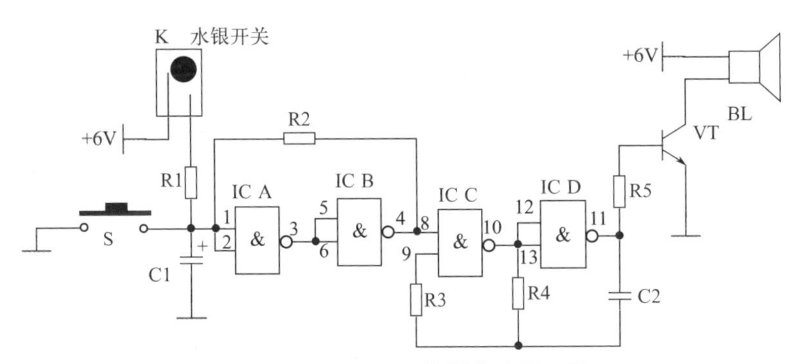

图4-85　CD4011报警器电路原理图

所需器材（表 4-22）

表 4-22　CD4011 报警器所需器材

序号	名称	标号	规格	备注
1	按键开关	S	两个引脚	
2	电阻	R1、R4	47kΩ	
3	电阻	R2、R3	1MΩ	
4	电阻	R5	1kΩ	
5	电容	C1	1μF	
6	电容	C2	10^3pF	
7	三极管	VT	8050	
8	水银开关	K	—	
9	集成块	IC	CD4011	
10	扬声器	BL	0.5W 8Ω	

装配与制作

面包板装配图以及实物布局图见图 4-86、图 4-87。

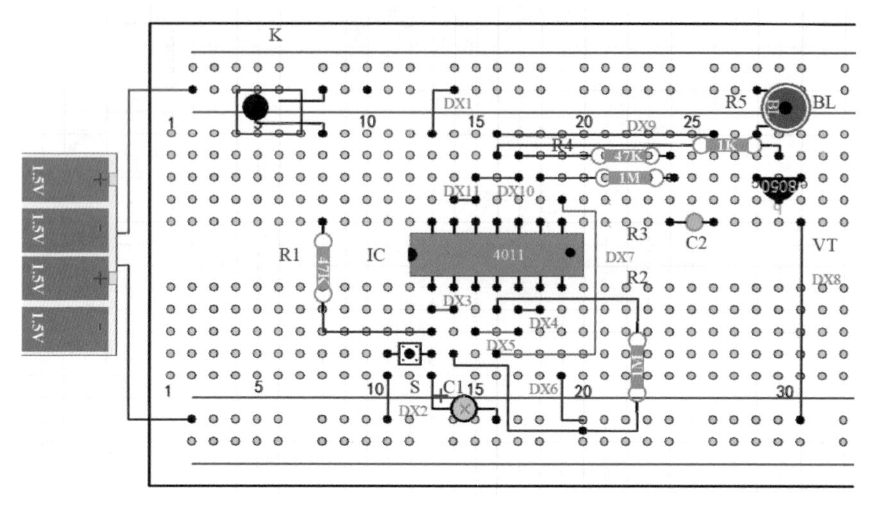

图4-86　CD4011报警器面包板装配图

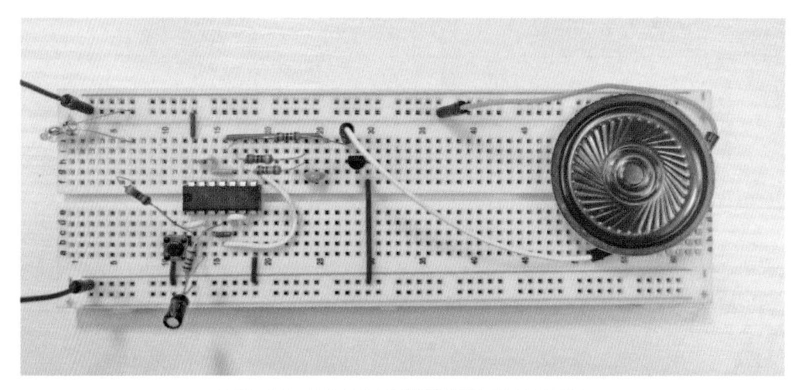

图4-87　CD4011报警器实物布局图

CD4011
报警器

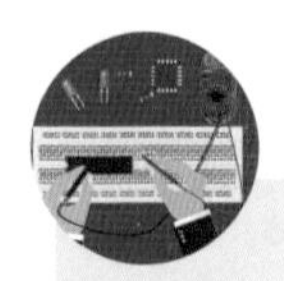

知识加油站：CD4011 与水银开关

1.CD4011

CD4011 内部有 4 个与非门，功能完全相同，CD4011 的外观如图 4-88。与非门有两个功能，先运行“与”的功能再运行“非”的功能。

“与非门”图形符号见图 4-89。

图4-88　CD4011

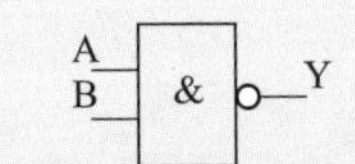

图4-89　“与非门”图形符号

CD4011引脚功能见表4-23（输入用A、B表示，输出用Y表示）。

表4-23　CD4011引脚功能

序号	标注	功能	序号	标注	功能
1	A1	输入	8	A3	输入
2	B1	输入	9	B3	输入
3	Y1	输出	10	Y3	输出
4	Y2	输出	11	Y4	输出
5	A2	输入	12	A4	输入
6	B2	输入	13	B4	输入
7	V_{SS}	电源负极	14	V_{DD}	电源正极

CD4011真值表见表4-24。

表4-24　CD4011真值表

输入端（A）	输入端（B）	输出端（Y）
0	0	1
1	0	1
0	1	1
1	1	0

CD4011

输入端有“0”时输出端为“1”，输入端全为“1”时输出端为“0”。

2. 水银开关

水银开关是在玻璃管内装入规定数量的水银，再引出电极密封而成的。主要用在报警器等电路中。利用水银流动触碰内部两个电极，电路导通。与其他开关没有什么太大的区别，只是在使用中要防止玻璃壳破碎，如水银流出，请及时处理，水银对人体有害。水银开关的外观见图4-90。

图形符号见图4-91，用K表示。

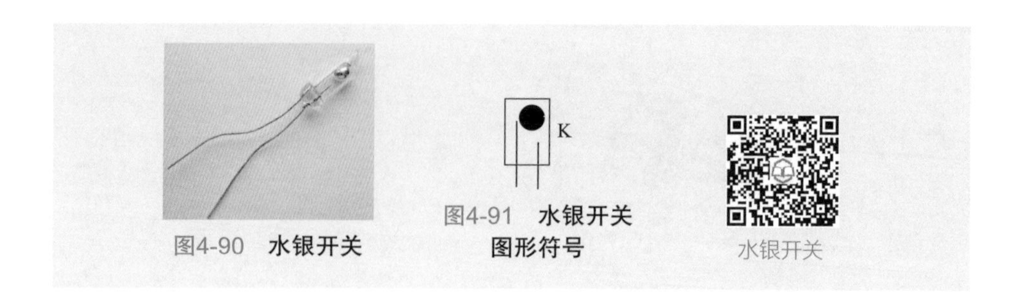

图4-90　水银开关

图4-91　水银开关图形符号

十五、CD4011视力保护仪

长时间在光线昏暗的环境里写字、看书，就会引起近视。利用CD4011设计一款视力保护仪，在光线亮度不足时会进行声光提示，这时候请停止做作业或者及时打开照明灯。见图4-92。

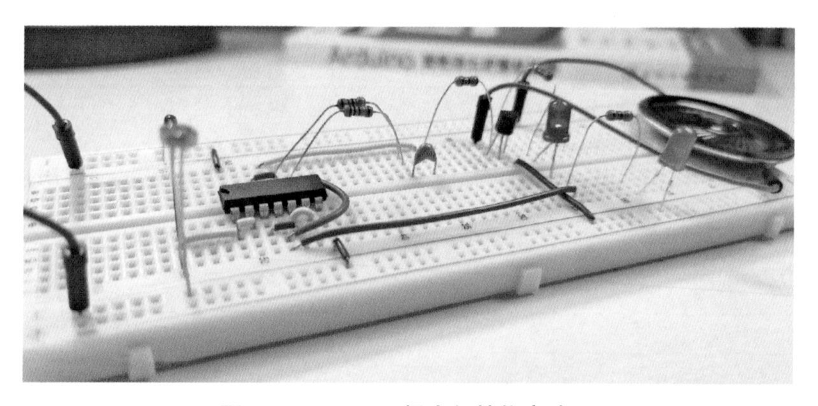

图4-92　CD4011视力保护仪高清图

电路原理浅析

CD4011视力保护仪电路原理图如图4-93所示。当光线较强时，光敏电阻RG阻值较小，IC A输入端1脚与2脚都是低电平，3脚输出高电平，经过IC B反向后，4脚输出低电平，LED1点亮，同时8脚也为低电平，IC C与IC D组成的振荡电路无法工作。

当光线较暗，1脚与2脚输入端电压升高而变为高电平，经IC A与IC B两级反向后，4脚输出高电平，LED2点亮，与此同时，8脚由低电平变为高电平，振荡电路开始工作，扬声器发声。

可以将R1换为可调电阻，改变光控起点。

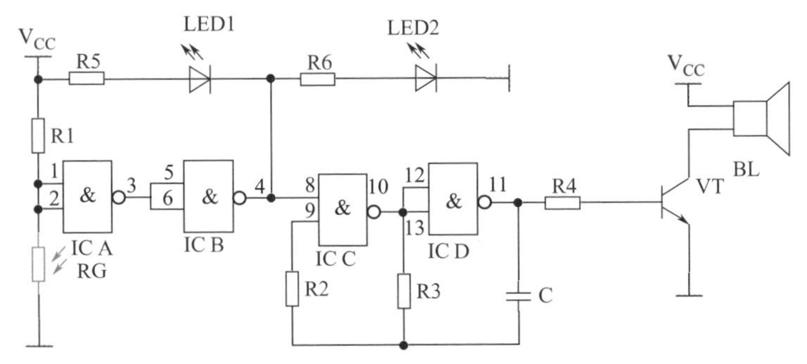

图4-93　CD4011视力保护仪电路原理图

所需器材（表 4-25）

表4-25　CD4011视力保护仪所需器材

序号	名称	标号	规格	备注
1	电阻	R1	100kΩ	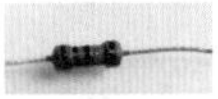
2	光敏电阻	RG	—	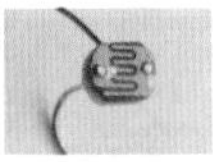
3	电阻	R2	1MΩ	
4	电阻	R3	47kΩ	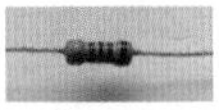
5	电阻	R4	1kΩ	
6	电阻	R5、R6	470Ω	
8	电容	C	10^3pF	
9	三极管	VT	8050	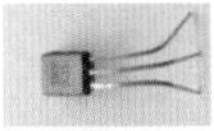
10	扬声器	BL	0.5W 8Ω	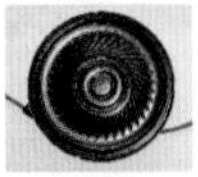
11	集成块	IC	4011	
12	发光二极管	LED1	5mm	
13	发光二极管	LED2	5mm	

装配与制作

面包板装配图以及实物布局图见图 4-94、图 4-95。

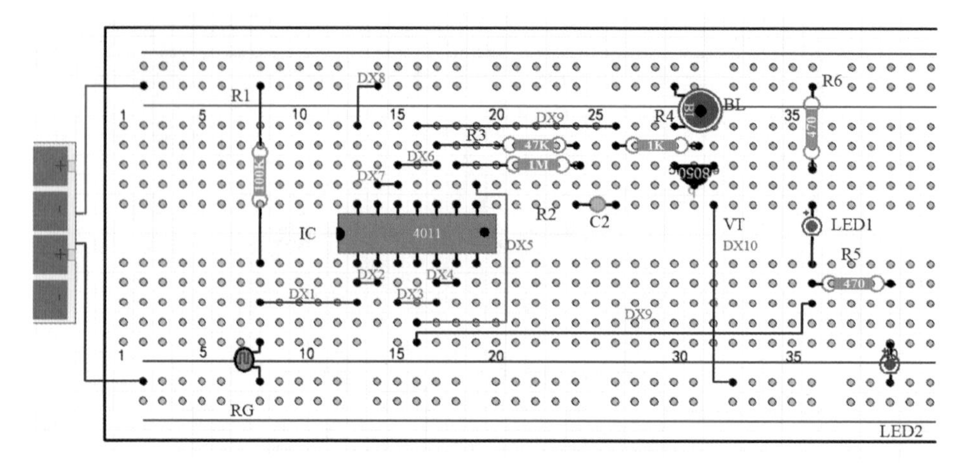

图4-94　CD4011视力保护仪面包板装配图

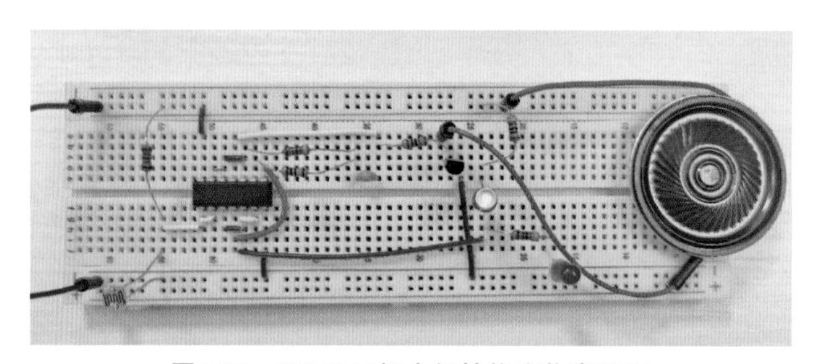

图4-95　CD4011视力保护仪实物布局图

CD4011 视力保护仪

CD4069变色LED

本节带领大家制作一款 CD4069 变色 LED。利用 CD4069 内部两个不同频率的振荡电路，驱动共阳极双色 LED，如图 4-96 所示。

电路原理浅析

CD4069 变色 LED 电路原理图见图 4-97。CD4069 内部一共有 6 个反相器，每三个反相器以及外围元件组成一个振荡电路，但是两个电容的容量不同，两组振荡电路的频率也就不一样，可以通过改变电阻阻值以及电容的容量来实现振荡频率的变化。

图4-96　CD4069变色LED高清图

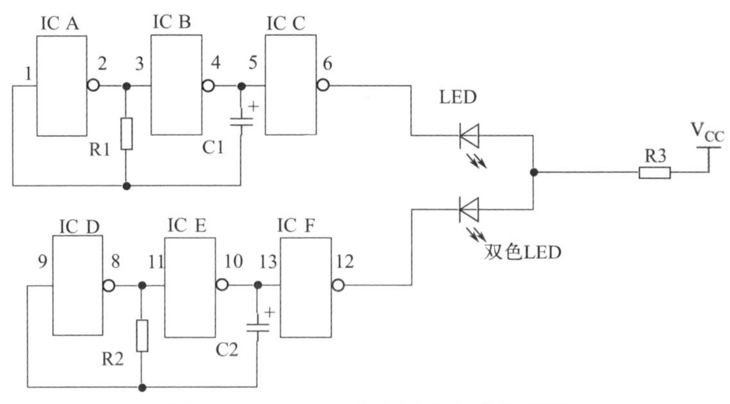

图4-97　CD4069变色LED电路原理图

两种不同频率的信号共同驱动共阳极双色 LED，LED 的阳极经过限流电阻 R3 接到电源的正极。

所需器材（表 4-26）

表 4-26　CD4069 变色 LED 所需器材

序号	名称	标号	规格	备注
1	电阻	R1、R2	100kΩ	
2	电阻	R3	470Ω	
3	电容	C1	1μF	
4	电容	C2	10μF	
5	集成块	IC	CD4069	
6	双色二极管	LED	5mm	

装配与制作

面包板装配图以及实物布局图见图 4-98、图 4-99。

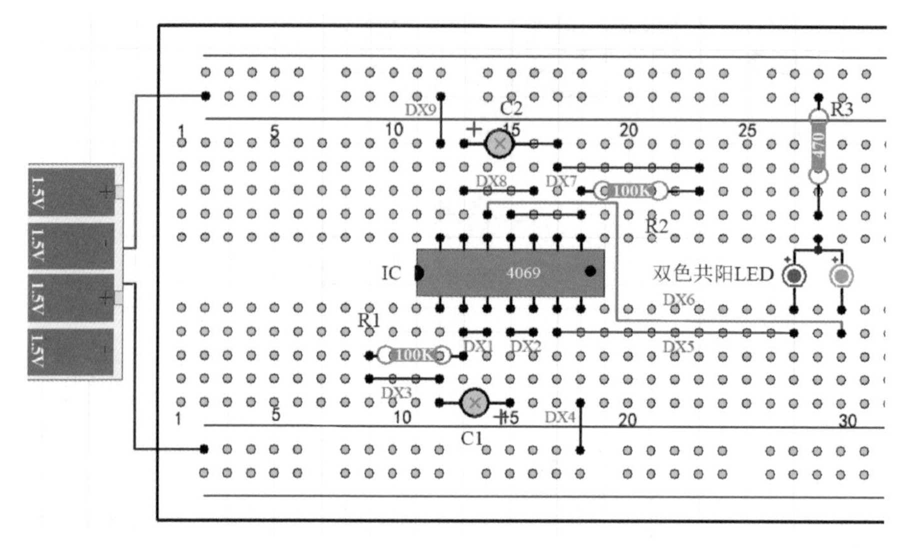

图4-98　CD4069变色LED面包板装配图

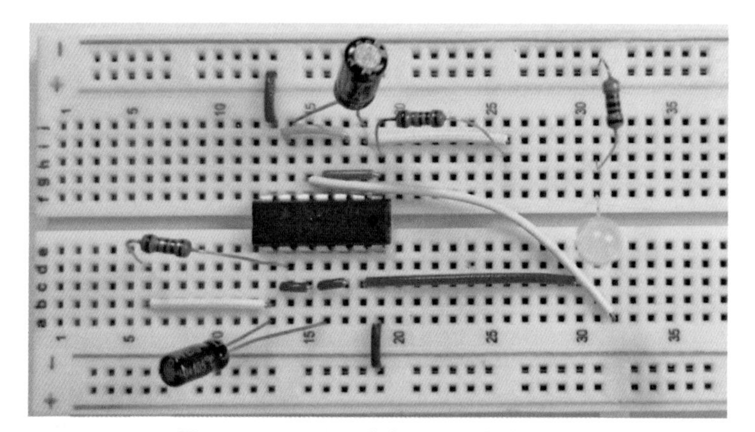

CD4069
变色 LED

图4-99　CD4069变色LED实物布局图

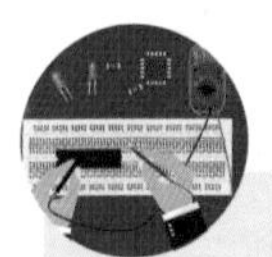

知识加油站：CD4069 与双色 LED

1.CD4069

CD4069 是一款反相器芯片。反相器（又称非门），输入高电平，输出低电平；输入低电平，输出高电平。CD4069 外观见图 4-100。

反相器（非门）的图形符号见图 4-101。

图4-100　**CD4069**

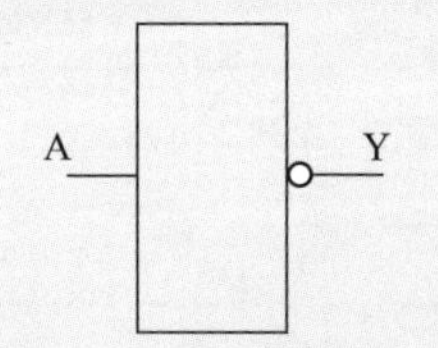

图4-101　**非门图形符号**

CD4069 引脚排列见图 4-102。

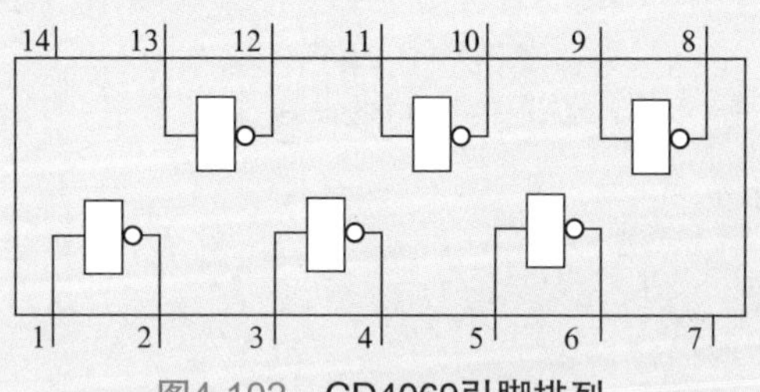

图4-102　**CD4069引脚排列**

从图 4-102 中可以看出，CD4069 内部一共有 6 个反相器，每个功能完全相同。为了方便介绍，我们将 1 脚与 2 脚内部的反相器命名为 IC A，3 脚与 4 脚内部的反相器命名为 IC B，5 脚与 6 脚内部的反相器命名为 IC C，8 脚与 9 脚内部的反相器命名为 IC D，10 脚与 11 脚内部的反相器命名为 IC E，12 脚与 13 脚内部的反相器命名为 IC F。

CD4069

CD4069 引脚功能见表 4-27（输入用 A 表示，输出用 Y 表示）。

表 4-27　**CD4069 引脚功能**

序号	标注	功能	序号	标注	功能
1	A1	输入	8	Y4	输出
2	Y1	输出	9	A4	输入
3	A2	输入	10	Y5	输出
4	Y2	输出	11	A5	输入
5	A3	输入	12	Y6	输出
6	Y3	输出	13	A6	输入
7	V_{SS}	电源负极	14	V_{DD}	电源正极

CD4069 真值见表 4-28。

表 4-28　**CD4069 真值**

输入端（A）	输出端（Y）
1	0
0	1

2. 双色 LED

双色 LED 分为共阳极与共阴极两种，本节使用的是共阳极双色 LED，它一共有三个引脚，一个是公共阳极，其余两个分别是红色与绿色的阴极，双色 LED 的外观见图 4-103。

电路图形符号见图 4-104，用 LED 表示。

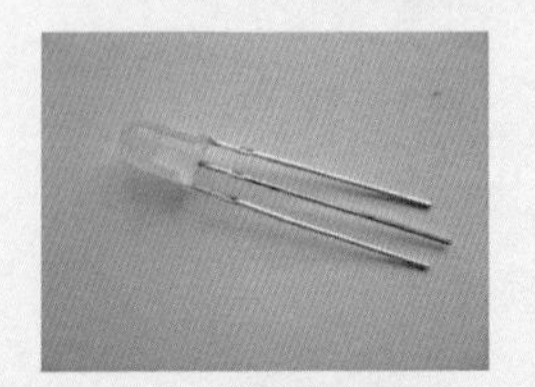

图4-103　**共阳极双色LED**

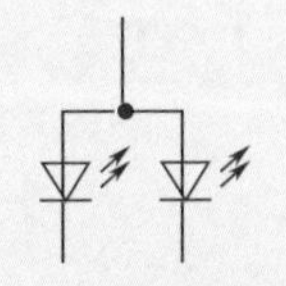

图4-104　**共阳极双色LED图形符号**

双色 LED

十七、警示爆闪灯

采用 CD4069 与 CD4017 集成电路设计一款警示爆闪灯，LED 快速闪烁，起到警示作用，见图 4-105。

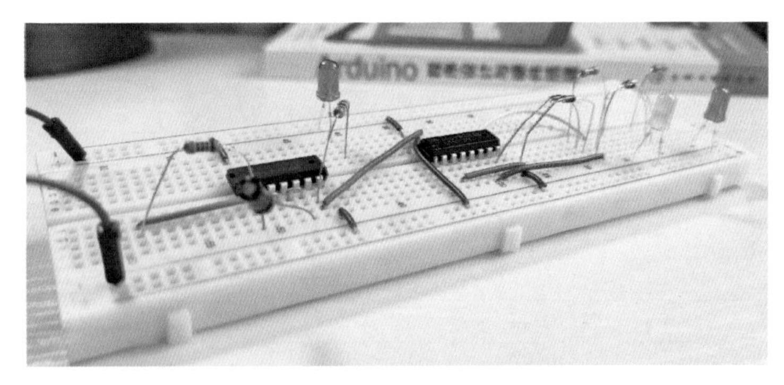

图4-105　**警示爆闪灯高清图**

电路原理浅析

警示爆闪灯电路原理图见图 4-106。CD4069 以及外围阻容元件构成振荡电路，为计数器 CD4017 提供脉冲信号。触发后将看到 LED1 闪烁两次，稍加停顿，LED2 再闪烁两次，依次循环。在这个制作中也可以用 NE555 无稳态电路为计数器 CD4017 提供脉冲信号，有兴趣的可以亲自试验。LED3 是振荡频率指示灯。

二极管 VD1～VD4 主要起隔离作用。改变电阻 R1 的阻值或者电容 C1 的容量，都可以改变 LED 闪烁频率。

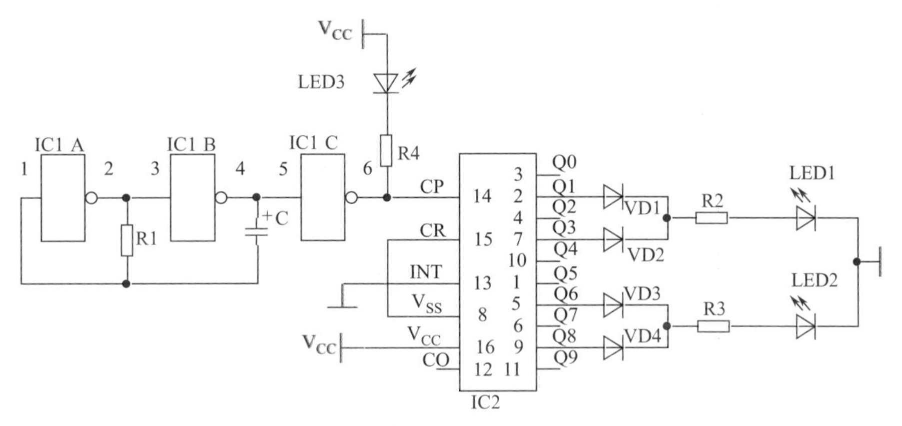

图4-106　警示爆闪灯电路原理图

所需器材（表 4-29）

表 4-29　警示爆闪灯所需器材

序号	名称	标号	规格	备注
1	电阻	R1	47kΩ	
2	电阻	R2～R4	470Ω	
3	电容	C	1μF	
4	集成块	IC1	CD4069	
5	集成块	IC2	CD4017	
6	二极管	VD1～VD4	1N4148	
7	发光二极管	LED1	5mm	
8	发光二极管	LED2	5mm	
9	发光二极管	LED3	5mm	

装配与制作

步骤 1

面包板装配图以及实物布局图见图 4-107、图 4-108。安装 IC1 CD4069，导线 DX1～DX5，电阻 R1、R4，电容 C，发光二极管 LED3。

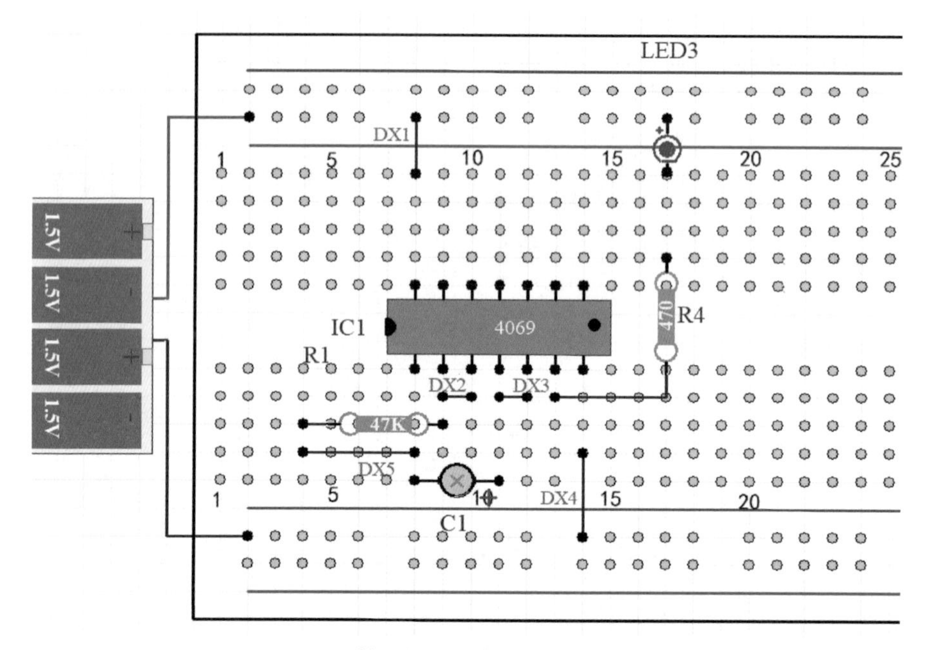

图4-107　警示爆闪灯步骤1面包板装配图

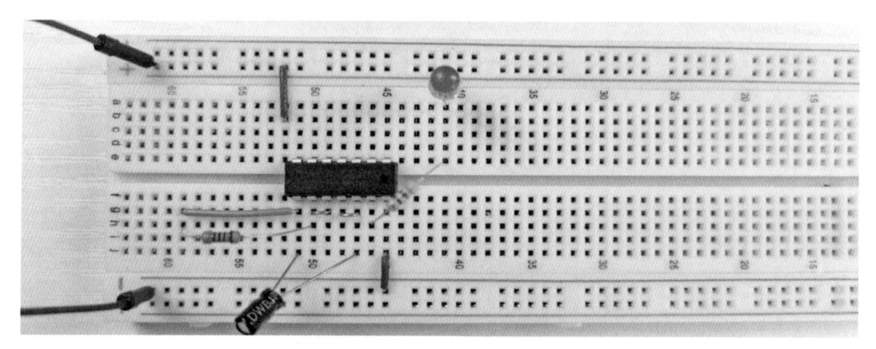

图4-108　警示爆闪灯步骤1实物布局图

步骤 2

面包板装配图以及实物布局图见图 4-109、图 4-110。安装 IC2 CD4017，导线 DX6～DX13，电阻 R2、R3，二极管 VD1～VD4，发光二极管 LED1、LED2。

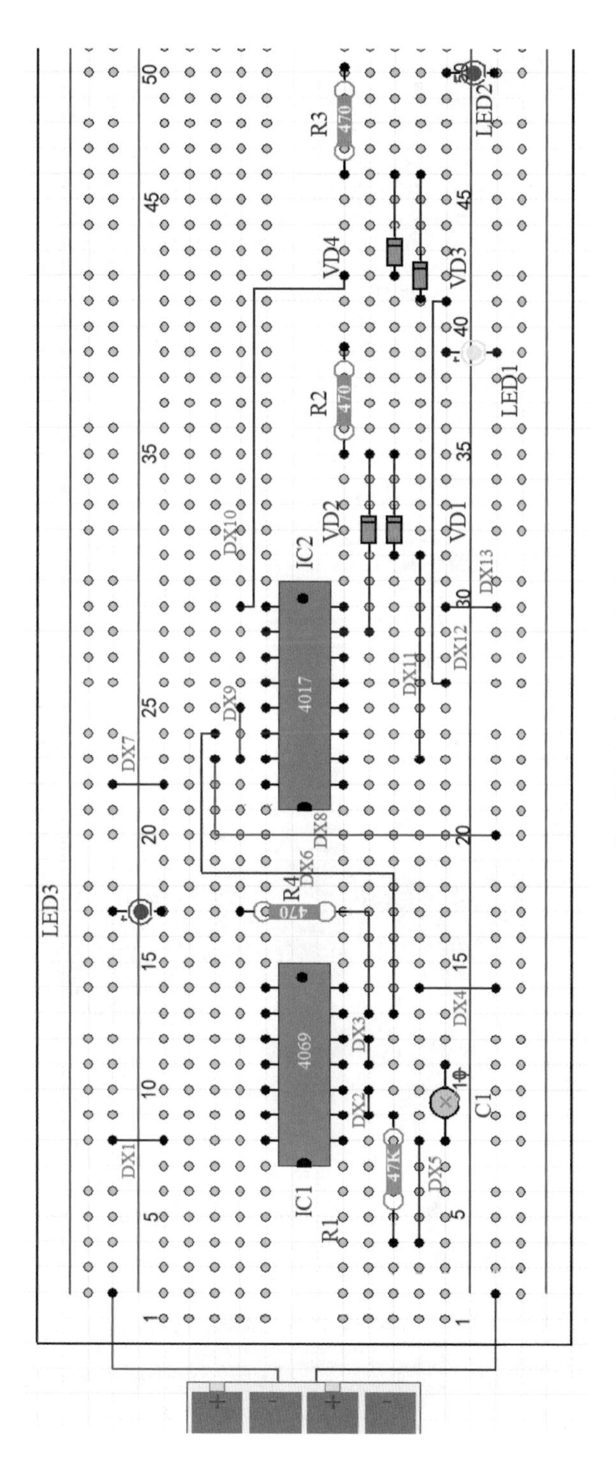

图4-109　警示爆闪灯步骤2面包板装配图

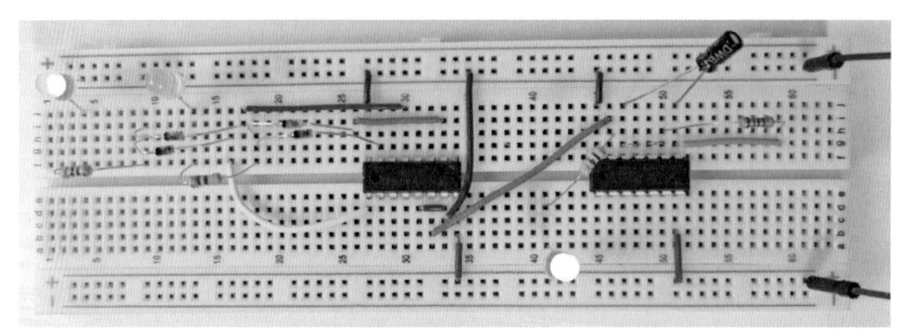

图4-110　警示爆闪灯步骤2实物布局图

警示爆闪灯

十八、CD4069光控闪烁LED

本节带领大家制作一款CD4069光控闪烁LED。该制作利用光敏电阻检测周围环境光线，CD4069组成振荡电路，驱动LED闪烁，见图4-111。

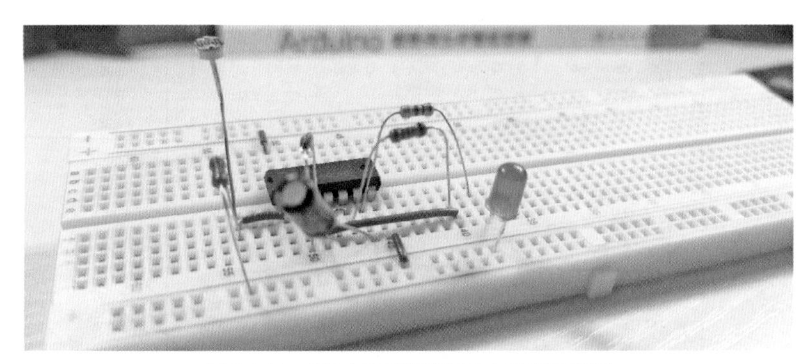

图4-111　CD4069光控闪烁LED高清图

电路原理浅析

CD4069光控闪烁LED电路原理图见图4-112。电路由两部分组成：其一是光控检测电路，其二是振荡电路。

白天，光敏电阻RG受光照影响而电阻变小，IC A输入端1脚为高电平，经反向后2脚输出低电平，二极管VD导通，IC B、IC C以及外围阻容元件组成的振荡电路停止工作，LED也不会闪烁。当夜晚时，光敏电阻RG电阻变大，IC A输入端1脚变为低电平，经反向后2脚输出高电平，二极管VD截止，振荡器开始工作，LED开始闪烁。

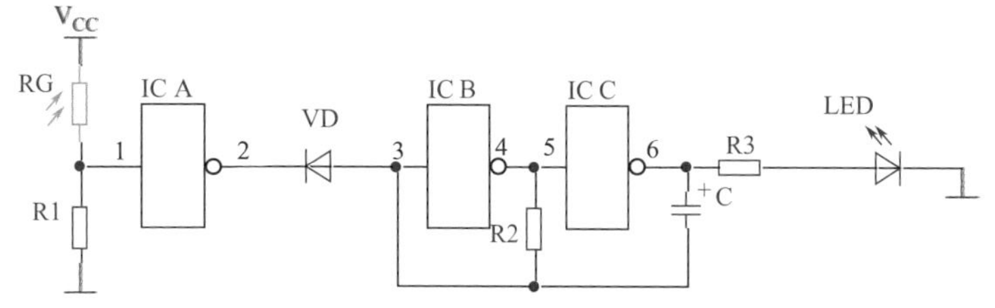

图4-112　CD4069光控闪烁LED电路原理图

所需器材（表 4-30）

表 4-30　CD4069 光控闪烁 LED 所需器材

序号	名称	标号	规格	备注
1	电阻	R1、R2	100kΩ	
2	电阻	R3	470Ω	
3	电容	C	10μF	
4	光敏电阻	RG	—	
5	集成块	IC	CD4069	
6	发光二极管	LED	5mm	
7	二极管	VD	1N4148	

装配与制作

面包板装配图以及实物布局图见图 4-113、图 4-114。

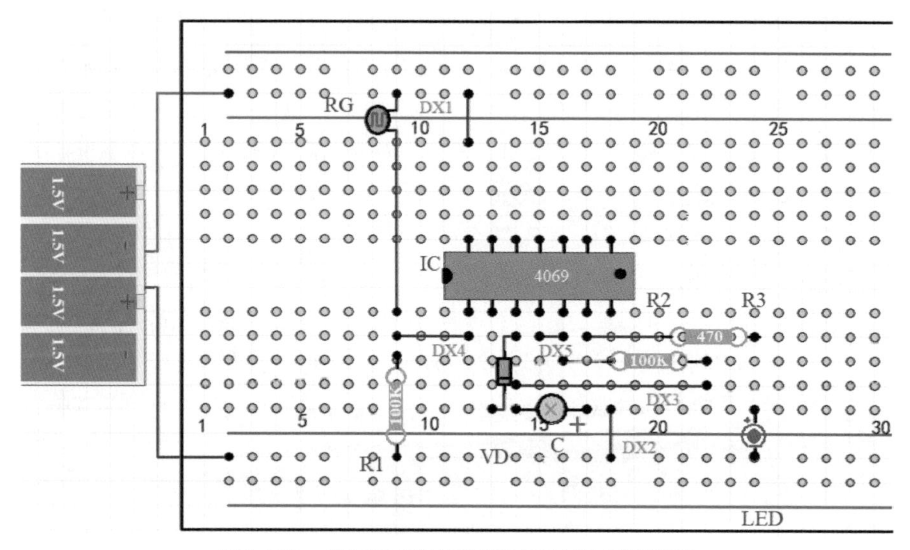

图4-113　CD4069光控闪烁LED面包板装配图

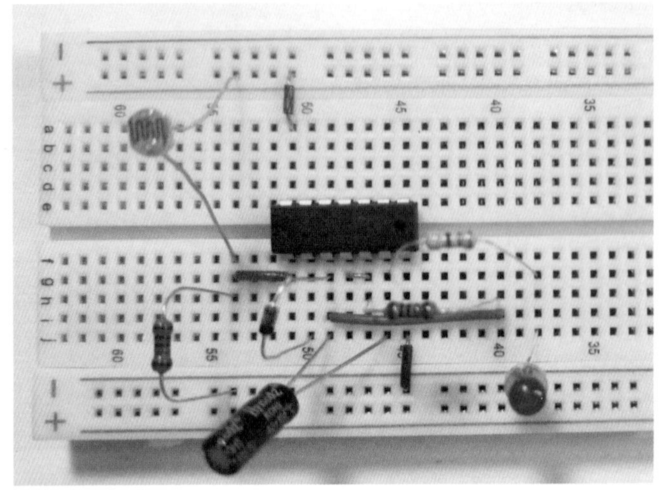

图4-114　CD4069光控闪烁LED实物布局图

CD4069 光控闪烁 LED

十九、CD4011声光控延时LED

声光控电路常见的一共有三种：其一，由分立元件构成简易声光控延时开关（前面章节已经介绍）；其二，由集成块 CD4011 构成声光控延时开关；其三，由集成块 CD4069 构成声光控延时开关。

本节采用直流 6V 电源，LED 等元器件制作一款 CD4011 声光控延时 LED。

电路原理浅析

CD4011 声光控延时 LED 电路原理图见图 4-115。当光线亮时，光敏电阻阻值很小，二输入与非门 ICA 的输入端 2 脚为低电平，这时候不管输入端 1 脚是高电平还是低电平，输出端 3 脚都输出高电平，4 脚都输出低电平，VD 截止，声音控制无效，发光二极管 LED 不会发光。

当光线暗时，光敏电阻阻值升高，输入端 2 脚变为高电平，ICA 的输出端的状态受输入端 1 脚电平控制。无声音信号时，三极管 VT 工作在饱和状态，VT 集电极输出低电平，ICA 的输入端 1 脚电平为低电平，ICA 的输出端 3 脚输出高电平，同上面的分析，LED 不会发光。当有声音信号时，在音频信号为负半周时，三极管 VT 截止，ICA 的输入端 1 脚为高电平，输出端 3 脚输出低电平，经过 ICB 处理后，输出端 4 脚为高电平，该高电平通过二极管 VD 给电解电容 C2 充电，同时该高电平经过 ICC 与 ICD 反向后，输出端 11 脚输出高电平，发光二极管 LED 发光，声音消失后，ICA 的 1 脚又变为低电平，输出端 4 脚为低电平，但是由于二极管 VD 的隔离作用，电容 C2 通过 R5 放电，继续维持 ICC 输入端的高电平，ICD 输出端会保持一段时间的高电平，LED 也就能亮一段时间。随着时间的延长，电解电容 C2 放电完毕，ICC 的输入端变为低电平，ICD 输出端为低电平，LED 熄灭。这就是一次声光控延时点亮 LED 的全过程。

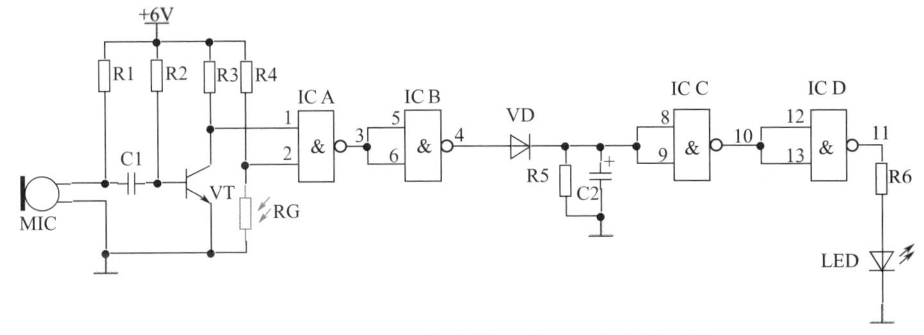

图4-115　CD4011声光控延时LED电路原理图

所需器材（表 4-31）

表 4-31　CD4011 声光控延时 LED 所需器材

序号	名称	元件标号	数值	图示
1	电阻	R1	4.7kΩ	
2	电阻	R2	1MΩ	
3	电阻	R3	10kΩ	
4	电阻	R4	47kΩ	
5	电阻	R5	1MΩ	
6	电阻	R6	470Ω	
7	三极管	VT	8050	
8	光敏电阻	RG	—	
9	电容	C1	10^4pF	
10	电容	C2	10μF	

续表

序号	名称	元件标号	数值	图示
11	驻极体话筒	MIC	—	
12	发光二极管	LED	5mm	
13	二极管	VD	1N4148	
14	集成块	IC	CD4011	

装配与制作

请自行绘制装配图并制作实物。

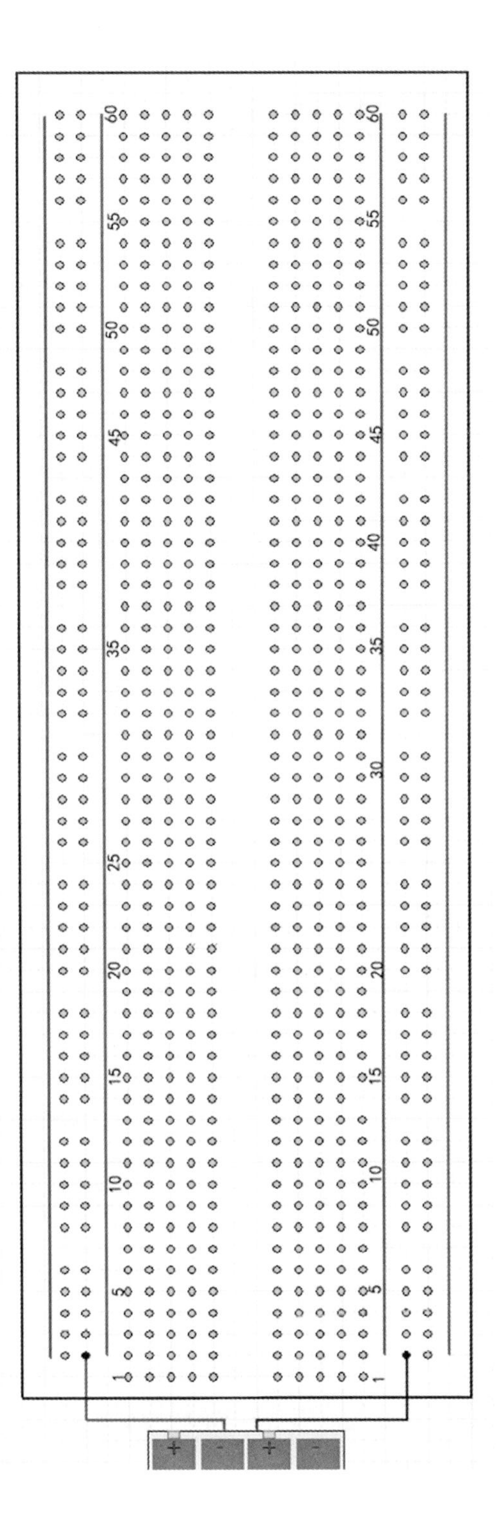

装配图

参考文献

［1］ 樊胜民，樊攀．一起玩电子——电子制作入门、拓展全攻略［M］．北京：化学工业出版社，2016.

［2］ 张振文．电工手册．北京：化学工业出版社，2018.

［3］ 唐巍．经典电子电路．北京：化学工业出版社，2020.

［4］ 樊胜民，樊攀.超好玩的电子制作：少儿电子制作启蒙［M］.北京：化学工业出版社，2017.

［5］ 樊胜民，樊攀．电子制作入门［M］．北京：化学工业出版社，2021.

［6］ 王晓鹏．面包板电子制作 130 例．北京：化学工业出版社，2016.